圖解

人力資源管理

第四版

戴國良 博士 著

五南圖書出版公司 印行

自序

　　在企業組織內部，人力資源部門的功能與角色日益吃重。在過去，人力資源部門配屬在管理部門內，但幾年來，已被獨立出來，成為人力資源部，人員的編制也日益增加，而其負責的工作也逐漸深化及多元化。而且人力資源管理最近也被冠上策略性的字眼，稱為策略人力資源的經營與管理。理由很簡單，因為企業競爭力的總根源與總基礎，主要奠基於「人才」，一個卓越團隊的「人才」所匯聚的強而有力的組織陣容。沒有了優秀人才團隊，那麼公司組織僅是一個空架子。

　　但是問題在於，各企業對「人才」的爭取、招募或挖角，競爭非常激烈，甚至很多大老闆，都親自跑到各大學、研究所招募新生力軍。尤其高科技產業盛行時，很多臺大、交大、清大等電子、電機、資訊、資工等碩士班學生，尚未畢業就已經有好幾個高科技公司的職缺等著他們，一場「高級人才爭奪戰」已然啟幕。

　　既然公司對招募人才已如此重視，本書特將重要的人力資源管理概念、人資最新發展趨勢、人資的選訓用留、人資長期人力發展等議題涵蓋在內，予以邏輯有序、架構清晰地探討。

　　同時為方便閱讀，本書全面性採用圖解對照式的單元呈現，以期讀者能迅速理解人資管理的精華所在。

　　「人資管理」雖是一門基礎的理論學問，但畢竟還是要講求實務應用性，才有其對企業的價值及貢獻，故本書也旨在培養一個全方位優秀的基層、中階及高階的「人資管理者」。

　　本書能夠順利出版，要感謝我的家人、大學各級長官、同事、同學們，以及曾購買筆者出版著書的讀者們。由於你們的鼓勵、支持、指導與肯定，筆者才能在無數寂寞夜裡的撰寫中，持續保持自我的毅力、體力、耐心與要求，而能在預定的目標時間有紀律地完成本書。沒有各位的鼓勵支持，就沒有本書的誕生。在這歡喜收割的日子，將榮耀歸於大家的無私奉獻，再次由衷地感謝大家。

作者 戴國良

mail：taikuo1960@gmail.com

本書目錄

自序

本書目錄

第 5 章　工作分析與工作評價

本書目錄

本書目錄

第 15 章 美國優良最大製造業： 奇異(GE)公司人力資源管理介紹

本書目錄

第 1 章
人力資源管理概論

●●●●●●●●●●●●●●●●●●●●●●●● 章節體系架構 ▼

Unit 1-1
人力資源管理的意義

這幾年來很流行就業博覽會,連企業招募人才都可以像活動般舉辦,我們就不難想像現今企業對徵才的重視。而負責企業徵才的工作,當然就是所謂的人力資源單位。

過去人力資源部門通常配屬在管理部門內,但近年來已被獨立出來,成為人力資源部,人員的編制也日益增加,而其負責的工作也逐漸深化及多元化。而且人力資源管理最近也被冠上策略性的字眼,稱為「策略人力資源的經營與管理」。

理由很簡單,因為企業競爭力的總根源與總基礎,主要奠基於「人才」。一個卓越團隊的「人才」,才能匯聚強而有力的組織陣容。

然而學理上是如何對「人力資源管理」定義呢?它在管理上又扮演哪些角色?以下我們探討之。

一.什麼是人力資源管理

人力資源管理(Human Resources Management, HRM)或稱人事管理,係指如何為組織有效地進行羅致人才、發展人才、運用人才、激勵人才、配置人才及維護人才的一種管理功能作業。

人力資源是企業或組織中最寶貴的資產,他們運用的好壞,將影響組織的績效,也是影響企業成敗的最大原因。

因此,企業除了做好人事管理外,更應積極導向人力資源的規劃與發展上,讓靜態的人事管理,轉變為動態、彈性與具前瞻性的人力資源管理,此為最大意義。

二.在「管理程序」中扮演的角色

實務上,人力資源在管理程序上扮演以下四種角色:

(一)規劃:設定目標和標準、發展規劃及程序、發展研訂規劃及預測,特別針對未來將要發生的問題。

(二)組織:包括分配工作、設置部門、委派職權、建立職權聯絡網,以及協調各部室工作。

(三)任用:包括決定適當人選、徵募具有潛力的員工、甄選員工、設定工作績效標準、員工酬勞、績效評核,以及訓練和發展員工。

(四)領導與激勵:指揮員工完成工作、維護士氣、激勵員工,以及建立適度民主環境。

(五)控制:設定標準,檢核成果是否合乎標準,必要時採取補救行動。

人力資源的過去與現在

傳統人事管理	現代人力資源管理
・靜態的管人及管人事	・動態、彈性、積極、前瞻的發揮人力潛能，為公司創造多元人才價值與生產力

**人力資源在
管理程序中的角色**

- 人力資源的規劃
- 人力資源的組織
- 人力資源的任用
- 人力資源的領導
- 人力資源的控制、管考

003

人力資源發揮6大方向

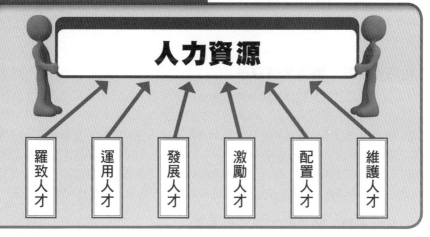

人力資源

羅致人才	運用人才	發展人才	激勵人才	配置人才	維護人才

做好HRM

規劃	組織	激勵

HRM（人力資源管理）

領導	溝通協調	管控

做好HRM

Unit **1-2**
現代人力資源管理新趨勢

現代及傳統的人力資源管理，有很大不同，歸納整理有五個新趨勢的發展。

一.由人力機械觀，轉為人力人性觀

傳統企業管理大都強調資金與生產技術，他們認為資金能買到生產技術，而生產技術可提高生產機械運用之效率，並不重視人力價值，認為只是勞力，沒有機械重要。這是在工業革命與科學管理學派時期的主張。但行為管理學派興起後，已轉為重視人力，並積極研究人性的各層次需求，尊重個人的尊嚴與價值，充分激勵潛能，達成組織效率及目標。而且隨著服務業產值不斷的擴大，更需要現代化人力資源人性觀。

二.由人力管理，轉為人力發展

過去人力管理著重人與事的配合，達成目標即可，但已無法面對現代經營環境的劇變，因此必須謀求人力潛能進一步發展，以提高人力素質、技能、謀略、思路與正確理念，才能面對科技、市場、生產、社會、法律、政治等改變與挑戰，也才能在競爭中求生存，組織才有未來可言。因此，強調對人力潛能與其管理發展的重視及投入。

三.由恩惠主義，轉為參與管理

過去企業經營者，往往自視為無上權威的支配者，並以大家長與資本主自居，視員工為勞工階級，其所獲工資、福利，都是資本主對員工的恩惠，而且應感到滿足。不過，隨著經濟發展、教育提高及民主潮流的演進，在人性需求及尊嚴、人群倫理和民主決策等，都受到更廣泛的重視。因此，取而代之的是員工應適度參與企業經營與管理，以提高其工作熱誠，激發創意與責任感，從而發揮組織群體力量，達成組織目標。現在很多資深高級主管，也能進到董事會擔任董事，而不需持有很多股權。

四.由年資主義，轉為能力與成果主義

過去人事管理偏重年資主義，像軍公教及一些老的大企業，均按每年升一級而微調薪資，員工都只能依年資排隊計等升級，無異扼殺有能力或年輕員工爬升的衝勁。但近年來，日本傳統的年資及年功主義已受到挑戰。一些卓越企業都已轉按員工能力、成果、貢獻度、績效等指標，作為薪資、獎金、紅利、福利及晉升最主要依據。

五.幹部年輕化，世代交替趨勢強

國內外大企業，以前60歲才能當總經理，50歲才能當副總經理，但現在下降很多，35歲當副總經理及40歲當總經理也大有人在。幹部年輕化，已是時勢所趨，年輕人體力好、創新強、企圖心高、知識富，只有經驗少，但可由中老年幹部協助。

現代人力資源5大趨勢

現代人力資源
管理新趨勢

→ 由人力機械觀,轉為人力人性觀

→ 由人力管理,轉為人力發展

→ 由恩惠主義,轉為參與管理

→ 由年資主義,轉為能力與成果主義

→ 幹部年輕化,世代交替趨勢強

年資主義不再

過去	→	人事管理	=	年資主義
現在	→	人力資源管理	=	能力與成果主義

幹部年輕化趨勢

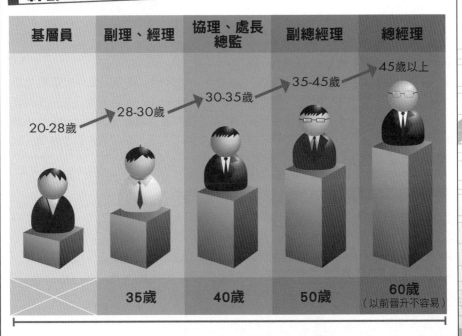

基層員	副理、經理	協理、處長 總監	副總經理	總經理
20-28歲	28-30歲	30-35歲	35-45歲	45歲以上
	35歲	40歲	50歲	60歲 (以前晉升不容易)

Unit 1-3
人力資源管理原則

人力資源管理應該遵守下列原則，才可把人與事管理得當。

圖解人力資源管理

一.建立公平合理之人事制度規章

制度規章就是組織的遊戲規則，遊戲若少了規則，那就無法判別出勝負，而遊戲本身也就沒有意義了。因此，人力資源管理也是一樣，因為它牽涉到薪資、調度、任用、招募、培訓、考績、獎懲、激勵、組織、福利、評價等，甚多與人有關的管理事務。如果沒有公平、合理、周全的制度規章，那麼組織群體就無法順利運作，導致組織效率降低，組織目標也就難以達成。好的制度規章，是人力資源管理的基石。但是如何建立好的制度規章，應可參仿卓越企業之人事制度規章，見賢思齊，他山之石可以攻錯。當然，人事制度規章，也必然隨著內外環境的改變而做若干調整修正，使它是一部永遠合乎時宜、好的人事典章制度。

二.培養努力就能獲得報償的觀念

獎酬報償不是天上掉下來的，這是員工必備的基本認識。組織的公平就是透過員工的努力，產生對公司的貢獻，然後公司給予相對之報償回饋。有如此的理念，人人才會努力工作，追求成長、追求卓越，組織才有活力與效率可言。所以，公司必須賞罰分明，而且全員一視同仁適用，從高階主管到基層員工都是一樣。因此，不論年齡、出身學校、階段或年資，只要對公司有重大貢獻與價值，就值得被不斷拔擢與晉升。

三.發展員工的才智

發展員工的才智之意義有兩點：一是必須適才適能，讓員工做他有興趣且專長的事情，才華才會發揚盡致；二是隨著環境的進步，員工的知識與智慧也必須與日俱增，如此才能因應未來的問題。因此，公司亦須鼓勵及要求員工不斷學習進步，多看書，然後才會對公司有長遠的貢獻可言。當員工停止進步、學習與才智的發揮，就是組織走向衰退之時。

四.協助員工獲得適度滿足

員工的滿足是有層次性，也是多面性，組織的人力資源管理工作，就是要以協助員工在生理、安全、社會、自尊與自我實現等需求都能獲致適度（非常高）的滿足，讓員工在組織的工作中，都能充實愉快。但是員工也不可能百分之百每個都滿意，只要多數人肯定公司即可。這種員工滿意（Employee Satisfaction, ES），是與顧客滿意（Customer Satisfaction, CS）並立而行的，具有同樣的重要性。

人力資源管理5大原則

人力資源管理原則

1.建立公平合理之制度規章

2.培養努力就能獲得報償的觀念

3.發展員工的才智

4.協助員工獲得適度滿足

5.計畫與行動要合一

發展員工才智

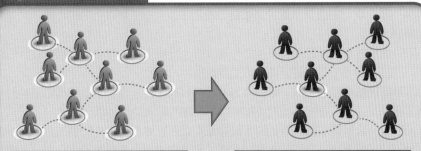

| 平凡員工 | → | 不平凡、潛力發展員工 |

1.必須適才適能，讓員工做他有興趣且專長的事情，才華才會發揚盡致。
2.隨著環境的進步，員工的知識與智慧也必須與日俱增，才能因應未來問題。

滿足的員工

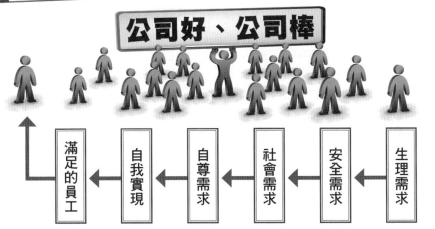

公司好、公司棒

滿足的員工 ← 自我實現 ← 自尊需求 ← 社會需求 ← 安全需求 ← 生理需求

Unit **1-4**
人事議題至為重要

在景氣低迷時代，人力議題在企業裡就像一塊腹背受敵的夾心餅乾，既要小心別人來挖角，又要進行嚴格的成本控制，以求人力精簡。

一.調查報告的六項發現

Accenture顧問公司在一份針對兩百位人力資源主管與企業高階經理人員所做的「高效能團隊」年度研究報告，共有六項重要發現：

(一)全球經理人員的共識：有效培養與管理一個高效能營運團隊，是全球經理人員一致的共識。

(二)員工缺乏對企業整體營運的體認：經理人員普遍感覺他們的員工缺乏適當的技能與知識，缺乏對企業整體營運策略的體認，並且不了解自己的工作與公司營運之間的關係。

(三)增加對員工的訓練：許多公司為改善上述缺失，不惜增加預算，設計包羅萬象的內部訓練課程，以期提振員工的工作表現。

(四)訓練結果差強人意：雖然經過相當程度的努力，但大多數的高階主管對於訓練成本僅感覺差強人意，甚至對於推動內部訓練的組織功能，都不滿意。

(五)無一套對員工訓練效能的客觀評量：之所以會發生這些問題，是因為缺乏一套客觀有效的評量方法，無法評量這些員工訓練究竟對公司營運產生什麼正面影響，因此高階經理人員也無從據以分配公司資源。

(六)也有員工訓練後表現亮眼：好消息是，有些公司還是有亮麗的表現。這些在員工績效領域表現傑出的公司，通常將人力資源與內部訓練作出策略性的定位，並且將人力資源的投資與公司營運指標緊密結合，作為評量標準，並能援用資訊科技協助員工提升效率。

二.人事議題與人力素質是經理人最關心的課題

經理人員普遍認同營運團隊的素質很重要，依據調查結果顯示，被高階經理人員列為「最優先處理事項」中，有75%與人資和員工工作表現直接相關。例如：吸引優秀員工、慰留優秀員工、提振員工工作表現、改善高階經營層面的管理與領導風格、改變企業文化與員工工作態度等。

相較之前的調查結果，近年有更多的高階經理人員認為「人事議題」與企業的成功與否有密切關聯。這些經理人員不論身處哪個國家、產業或職位高低，74%的人認為人事議題至為重要。

全球高階主管都重視人事議題

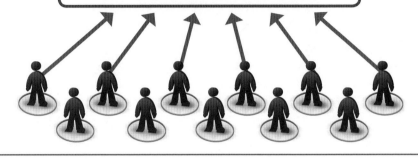

人事議題受到關心

1.最優先處理事項中，75%與人事議題有關。
2.例如：吸引優秀員工、慰留優秀員工、提振員工工作表現、改善高階經營層面管理與領導風格、改變企業文化與員工工作態度等。

培養「高效能營運團隊」是一致共識

高階主管一致共識

如何建立一支：
「高效能營運團隊」
(High Effectiveness Work Team)

1.加強員工技能與知識，及對企業整體營運的體認。
2.設計包羅萬象的內部訓練課程，以期提振員工的工作表現。
3.設計一套對員工訓練效能的客觀評量，將人力資源與內部訓練作出策略性的定位，並將人力資源的投資與公司營運指標緊密結合，作為評量標準，並能援用資訊科技，協助員工提升效率。

Unit **1-5**
人資部門應兼顧「前瞻」與「後顧」

人資單位如同古代輔佐君王的文膽與智囊，不但要埋首於現況的掌握與問題的對應，還得瞻前顧後，協助企業觀測變化與趨勢，為企業「做最好的準備，做最壞的打算。」讓企業能靈巧應變，有備無患。

如此能「前瞻」又「後顧」，才是符合現今企業需求的全能人資部門。

一.向前看──前瞻

人資單位除了解企業的願景與方向外，還須協助企業遠眺外部環境的政策法令修訂、產業發展等，並採取下述規劃與行動：

(一)修練變革能力：預見可能的變局後，應協助組織做好應變的準備，讓主管與員工具備變革的思維、能力與心理準備。

(二)調整規章制度：因應法令的增修趨勢，應檢視內部規章制度，視需要調整或增訂。

(三)進行潛在機會分析：若掌握有利於企業的訊息，應透過潛在機會分析，協助企業掌握獲益機會。

(四)招募與培訓人才：因應企業未來在人力質與量上的需求，人資單位應依據目前員工職能或人力缺口，透過招募或訓練方式，儲備人才與戰力，讓企業未來需求的人力能即時到位。

(五)運用人資管理新工具：留意人資界或業界動態，若發現較佳的人資管理應用工具，應評估引入的可行性。

二.向後看──後顧

人資單位須協助企業擬定避險與風險管控措施，對於已發生的問題，則須協助企業妥為善後，這包括以下幾點：

(一)進行潛在問題分析：若察覺狀況有異，應協助進行潛在問題分析，盡量找出問題點，並調整規劃內容，避免或減少問題發生的機率。

(二)規劃第二方案：為確保計畫成功，人資單位應準備第二方案，若原規劃內容執行時，效果不如預期或出現重大變故，可立即推出腹案。

(三)控管執行風險：除力求規劃完善以降低風險，並應選擇風險較低的執行方案，協助企業做好風險控管。應針對所規劃的活動，評估可能風險。

(四)進行緊急應變處理：發生緊急事故時，應具備危機處理的快速反應能力，整合可用資源並提出緊急因應對策，以降低內部損害。

(五)安撫人心士氣：對於企業重大外部衝擊或內部人事、組織變異，應規劃安撫內部人員情緒、防範謠言、錯誤訊息消毒等活動，以穩定軍心。

$$人資功能 = \frac{前瞻}{現況的掌握與問題的對應} + \frac{後顧}{協助企業觀測變化與趨勢因應}$$

011

人資向前看：前瞻

HRM前瞻

1. 修練變革能力
2. 調整規章制度
3. 進行潛在機會分析
4. 招募與培訓人才
5. 運用人資管理新工具

人資向後看：後顧

HRM後顧

1. 進行潛在問題分析
2. 規劃第二方案
3. 控管執行風險
4. 進行緊急應變處理
5. 安撫人心士氣

Unit 1-6
人力資源部門日益重要

國外人力資源學者蓋瑞‧戴斯勒（Gary Dessler）提出策略觀的人力資源管理（Strategic Human Resource Management），強調人力資源是企業「策略管理」的重要一項。因為「執行力」好壞，在「人」的因素。因此主管人力資源部門的最高主管，其專業性及視野廣度，將被更加要求與重視。

一.未來人事副總地位更加重要

策略管理是企業創造差異化（Make a Difference）的利器，而執行力才能實現（Make It Happen）。

策略是可以複製的，但是執行力就很難模仿。而執行力又與企業文化、組織基本運作的流程息息相關，因此企業主要透過長時間培養執行力來落實管理策略，才可創造成功的機會。

在執行力培養的過程中，「人」是最重要的因素，這同時也關係著企業文化的養成。從國外成功公司的員工福利、給薪制度等例子來看，可以證明「用對人、放對位置」是企業成功的要素之一，也是塑造何種企業文化的關鍵。

在知識經濟的潮流下，以後人事副總在企業間的重要性，會比財務副總、行銷副總都來得重要，因為他擔任塑造企業文化的要角。

二.策略性人力資源管理

蓋瑞‧戴斯勒提出策略觀的人力資源管理，強調人力資源是企業「策略管理」的重要一項。戴斯勒提出公司策略、人力資源（HR）、組織競爭力、公司經營成果等四者間關聯模式。

此外，戴斯勒也提出現代企業經理人員面對外部環境，即：1.科技創新之爆炸性發展；2.市場與競爭之全球化；3.金融、通訊、航空管制之解除；4.人口變數的改變，以及5.新的政治與經濟體制等重大改變，導致不確定性動盪且快速的變動，如：更多的不確定性、更加複雜、更多的消費者選擇、產品生命週期變短、市場細分化及競爭加劇等，因此公司必須有更大突破性的變革因應。

這些變革，反映在人力資源與組織方面，包括應採取幾項行動：1.扁平化的組織；2.對各級主管有更大的授權賦予；3.分權制度的採行，而輕集權制度；4.強調人力資本導向理論，即人才也是資本的一種；5.形成團隊型式，而非單打獨鬥，甚至與外部組織聯盟合作；6.建立公司價值與遠景導向，以及7.打破本位主義，塑造無疆界組織體系，相助與合作處理一切問題。

人力資源是公司經營策略管理重要一環

| 人力資源管理 | → | 公司策略的重要一環 | → | 策略議題
（Strategic Issue） |

策略性人力資源管理

| 人力資源管理 | ＋ | 策略性觀點 | ＝ | 策略性人力資源管理 |

人力資源主管面對外部環境變化

★環境的變化→快速、敏捷及成本效率

| 1.
科技創新之爆炸性發展 | 2.
市場與競爭之全球化 | 3.
金融、通訊、航空管制之解除 | 4.
人口變數的改變 | 5.
新的政治與經濟體制 |

★導致→確定性動盪且快速的變動

- 更多的不確定性
- 更加複雜
- 更多的消費者選擇
- 產品生命週期變短
- 市場細分化
- 競爭加烈

★因此公司必須→快速、敏捷及成本效率

- 扁平化的組織
- 授權賦予
- 分權
- 人力資本導向
- 團隊型式
- 價值與遠景導向
- 無疆界組織

Unit **1-7**
人力資源部門的策略性角色

　　美國哥倫比亞大學曾在二十一個已開發中國家，對一千六百多位專業經理人，針對21世紀企業關鍵競爭優勢進行調查，調查結果名列第一為「企業策略管理」，其二為「人力資源管理」。可見人力資源管理之重要，將其視為策略夥伴，乃理所當然。

一.將人力資源視為策略夥伴

　　(一)對企業變革的成功與否有影響： 如企業在訂定企業目標及規劃策略時，未將人力資源部當作策略夥伴，企業的組織發展或組織變革的成功機率將是如何？任何企業在訂定其目標、策略、關鍵績效指標（Key Performance Indicators, KPI）時，均與員工培育、激勵及績效息息相關，而此等活動或措施，不僅為人力資源部功能，而且是人力資源管理相關制度、辦法的主要內容。

　　(二)對企業制定策略有影響： 如企業在制定目標、策略，甚至建立部門及個人關鍵績效指標時，將人力資源專業人員視為策略夥伴，則人力資源部會因其參與，而採取相對及因應措施。

　　(三)人力資源管理核心價值： 近年來國內甚多企業在現代企業管理導引下，大都對經營理念、文化十分重視，因為它們與企業使命、願景、目標及策略息息相關，甚至引導企業使命、願景、目標的形成。

二.視為企業核心價值的一環

　　(一)人力資源管理策略為企業功能策略的一環： 其功能性策略的形成，大致可依據下述幾個獨特因素而具有企業獨特內涵：

　　1.與企業經營理念、策略相結合：此為形成人力資源管理策略關鍵源頭，亦為人力資源管理策略規範，以確保人力資源管理策略能與企業理念及策略一脈相傳，並無差異。

　　2.與企業產品及人員組成相結合：不同產品需要不同員工，因此在訂定人力資源管理策略時，應考量企業產品特性與所需員工特質。諸如高科技企業的產品及員工特質與傳統型企業全然不同，其兩者間的人力資源管理策略，當然也有差異。

　　3.與企業現在及未來國際化的程度相結合：我們已經成為WTO成員，不僅產品市場將更自由化，人力資源市場亦將逐漸開放。

　　(二)如何確保人力資源部門成為企業策略夥伴： 1.企業負責人及高階主管應充分了解及運用人力資源部的策略性角色；2.選定具有專業度及使命感的人力資源部主管；3.使其參與企業經營會議，共同訂定企業目標及策略規劃；4.共同規劃人力資源管理理念及策略；5.充分授權，信任其企業的忠誠度，以及6.定期檢視人力資源策略性功能績效。

企業關鍵競爭優勢2大來源

企業策略管理 ＋ 人力資源管理

人力資源策略模式架構

事業策略之說明

1. 新市場
2. 營運的變化
3. 新產品
4. 提升科技
5. 改善顧客服務

重新結合HR功能與關鍵的人員管理實務

1. HR服務
2. HR系統
3. HR功能架構
4. 人員管理實務
5. 績效管理
6. 獎勵與表揚
7. 溝通
8. 訓練與生涯發展
9. 規章與政策
10. 任用、甄選及遞補
11. 領導與發展

創造必要的競爭力與行為

1. 個人　　2. 組織

事業策略與成果的體現

1. 成長
2. 獲利
3. 市場占有率

評估與重新界定

Unit 1-8
組織能力是不可替代的無形資產

　　企業經營的基礎不外乎就是「錢」跟「人」，錢用來買有形資產，錢也用來招聘好的人才，兩者相結合會有可能創造出一股優勢的組織能力，如果引用經濟學上「看不見的手」，那麼不就意味著無形資產與組織能力比其他看得見的重要很多？

一.無形資產比有形資產更重要

　　創造、累積並有效運用不可替代的核心資源，以形成策略優勢，是策略中資源說的主要論點。

　　資源包括了資產（有形資產、無形資產）與能力（個人能力、組織能力），而真正可以稱為資源的，則必須具備三種特性：

　　(一)獨特性：有用且少量。

　　(二)專屬性：不易為他人所用。

　　(三)模糊性：競爭者無法學習、由做中學習而來的內隱性，以及由其他資源互補、組合形成的複雜性等。

　　也就是說，愈是看不到、摸不著，愈是用錢買不到的東西，才是企業可以仰賴的競爭資源。

　　廠房設備等有形資產，有錢一定可以買得到；專利、商標、著作權等無形資產，理論上用錢也可以解決；屬於個人的專業技術能力、管理能力與人際網路，競爭對手也可以用重金挖角的方式取得這項資源。

二.組織能力決勝一切

　　從這個觀點來看，一個企業要建立競爭的優勢，最應該設法建立的資源是所謂的組織能力。這包括組織文化、組織的記憶與學習、技術創新與商品化能力，以及業務運用能力。

　　一般來說，這類組織能力的建立，都需要企業內各部門長時間的互動，具備相當的互賴與複雜性。

　　如果在一個新興產業，組織是在做中學習而來的能力，具備內隱性，也具備競爭對手無法學習的模糊性，組織能力當然符合獨特性與專屬性。

　　建立了強大組織能力的企業，競爭對手即使用錢買下這個公司，如果沒有辦法讓整個團隊留下，恐怕也無法維繫這種能力。

　　所謂組織能力，其實也就是經營團隊，包括人、價值觀、溝通互動的模式及工作方法等要素。

　　一個好的經營團隊就是能夠依照環境的變化，持續增進組織的能力來因應。

無形資產比有形資產更重要

有形資產

無形資產

真正資源必備3特性

資源 ＝ 資產（有形資產、無形資產） ＋ 能力（個人能力、組織能力）

真正資源
必備3特性

1.獨特性：
有用且少量。

2.專屬性：
不易為他人所用。

3.模糊性：
競爭者無法學習、由做中學習而來的內隱性，
以及由其他資源互補、組合形成的複雜性等。

組織能力決勝一切

HRM →  打造組織能力 Organizational Capabilities ← HRM

HRM → ← HRM

↑

HRM人力資源管理

Unit 1-9
人才資本策略新思維

人才是企業最珍貴的資產已不容置疑，因此企業在擬定營運策略的同時，能有一群強而有力的組織人員及計畫，更能推動企業各種營運活動，進而達到營運目標。

一.何謂人力資本策略

每一間公司都需要人力資本策略支持其營運策略，但這項策略到底是什麼？首先來回顧一下人力資本的概念。

從定義來看，「人力資本」是指累積的技能、經驗與知識，它是由組織的人員所擁有，且能造就出具有產能的勞力。既然人力資本是一種資產，人力資本策略當然是一種管理資產的方式。這套計畫的作用在於維繫、管理與激勵人員，進而使他們達到營運目標，它是一種載明所有人事規定與管理作業的藍圖，目的在於留住人才並儘量擴大營運績效。

二.人力資本是無形資產的重要內容

人力資本（Human Capital Asset）是無形資產的重要一環，而無形資產又是公司資產的差異化來源及競爭力來源的重要根基。

人力是資本的一種表現，資本不只是金錢或財務的概念，更重要的是人才的概念，包括：1.知識、技能、能力與經驗之人力資產；2.架構資本；3.工作流程；4.選才與訓練；5.管理架構；6.決策；7.資訊流通，以及8.報酬制度。

三.人力資本策略新思維

(一)企業營運計畫擬定時要有人力資本策略的支持：企業在擬定策略或新的營運設計時，一定要特別注意支持它的人力資本策略。

(二)人力資本能造就出具有產能的勞力：人力資本是累積的技能、經驗與知識，它是由組織的人力所擁有，並能造就出具有產能的勞力。

(三)人力資本策略是一種管理資產的方式：也是維繫、管理、激勵人員，進而使他們達到營運目標的藍圖。如果會影響人員的管理作業要發揮作用，一定要步調一致且相輔相成。

(四)管理高層應該比較人員「現有」的能力，與理想上「應有」的能力：同時也應比較現有與可能的人員表現。新的分析工具可在穩固的事實基礎上做到這些比較。

四.人力資本產能的系統觀點

整個企業的資源，可區分為二大類：一是有形的固定資產；二是無形的人力資產。而更重要的是，有形的固定資產仍須仰賴組織人才去發揮及運作，才會產生價值。

人力資本是無形資產的重要內容

無形資產

1.人力資本	2.關係資本	3.智慧資本

1.人力資本
- 人力資產
  - 知識、技能、能力與經驗
- 架構資本
- 工作流程
- 選才與訓練
- 管理架構
- 決策
- 資訊流通
- 報酬制度

2.關係資本
- 品牌
- 顧客
- 供應商
- 主管機關

3.智慧資本
- 專利
- 著作權甄選與訓練
- 其他智慧財產權

人力資本策略新思維

1. 企業營運計畫擬定時要有人力資本策略的支持
2. 人力資本能造就出具有產能的勞力
3. 人力資本策略是一種管理資產的方式
4. 管理高層應該比較人員「現有」的能力，與理想上「應有」的能力

人力資本產能的系統觀點

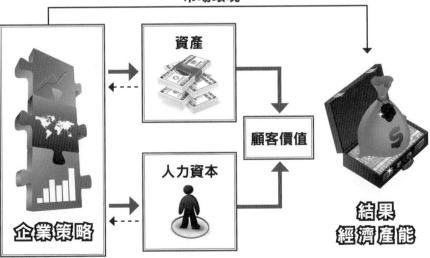

市場環境

企業策略 → 資產 → 顧客價值 → 結果 經濟產能

企業策略 → 人力資本 → 顧客價值

Unit 1-10
活用人才資本管理的作法

知識加上人才等於股東價值，這是企業資產負債表看不見的重要資產。

尤其現今強調知識經濟時代，如何加強員工專業技能與知識，以及如何管理高知識經濟能力的員工，便成為企業的重要課題。

企業如果想要以高效能的營運團隊加速提升企業競爭力與股東價值，必須藉助有系統的人才資本管理，其中有三大作法。

一.加強員工對企業目標的投入

企業必須清楚教育員工，個人績效的定義是什麼，並以重複漸進及協同合作的溝通方式，協助員工規劃管理個人績效、確認個人工作職責，並掌握自己的訓練計畫與進度。藉此使公司上下深切體認，企業的整體績效繫於每一個員工日常的表現。加強員工對企業目標的投入，不僅可以刺激業務、降低產品行銷成本、減少綜合開銷行政費用，更能夠進一步提高股東價值、增加公司利潤。

二.建立完整的員工績效管理流程

企業想要有效管理員工績效，首先必須提高員工意見回饋的品質與即時性，讓員工具有建設性的意見能在第一時間回報給企業主管；再者，企業應將員工的意見回饋和企業發展計畫緊急的結合。

企業更可透過以下四大步驟，有效管理績效流程：

(一)計畫、吸引、就定位：根據企業目標，訂定績效管理計畫，並吸引適當的人才，提供員工所需的資源，以協助他們儘早熟悉職務內容。

(二)評估、設計、發展：評估不同員工必須具備的技能，並藉此設計適合的訓練計畫，讓員工適才適任。

(三)最佳化、追蹤、監控：在適當的時間給予員工適當的任務，可以提升生產力，同時最好在單一定點追蹤及管理這些員工，並在約定好的時間內給予薪資報酬。

(四)規劃、激勵、獎勵：規劃薪資及獎勵制度，以激勵員工朝企業目標邁進。

三.有效獎勵員工

獎勵員工是許多企業支持，卻很少實踐的管理哲學。

獎勵員工不只反映在傳統薪資上，更包括正式的表彰與更多的學習與發展機會。獎勵員工必須掌握正確與公平兩大原則，不僅要將員工績效與獎勵充分連結，更要確保每一表現優異的員工都能獲得公平的獎勵。

人才資本管理3作法

人力資源管理原則		
→ 1.加強員工對企業目標的投入		計畫、吸引、就定位
→ 2.完整的員工績效管理流程		評估、設計、發展
		最佳化、追蹤、監控
→ 3.加強有效的獎勵員工		規劃、激勵、獎勵

建立人才資本管理觀念

知識經濟時代

人才勝過有形設備與資本

建立「人才資本」觀念

HRM ➡ **視人才 = 資本**

企業有效管理績效4步驟

1.根據企業目標，訂定績效管理計畫，吸引適當人才，提供員工所需資源，協助儘早熟悉職務。	2.評估不同員工必須具備的技能，並藉此設計適合的訓練計畫，讓員工適才適任。	3.在適當時間給員工適當任務，以提升生產力，同時最好單一定點追蹤及管理。	4.規劃薪資及獎勵制度，以激勵員工朝企業目標邁進。

Unit 1-11
人才在企業經營活動中的重要性

很早以前企業界管「人」的單位，稱為「人事」部門，但這種定位太過狹窄了。後來，很多外商公司及國內大企業則紛紛更名「人力資源」部門。

之所以更名，乃是時勢所趨，因為從90年代起，領導、激勵、成長等相關議題開始被重視，以及學習型組織開始崛起後，人力資源管理在21世紀即成為非常重要的課題。

再加上產業的變化和發展從製造業逐漸走向服務業，而服務業和人是不可分割的，所以經濟的重心從以前以機器做加值，變成以人作加值，高素質的人力逐漸成為企業關注的重點，也使得人力資源管理的地位愈來愈重要。

一.人力資源的兩種涵義

管人的單位從原先狹窄的「人事」部門走到更策略的「人力資源」部門，當然有以下二個面向的涵義：

(一)人才是企業寶貴的資源：人才本身就是一種資源，是企業最寶貴的資源。因為企業所有的營運活動都仰賴人才去規劃、執行與創造，企業亦是人的組織體，沒有人才，企業就難以優良營運。

(二)人才不只是人才：人才自身不僅是一種資源，而且他們亦會影響到企業相關資源是否能夠取得的狀況。

例如：企業得靠財務部的人，去向外取得營運的「資金」；再如：企業亦須靠人去取得相關重要的設備、情報、原物料、土地等。

有了這些資源，企業才可以全面性展開營運活動。而這些資源的取得快慢、多寡、好壞等，亦都因企業不同的人才狀況及程度而有所決定。

因此，這樣看起來，人才資源的確在企業經營活動中，扮演著非常重要的關鍵性角色。

二.人才對企業營運的重大影響

企業有好的人才，才能策定出好的經營戰略與事業計畫，也才能確保經營資源並活用，也有能力蒐集市場資訊情報、取得貨物或資金的來源，進而能有效率地使用人才並活用開發與創新，以完成事業計畫目標的使命。

綜上所述，我們可以看出人才的重要性，因此，對人才如何有效率與有效能（Effectiveness）的開發及管理運用，關切著事業計畫與企業目標的達成與否，豈可不敬重乎？

人力資源的2種涵義

1.人才是企業寶貴的資源

人才本身就是企業最寶貴的資源，因為企業所有營運活動都仰賴人才規劃、執行與創造，沒有人才，企業就難以優良營運。

2.人才不只是人才

人才自身不僅是一種資源，而且他們也會影響到企業相關資源是否能夠取得。

人才在企業經營活動中的重要性

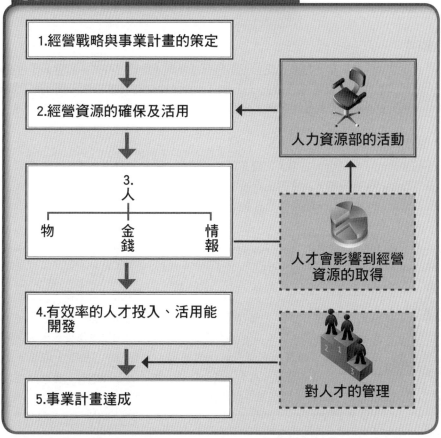

1.經營戰略與事業計畫的策定

↓

2.經營資源的確保及活用 ← 人力資源部的活動

↓

3.
人
物　　金錢　　情報

人才會影響到經營資源的取得

↓

4.有效率的人才投入、活用能開發

對人才的管理

↓

5.事業計畫達成

0.4
48621
0.8

01

Unit **1-12**
人力資源部門的功能

人力資源部門的主要四大功能，就是招才、用才、訓才及留才，即招、用、訓、留四個重點。

一.招才

招募人才或挖角人才，以確保公司在各種發展階段中，都有優秀的人才可得，這是人資部門很重要的第一關卡。人才的質與量，如果招募不足，當然會大大影響到企業的營運活動及結果。因此企業每年都要招聘或挖角到適合公司成長之下的各種優秀人才，故「找人」是人資部門主管第一件要完成的大事。

二.用才

人進到公司後，如何安排適當的職位、職務及職稱，甚至包含座位，並且交付適當的工作分配及職掌任務，讓人才能夠獲得發揮，以對公司各種發展都能有所助益，這就是用才。

三.訓才

人不是萬能的，也不是多元化，更不是有很多專長集於一身的，而且人才也必須配合公司成長的腳步及速度。因此，人才的教育訓練就有其重要性。訓才有二種觀點：一是員工自我學習成長與自我啟發進步；二是被動接受公司的訓練要求。

四.留才

留才也成了今日重大之事，如何在薪資、獎金、福利、股票分紅、工作安排、職務晉升等做好妥善規劃，均會對企業留才與否，產生重大影響。好人才能夠長留，經營團隊的實力才會強壯。如果幹部流動率太高，必然表示組織與文化產生若干問題。

小博士解說

你必須知道的面試

根據蓋瑞・戴斯勒（Gary Dessler）的建議，面試時，主考官必須要注意下列幾點：1.不要提出封閉式的問題，也就是應徵者只能回答「是」或「不是」的問題；2.小心避免暗示，例如：在應徵者答出正確答案時微笑；3.不要讓應徵者覺得自己像是犯人，避免採取質問、嘲諷、施捨、漫不經心的態度；4.不要壟斷談話，也不要讓應徵者主導談話，以及5.要傾聽應徵者的回答，讓應徵者儘量表達自己的想法。

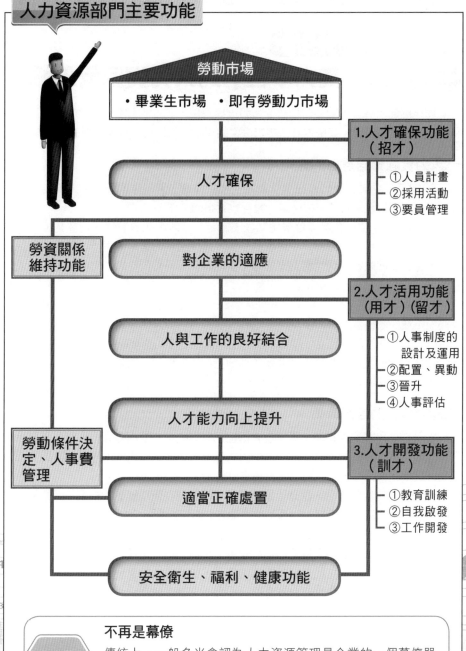

人力資源部門主要功能

勞動市場

・畢業生市場　・即有勞動力市場

人才確保

對企業的適應

人與工作的良好結合

人才能力向上提升

適當正確處置

安全衛生、福利、健康功能

勞資關係
維持功能

勞動條件決
定、人事費
管理

1.人才確保功能
（招才）
— ①人員計畫
— ②採用活動
— ③要員管理

2.人才活用功能
（用才）（留才）
— ①人事制度的
　　設計及運用
— ②配置、異動
— ③晉升
— ④人事評估

3.人才開發功能
（訓才）
— ①教育訓練
— ②自我啟發
— ③工作開發

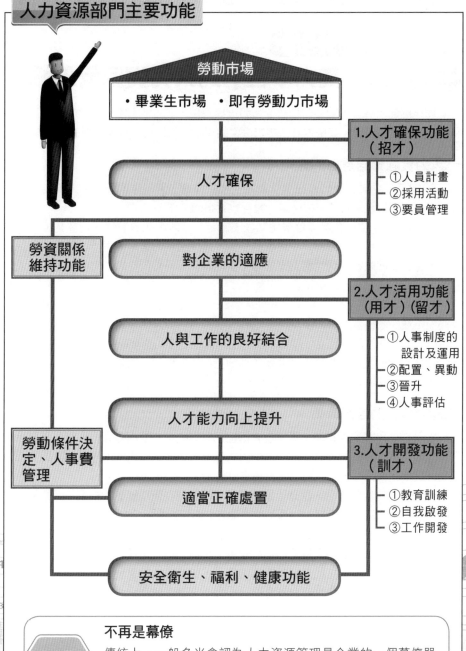

不再是幕僚

傳統上，一般多半會認為人力資源管理是企業的一個幕僚單位，不會直接產生價值，其價值是透過支援其他單位而產生的。也就是說，像生產單位、行銷單位這些是企業的主要單位，因為其表現跟公司的營收直接相關，但是人力資源管理並不能直接在公司的營收上有所表現。其實，這樣的觀念已經落伍了。

知識
補充站

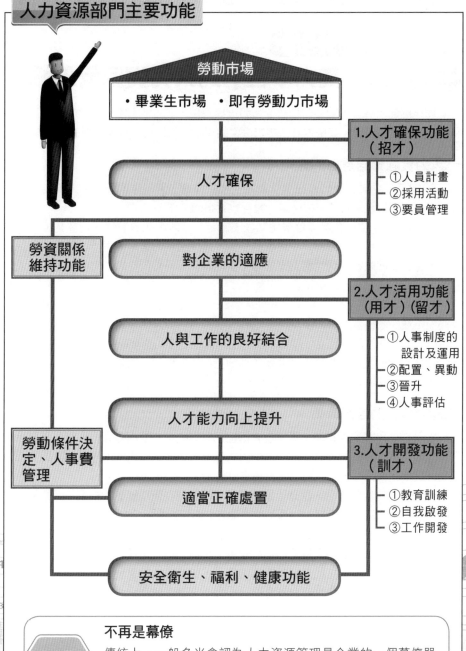

Unit **1-13**
以「能力本位」的人力資源管理崛起

彰化師範大學人力資源管理研究所張火燦教授，對「能力本位」的人力資源管理有獨到且深入的研究。茲摘述其一篇專論中的精闢解析內容，以供參考。

一.人力資源管理重心的變化

1960年代企業經營的外在環境穩定，可依據過去資料與經驗推估未來，故著重長期規劃。人力資源管理主要從事一般行政事務的工作。

1980年代，由於企業經營環境充滿不確定、不連續和複雜性，企業為了生存發展，採用策略管理，根據內外在環境的分析，選擇適當的策略，再予以執行和評估。人力資源管理就須從策略性觀點來思考，積極的參與經營策略的制定與推動，使人力資源管理能協助企業經營獲得競爭優勢。

1990年代，企業經營環境競爭更為激烈，面臨全球化競爭，科技變動快速，以及必須迅速因應顧客需求的衝擊下，組織核心能力的概念應運而生。人力資源管理為配合核心能力的推動，建立以能力本位為主的管理，協助企業創造獨特的智慧優勢。

上述理論的發展或轉變，並非新的理論取代舊的理論，而是累加進來，並隨著時代的需要，不同理論所占的比例與重要性有所不同。

二.能力本位的崛起背景

企業在制定經營策略時，通常會有兩種思考方式：一為由外向內思考，即根據企業外在環境思考經營的策略；另一為由內向外思考，即根據企業本身所擁有的資源或優勢，制定經營策略，此亦稱為資源基礎理論。

資源基礎理論的觀點，認為企業的績效不是靠外在環境經營的結果，而是依賴企業對本身資源或能力的應用，能滿足市場顧客的需求而定。

此理論導源於經濟學中的奧地利學派，認為驅動經濟發展的力量，是在不平衡的衝擊下，繼續不斷發展的過程，市場被視為「發現」與「學習」的過程，其中包括兩個重要概念，「發現」指的是開創新的市場，「學習」指的是發展該市場。「發現」與「學習」均須透過個體的能力來達成。

此種論點在1980年代初期未受到重視，直到1990年代初期，才引起廣泛注意，掀起企業由下而上轉為由上而下推動的能力本位運動。

三.能力本位的「能力結構」四大部分

在能力本位人力資源管理的推動中，如何將能力融入整個企業管理的體系內，是成功與否的重要關鍵，其間的基本關係為：能力→行為→績效，亦即能力可透過行為來展現，而後影響工作績效。因此，有四個方面來說明能力的結構：1.能力的層級；2.能力的內涵；3.能力的階梯（能力水準），以及4.能力的類型。

圖解人力資源管理

人力資源管理重心的變化

1960-1980年

人事管理

管人

1980-2000年

策略性
人力資源管理

管策略

2000年以後

以『能力本位』人力資源管理

管人的能力

以「能力本位」為核心的人力資源管理架構

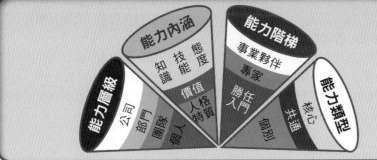

能力內涵
知識　技能　態度
價值　人格特質

能力層級
公司　部門　團隊　個人

能力階梯
事業夥伴
專家
勝任入門

能力類型
核心　共通　個別

企業的明日之星

知識
補充站

21世紀的企業經營環境，人力資源管理如能確實發揮功能，企業會因而更具競爭力。例如：臺灣的百略醫學科技公司，在1995年開始推動學習型組織之後，不僅因此提升企業人力的素質和向心力，建構了高效能的工作團隊，也讓經營的績效大幅成長，現今已經是全球醫療量測領域數一、數二的大廠。

從這個角度來看，人力資源管理確實可以發揮非常大的效果，因此，未來的人力資源管理，將會在企業扮演更重要的角色

Unit 1-14
人力資源管理未來的任務

　　面對時代的進步，人力資源管理的地位將日益重要，而其未來的任務將有三項。這三項任務如果能有效完善的做到，對企業的競爭力更是有加分的效果。

一.增進工作績效

　　企業要在競爭中求生存，政府機關要贏得民意，在在均須以優秀的工作績效作為最重要的指標及基礎。而工作績效的增進，歸因於人力的程度提高，因此，人力資源的本質、教育訓練、任用、調遣、晉升、激勵、領導、溝通、安全、前程生涯計畫等等，均對工作績效之增進，有連貫性之影響。此為人力資源管理任務之一。

二.提高員工工作生活素質

　　提高員工工作生活素質，讓員工樂在工作，以工作為一生之生活，滿意組織，滿足需求，是企業應努力的方向，也是人力資源管理的重大工作使命。此為未來工作任務之二。

三.人力資源發展與員工前程規劃之配合

　　人力既是一種資源，自然需要加以積極的挖掘、試驗、提煉、加工，然後才能轉化為附加價值更高的資源，所以必然要重視人力資源的發展問題，而不可讓人力隨波逐流，日益退化、老化，而成呆人。

　　員工前程規劃代表一種最新穎的觀念，它為員工與企業兩者間做了密切與展望性的一連串有步驟的計畫，促使員工與企業的前程均得到正面有利的發展。

　　因此，人力資源發展配合員工前程規劃之執行，可使兩者相得益彰，而產生整合效果。此為未來工作任務之三。

小博士解說

人力資源管理的三種基礎

　　一是心理學，關注對人的喜怒哀樂等基本性情與行為的了解，從而發掘人行為背後的原因，以及如何激勵人；二是社會學，因為組織不僅是個人組合，組織內部團隊的建立、組合和維繫也是組織很重要的任務，這就牽涉到社會學，也就是團體與團體、人群和人群之間的關係和行為；三是經濟學，也是人力資源管理的重要基礎，像是如何提高員工生產力及工作誘因、如何計算薪資或提供員工福利等都是。換言之，人力資源管理就是希望整合這些領域的知識，進而讓企業對人力有更好的運用。

028

1.增進工作績效

HRM未來3大任務

2.提高員工工作 生活素質

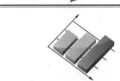

3.與員工前程生涯 規劃相結合

知識補充站

內部行銷也很重要

現在管理學上有「行銷三角」的概念，就是從「公司」到「顧客」是「外部行銷」，廣告、品牌就屬於外部行銷的一環；從「員工」到「顧客」則是所謂的「互動行銷」，這是指現場的實際服務；但是外部行銷和互動行銷的效果，往往決定於從「公司」到「員工」的「內部行銷」。

所謂內部行銷，也就是公司內部的教育訓練，就是如何教育員工、如何傳達企業對品質或服務的概念，其實就是人力資源管理的範疇。

例如：麥當勞規定員工都要接受嚴格的職前訓練，要通過這套訓練後，才能上線工作。所以麥當勞的員工外在的儀容、行為及工作表現上，都會有一定的行為標準，知道要怎麼做，才是公司所要的。這也讓麥當勞本身的品牌形象，一直維持很高的評價。

Unit **1-15**
傑克·威爾許對人資的看法

前奇異（GE）公司執行長傑克·威爾許（Jack Welch）對人資有其獨到的看法。

一.當執行長的管理理念

有兩個共通的簡單原則：一是管理者要關心人；二是獎勵最好的員工。好好培育員工，他們就會把事情做好，在此同時，表現最糟的，不宜久留。所有主管跟威爾許報告，他都一定會問：「你有沒有獎勵表現好的人？表現最差的有沒有趕快讓他們走？」管理者照顧員工不須一視同仁，而是要把重心放在最優秀的人才身上。這兩個原則放諸四海皆然，在中國、臺灣也是如此。

二.管理的任務是「人」

威爾許認為不能只僱用人，而不培育人。如果你是大公司經營者，所要管理的，絕對不是產品、價格、設計等，而是人。你要如何讓最好的人才有最好的舞臺，在眾人中找到對的人來管理人。你最重要的任務是建立管理團隊，並設立一種常軌的系統：一是所有人都要知道績效表現的位置；二是跟公司其他人表現相比，又是如何。

三.執行長60%在人才培育上

發掘、考核與培養人才的時間，至少是威爾許所有時間的60～70%，這是想要有好的人才品質所必須付出的代價，但卻是贏的關鍵。這件事威爾許對上百萬個人說過，有些人採用，有些人則否，但這是他的信念，也的確有效。事實證明威爾許曾經帶領過很多好的人才，像家得寶（Home Depot）前執行長納德利（Nardelli）、漢威聯合（Honeywell）執行長大衛·寇特（David Cote）。

四.改變人就能讓公司成長

一個人對工作的期許如何，是非常重要的。如果你只會把工作做完就算了，你得不到成長與回饋。但別忘記這就是你的任務，你就是要為公司各階層找到好的領導者，如果你知道找到對的人才，就能夠改善公司，為何要把時間浪費到別處去？

五.人才是策略的第一步

人才是最優先重要的，人對了，組織就會對。只跟著書中策略走，終究無用。你給他們最好的工作、好的薪資、告訴他們做什麼，給他們自由，讓他們擁有全世界。你的工作就像撒種子，要給他們好的養分、水分，就能長出好的花朵。威爾許認為希望建立一個最棒團隊的領導者，他會把資源放在人才身上。別以為這是一個關心、溫暖、像兄弟般的領導者，威爾許說的是成功的領導者，是希望公司與人都能變成功。

前奇異公司執行長——傑克·威爾許對人資的看法

1.當執行長的管理理念

・管理者要關心人　　　・獎勵最好的員工　　　・表現最糟的，不宜久留

2.管理的任務是「人」

・不能只「僱用」人，而不「培育」人才。
・最重要的任務是建立團隊，並設立一種常軌的系統運作。

3.執行長60%在人才培育上

・要想有好的人才品質，至少要花60～70%時間，這是贏的關鍵。

4.改變人就能讓公司成長

・一個人對工作的期許如何，對企業影響很大。

5.人才是策略的第一步

・只跟著書中策略、組織走，終究是無用的。
・人才就像種子，給他們好的養分、水分，就能長出好的花朵。

Who is Jack？

傑克·威爾許（Jack Welch）是20世紀最受尊崇、最常被仿效、最值得研究的執行長。他高瞻遠矚的新政與理念，以及靈活的管理策略，為他贏得史上最有效率執行長的榮銜。威爾許再造奇異成為全球最有價值的企業。以下為他的簡介：

傑克·威爾許1960年進入奇異公司，1981年成為奇異第八任執行長。威爾許帶領奇異公司的二十年間，一手打造「奇異傳奇」，讓奇異的身價暴漲4,000億美元，躋進全球最有價值的企業之列，成為全球企業追求卓越的楷模。而威爾許本人也贏得「世紀經理人」、「過去七十五年來最偉大的創新者，美國企業的標竿人物」等美譽。2001年自奇異卸任後，周遊全球各地，向產學界人士發表演講。

第一章　人力資源管理概論

031

第 2 章
人力資源部門主要任務概述

●●●●●●●●●●●●●●●●●●●●●●●●●● 章節體系架構 ▼

Unit 2-1
人力資源戰略的策定流程

對企業發展來說，能夠找到好的人才，使資本得到更好的發揮，才是更為重要。

一.環顧經營環境的變化

首先，我們應看公司所面對整個經營環境的變化，即經濟成熟化與全球化、科技進步、市場競爭激烈、勞動市場變化（少子、高齡化）、高學歷化、女性進入職場、新業別出現、幹部年輕化、人事成果主義趨勢等變化，再來決定要擬定哪些經營戰略。

二.經營戰略的決定

(一)總體戰略：這是根據企業所處環境以及環境未來發展趨勢而確定的企業總行動方向，有三種基本類型：1.穩定戰略；2.發展戰略，以及3.緊縮戰略（又稱撤退戰略）。經營戰略是在企業總體戰略的指導下，管理具體經營單位的計畫和行動，從而為企業的整體目標服務。其充分展現公司戰略的主旨，又為職能戰略的制定提供依據，因此是公司戰略和職能戰略相互聯繫的紐帶。

(二)分戰略：企業分戰略是在企業總體戰略的指導下，對企業的某一方面（按照職能、事業、地區等）的發展及其相應目標與對策，進行計畫而制定的戰略。顯然，分戰略應該在發展方向、目標水準及主要對策等方面，與總體戰略相互協調一致，並達到總體戰略的目標。

三.內部要因的改革

人力資源的規劃通常是因應公司策略，如果公司的營運策略有所調整，公司的人力也要因應策略的變動而配合技術進步的勞動力架構與能力開發的規劃。

例如：公司如果採取追求成長的策略，要在中國設立新廠，人事單位就要針對此種計畫予以分析，並設法提供足夠人才，像是從臺灣調派支援或是在當地加強招募等。

同樣的，如果環境改變，人力資源的規劃也要針對環境的改變，重新調整。例如：中國市場開放，或臺灣加入WTO（世界貿易組織），對企業的經營環境和人力資源的運作都是相當大的影響因素。以國際化的趨勢來講，企業在人力需求上，就可以更積極去國外徵才。

四.人事戰略的策定與基本方針

經過上述考量及評估後，即可策定人事戰略與基本方針。而在人事戰略方面，牽涉到：1.薪資、獎酬與福利政策；2.人才訓練與能力開發政策；3.勞動條件與時間政策；4.高階要員與接班團隊政策；5.安全衛生與勞資關係政策；6.晉升與調派政策；7.招募政策，以及8.中長期人力需求與規劃政策。

人力資源（人事）戰略的策定流程

1.經營環境的變化

①經濟成熟化
②全球化經營
③資訊科技進步
④競爭激烈化
⑤勞動市場變化（少子、高齡化）
⑥高學歷化
⑦女性進入職場
⑧新業別出現
⑨幹部年輕化
⑩人事成果主義趨勢
⑪其他

2.經營戰略的決定

對應市場的變化與技術進步的勞動力架構與能力開發

3.內部要因的改革

4.人事戰略的策定

5.人事的基本方針決定

①薪資編制政策
②人才開發政策
③勞動條件基準
④勞動時間政策
⑤要員計畫政策
⑥安全衛生政策
⑦勞資關係政策
⑧晉升、調派政策
⑨招募政策
⑩中長期人力需求與規劃政策

什麼是經營戰略？

知識補充站

企業面對激烈變化競爭的環境，為求得長期生存和不斷發展而進行的總體性計畫。它是企業戰略思想的集中體現，是企業經營範圍的科學規定，同時又是制定規劃（計畫）的基礎。更具體地說，經營戰略是在符合和保證實現企業使命的條件下，在充分利用環境中存在的各種機會和創造新機會的基礎上，確定企業與環境的關係，規定企業從事的事業範圍、成長方向和競爭對策，合理地調整企業結構和分配企業的全部資源。從其制定要求看，經營戰略就是用機會和威脅評價現在和未來的環境，用優勢和劣勢評價企業現狀，進而選擇和確定企業的總體、長遠目標，制定和抉擇實現目標的行動方案。

Unit **2-2**
人事管理的基本方針與原則

人事管理的基本方針，主要可以從兩個面向發展出三個原則來說明。

圖解人力資源管理

一.安定僱用

安定僱用並不完全等同於終身僱用制，有好的優秀人才，當然歡迎終身僱用。不是好人才，自然不必終身僱用。但是，企業經營有其延續性、穩定性與企業文化性，因此，大體上企業雖強調組織變革、組織再造，但也不是每天都在變。因此仍須注意安定僱用原則，讓大部分好的員工都能安心為此企業打拼及奉獻。

二.成果主義的人事推動

企業為保持活力與競爭力，自然要重視員工的好壞差別及貢獻度差別。現在以員工所表現出來對公司的「成果」與「績效」為主軸思考點。所有的薪資、獎酬、升遷等，均應以個別員工對公司所產生的價值、成果、貢獻以及生產力等指標為主。

三.其他基本方針

036

此外，人事管理的基本方針，還須注意到以下原則：

(一)人事處理的公平性、公正性與透明性：如此一來，員工才會服氣。

(二)對各種領域員工獲得性的維持：也就是說，不要朝令夕改或時有時無，應具一致性。

(三)員工自身責任的原則與企業的支援：對員工自身應負的責任原則，以及企業必然提供各種必要性的人事支援，以讓員工順暢的完成他們的自身工作目標與要求。

小博士解說

信義房屋成功的原因

信義房屋公司非常注重對新進員工的招募與甄選工作。信義企業集團創辦人周俊吉非常強調「信義」的重要性，他認為員工的品德是第一要件。

信義房屋在招募時有一個很特殊的原則就是不聘同業，因為信義房屋認為一旦在這一行待久了，很容易養成一些陋規或陋習，要再透過教育訓練的方式調整是很困難的事。因此信義房屋喜歡到學校或軍中徵才，就是希望進來的人是白紙一張，就可以清楚地把公司的經營理念傳達給員工，讓員工養成正確的觀念，員工在公司就能待得久、待得愉快，並且能夠有好的表現。換言之，信義房屋是透過有效招募，篩選適合的人選，才能夠建立企業的優良文化。

人事管理的基本方針與原則

人事戰略

↓

人事管理的基本方針

安定僱用

・人事公平性
・人事透明性

↓

・獲得性維持

↓

・員工自身責任的原則
　與企業的支援

成果主義
的人事推動

037

知識補充站

內招的好處

一般談到招募，主要可以分成兩種方式：「內招」（Internal Job Posting）和「外招」（External Job Recruiting）。有些公司在招募時，會將職缺先向內部公布，員工如果有興趣，可以優先申請填補，內部都沒有人願意做的話，才對外招募，這就是典型的內招。通常比較高階的職務也是優先從公司內部找人，找不到適當的人，才對外找。內招的好處是一方面讓公司的員工有生涯發展的機會，另一方面也可以提高員工的士氣。

以美國聯邦快遞（FedEx）為例，聯邦快遞的每個職位都有一個內部的「預備隊」，其作法是將各個職位先做好工作需求的分析，了解做這個工作需要哪些才能、學歷或證照等，訂出來之後，就公告給所有員工。假如有員工對地區營業主任的職位有興趣，員工就可以先知道這個職位需要什麼條件或資歷，同時可以跟人事單位登記，當員工達到這個職位的條件之後，人事單位就會把他列為該職位的候選人。

一旦此職位出缺了，就優先從候選人當中去挑人遞補。自從聯邦快遞推行這個內招的制度之後，公司的離職率大幅下降，員工的忠誠度也顯著提升。

Unit 2-3
人才活用功能的制度與推動

任何優秀的卓越公司，必然是由一個卓越的經營團隊所組成，包括董事長、總經理、各部門副總經理及中層與基層幹部等，這些團隊成員就是公司的重要人才團隊。

而在他們成為公司重要人才團隊之前，必然也經歷過各種「魔鬼般」的訓練。因此，如何讓人才的功能繼續活用並在公司常保戰鬥力，的確得花費一番心思。

一.如何活用人才功能

首先，對公司各部門的人才，應該以達成能夠活用為最大目標。而如何才能發揮人才活用功能，則必須朝以下兩個方面著手：

(一)人事制度設計：例如人事評價制度、薪資制度、員工能力開發制度、福利制度、幹部制度、賞罰制度等。

(二)人事制度的活用：例如：如何有效配置、異動調整、晉升、培訓、輪調歷練、赴外進修、考核評價等。

總之，透過完整與有效的人事制度設計及活用，即可對人才產生進步與成長的目標，而形成公司經營團隊重要的一員。

二.對重要人才的立案與推動

但對於這些經營團隊成立，公司應該有一個明確的、積極的及有計畫性的人才接班、成長、晉升與培育計畫，甚至更長遠的退休計畫，才能讓這些公司重要人才幹部，能夠安定與專心的投入在工作上，隨著公司的成長而成功。

因此，如右頁下圖所示，即依據公司各重要事業計畫的推進，公司必須對各種必要人才加以確保，並且進行「重要人才管理」與「重要人才計畫」，並予以區分單年度計畫與中長期計畫，並將之立案如下：1.要員組織的分析與課題把握；2.採用計畫（來源與僱用型態的多元化）；3.配置、異動計畫；4.晉升、調整計畫，以及5.退休預測管理等，然後再確實予以推動。

小博士解說

適才適所的任用

要提升組織的效率，只有把對的人擺在對的位置。一個優秀的主管，要能對部屬個人的發展有所規劃，並且常常觀察部屬的實際表現、檢視部屬的內心需求，有時還可以利用一些適當的工具（如能力測驗）增進對部屬的了解。此外，主管也要注意「多樣性」的概念，儘量容納不同性別、年齡、學經歷等背景的員工，讓組織可以多元化發展。

人才活用功能

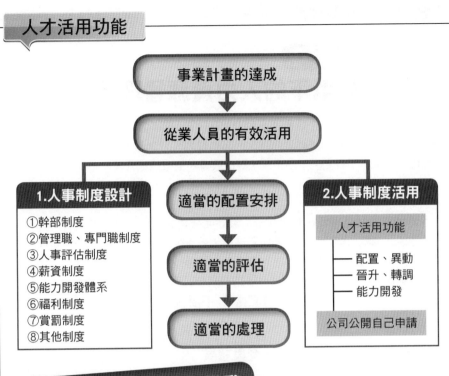

事業計畫的達成

↓

從業人員的有效活用

1.人事制度設計
①幹部制度
②管理職、專門職制度
③人事評估制度
④薪資制度
⑤能力開發體系
⑥福利制度
⑦賞罰制度
⑧其他制度

適當的配置安排

↓

適當的評估

↓

適當的處理

2.人事制度活用

人才活用功能

── 配置、異動
── 晉升、轉調
── 能力開發

公司公開自己申請

對重要人才的立案與推動

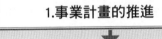

1.事業計畫的推進

↓

2.必要人才的確保

↓

3.重要人才管理

・單年度計畫
・中長期計畫

↓

4.重要人才計畫的立案
①要員組織的分析與課題把握
②採用計畫（來源與僱用的多元化）
③配置、異動計畫
④晉升、調整計畫
⑤退休預測管理

↓

5.重要人才計畫的推動

Unit **2-4**
不景氣下的人力資源管理策略

　　大環境愈是不景氣，企業愈是要講究精兵政策，高生產力與高競爭力的人力資源愈顯得重要。尤其邁向知識經濟的時代，高素質的人力資源，應是企業創造價值最重要的憑據。不過，不景氣之下的企業，應採取哪些策略以提升競爭優勢？

一.進行組織與人力盤點

　　惠悅管理顧問公司針對臺灣八十二家外商公司調查發現，大多數公司都利用這段清淡時期，調整公司組織，改善作業流程，並減少附加價值低的工作。例如：惠普公司發現其管理職比例相對較同業為高，乃進行組織再造，降低人力成本。宏碁電腦公司則發動員工進行「簡化總動員」，結果幫公司節省1億多元管理成本。尤其很多傳統公司，員工年齡偏高，薪資成本負擔重，因此都有優退計畫，達到人力年輕化目標。

二.更重視優秀人才的獎酬、培育與發展

　　人才培養並非一朝一夕可有效達成，尤其公司的核心幹部更是企業命脈所繫。所以不景氣時，如果任意資遣人員，等到景氣回春再來招兵買馬，不僅緩不濟急，優秀人才也不太可能替你效命。故卓越的企業，愈不景氣，愈應重視人才的培育與留任。例如：臺灣IBM公司為留住核心幹部，而提出「特別留任金」專案，即使面臨不景氣也未取消。目前國內流行分紅配股。不過，這是在該公司有不錯股價時，才會實現；如果股價低於10元，則毫無激勵可言。目前以高科技公司的股價高，最具誘因。

三.訓練員工提升能力為未來預備

　　每當景氣不佳時，許多企業第一個刪減的都是訓練預算。不過，卓越的企業都是反其道而行，例如：面臨業務衰退的惠普公司，反而推出不少培訓計畫，因為他們認為面臨不景氣，業務較清淡時，正是為成功做準備的最好時機。不只是惠普，像台積電這樣優秀的企業，也都趁產能利用率低的時候，利用空檔加強人員培訓。但問題的重點是必須真的做出有效的訓練成果出來，而受訓人員也有心努力上課。

四.引進高績效的人力管理制度

　　在不景氣時，引進高績效人力管理制度是許多優秀企業目前努力的方向。宏碁就引進5%的淘汰制，要求主管每季考核部屬，表現不好的給三個月時間，改善不了就淘汰。該制度台積電在1999年開始推行績效管理發展（PMD）制度時，已經實施，這也是台積電面臨不景氣沒有裁員的主因。同樣地，奧美廣告平常對人力盤點計畫做得相當完善，不僅沒有裁員，年輕的低階員工都還加薪，中高階主管也未凍結加薪。因此，如何啟動員工潛在能力，使其績效高，這是每個公司所必須努力思考的重點。

不景氣下的人資管理策略

不景氣，企業要發展什麼呢？

1. 進行組織與人力盤點

2. 更重視優秀人才，給予適當獎酬及發展

3. 多辦員工教育訓練，為未來做準備

4. 引進高績效人力管理制度

結　論

總結來看，不景氣下的四點人資管理策略，均著重在三個核心思考點：

1. 如何汰劣留優，透過人力盤點檢核與獎勵優秀人才，而能留下好人才，或吸引外部好人才進到本公司來。

2. 人才不是終身的，人才必須保持學習與進步，因此必須不斷投入教育訓練的體系。

3. 有好的人才，搭配好的教育訓練體系及誘因制度，將會產生高績效成果。

041

人力盤點3步驟

人力盤點	1.優秀人才 → 發展 → 留才
	2.普通人才 → 培訓 → 升級為優秀人才
	3.不好人力 → 淘汰 → 引進新人才

Unit **2-5**
如何做好人力資源規劃全方位發展

企業如何進行人力資源規劃與發展，才能讓每個部門的人才發揮極大功能與效用？只要掌握以下三大原則，一個優秀的經營團隊即將出現在眼前。

一.培才面

(一)確定未來的經營策略與方針：首先必須先確定公司未來的經營策略及大致方針，例如：海外生產、國際行銷、多角化發展、垂直水平整合發展、高附加價值、高科技化等大方向目標。

(二)配合未來計畫研擬需求之人才：其次，等企業未來發展大致方針決定後，再研究為因應這樣的發展，各類人才需求多少？層次素質為何？優先順序為何？

(三)訂出細部人才計畫：人才需求優先順序訂下後，進一步必須對各不同類別的人才，訂出細部的計畫。這包括需要多少人？在什麼時間？如何養成這些人？這些人從哪裡來？以及成效分析預估。

(四)按發展時間計畫執行並檢討：細部計畫完成後，自然按照時間表，付諸執行；並且必須不斷加以考核檢討，是否達成預先的成效目標。

(五)企業經營者的心態攸關成敗：當然，最重要的是企業界經營者，是否對培才能夠有堅定的理念和決心。

二.用才面

培才是一項長期動作，而用才則是觀察及測驗培才的過程，必須遵循三大原則：

(一)適才適所原則：這點非常重要。唯有把對的人擺在對的位置上，員工的能力才可以得到充分的發揮並能樂在工作。要做到這一點，主管的角色就很重要。

(二)激勵原則：唯有激勵策略的採行，才能使人有追尋更高目標的動機存在。

(三)監督考核原則：唯有監督考核之執行，才能使人不會脫離正軌，而能依公司既定策略與原則，中規中矩的工作。

三.留才面

透過培才與用才這兩階段，將使企業人力資源之發展漸漸成型。不過，這並不表示人力資源規劃就到此為止，還有最後也是最重要的階段——留才。再好的人才，也可能因留才的整體措施不當而離去，這對企業無疑是人才與時間的雙重損失。

留才階段，企業所必須做的，就相當廣泛而複雜了。這包括員工的自我前程規劃、工作環境、組織氣候、升遷、薪資、年終獎金、企業前景，以及企業家的理念與個性等。所以如何擬定全方位的人力資源規劃發展，讓好的人才能留下來與企業一起奮戰，其重要性已不言而喻。

人力資源規劃全方位發展

1.培才面

① 確定公司未來經營方針、經營政策及經營策略

② 需求哪些類型人才？層次素質為何？優先排序為何？

③ 這類人才如何來？需要多少人？如何培育他們？

④ 高階要下定決心。

2.用才面

① 適才適所

② 激勵他們

③ 肯定他們

④ 考核他們

⑤ 歷練他們

3.留才面

① 以配位、晉升、加薪及福利等實質面，留住人才。

② 給更大權責擔當及更寬廣的發展前途等影響力，留住人才。

Unit **2-6**
21世紀人才的七種特質 Part I

　　什麼樣的人是21世紀最「夯」的人才？是擁有一張漂亮的學歷及各種證照的人？還是也有著過去被我們所忽略的條件，正以一股隱而未見的強大氣勢準備席捲這個新世紀，正式宣告著不容我們忽視的所謂人的「特質」，它其實是具有影響外在環境的能力。由於本主題內容豐富，特以Part I 與Part II 兩單元分別介紹。

一.融會貫通

　　21世紀需要能夠在學習上融會貫通，善於思考、推理和應用的人才。融會貫通的一個要點是，必須具有清晰而靈活的思維。必須善於將學習到的知識應用在現實中。想要融會貫通，首先要多實踐。融會貫通也意味著必須學會解決那些從未見過、沒有確定答案的問題，學會用創造性的思維方式，分析和解決問題。

二.創新實踐

　　價值源於創新。正因為如此，幾乎所有現代企業都把創新擺在企業發展的最核心位置，包括中國在內的絕大多數發展中國家，也都把自主創新視為可持續發展的根本動力。創新必須為實踐服務，「重要的不是創新，而是有用的創新」，我們不能因為「新」才去做一件事，而要看它究竟有沒有實用價值，究竟能不能解決實際問題，並被用戶所接受。

三.跨領域融合

　　21世紀是各學科、各產業相互融合、相互促進的世紀。21世紀對人才的要求也由傳統的專才，轉向跨領域、跨專業的綜合性人才。也就是說，現代社會和現代企業不但要求我們在某個特定專業擁有深厚的造詣，還要求我們了解並通曉相關專業、領域的知識，並善於將來自兩個、三個，甚至更多領域的技能結合起來，綜合應用於具體的問題。

　　今天的熱門產品，從iPod到iPhone、iPad沒有一個不是跨領域合成的結晶。21世紀需要的是那些既能對某個專業領域擁有深入的理解和認識，又能兼顧相關領域發展，善於與其他領域開展合作的綜合性人才。

四.三商皆高

　　一個人能否成功，不僅看他的智商（IQ），也要看他的情商（EQ）、靈商（SQ）。換言之，21世紀的人才需要這三方面表現均衡，才能滿足現代企業的需求。另外，學校必須培養守誠信和有團隊精神的人才。守誠信就是靈商，團隊精神就是情商。大學四年是學生可塑性最強，也是最容易被誤導的期間。如果只重視培養智商，那麼走出校門的人才，很可能成為不能適應現代社會要求的「畸形」人才。

1.融會貫通

① 善於思考、推理和應用。
② 必須具有清晰而靈活的思維。
③ 必須善於將學習到的知識應用在現實中。
④ 想要融會貫通，首先要多實踐。
⑤ 必須學會解決那些從未見過、沒有確定答案的問題，學會用創造性的思維方式分析和解決問題。

2.創新實踐

① 創新是企業發展的最核心位置，自主創新視為可持續發展的根本動力。
② 創新必須看它究竟有沒有實用價值，能不能解決實際問題，並被用戶所接受。

3.跨領域融合

① 由傳統的專才，轉向跨領域、跨專業的綜合性人才。
② 善於將來自兩個、三個，甚至更多領域的技能結合起來，綜合應用於具體的問題。

4.三商皆高

① 高智商（IQ）、高情商（EQ）、高靈商（SQ）。
② 培養守誠信和有團隊精神的人才。守誠信就是靈商，團隊精神就是情商。

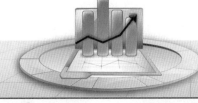

| 5.溝通合作 | ➡ | 6.熱愛工作 | ➡ | 7.積極樂觀 |

Unit 2-7
21世紀人才的七種特質 Part II

前文提到21世紀最「夯」的人才，應具備七種特質，我們已經介紹了融會貫通、創新實踐、跨領域融合，以及三商皆高等四種，以下繼續介紹其他三種。

五.溝通合作

溝通與合作能力是新世紀對人才的基本要求，因為幾乎沒有專案是一個人可獨力完成。跨領域的專案會愈來愈多，所以每個人必須和別的領域的人合作。因為公司會愈來愈授權，所以每個人必須主動與人合作，而不是等老闆來分配工作。如果一個人是天才，卻孤僻、自傲，不能與人正面溝通、合作融洽，將大幅減低他的價值。

高效能的溝通者善於理解自己的聽眾，能夠使用最有效率的方式與聽眾交流，也能夠把複雜的思想用簡單的方式表達。高效能的合作者善於找到自己在團隊中的恰當定位，能快速分清自己和其他團隊成員間的職責與合作關係，並在工作中積極地幫助他人，或與他人分享自己的工作經驗。

六.熱愛工作

全球化競爭中，每個人都要發揮自己的特長，唯有如此，人才所屬的團隊，才能表現出有別於競爭對手的獨特價值。而發揮特長的最好方法，就是找到自己的最愛。做自己熱愛的工作，不但會更投入、更快樂，也會因為投入和快樂，得到最好的結果。

七.積極樂觀

培養積極進取精神的各種要素：1.對自己的一切負責，把握自己的命運；2.沈默不是金，以及3.不要等待機遇，而要做好充分的準備。積極主動的人，總有無窮的創造力。不要把失敗當作一種懲罰，而應該把它當作是一個學習的機會。

小博士解說

智商 VS. 情商

昔任東海大學校長程海東教授曾在一場演講中提到什麼是智商（IQ）、情商（EQ）。他表示高智商的人才，不代表只是聰明才智，它也代表有創意，善於獨力思考解決問題，能夠融會貫通創新時間，跨領域思考。

高情商的人，是要能認識自我控制情緒、處理人際關係，如何用和平方式解決複雜問題、要參與團隊合作。依照西方統計，在一個高級管理群中，情商的重要性是智商的九倍。

21世紀人才7種特質

1.融會貫通	2.創新實踐	3.跨領域融合	4.三商皆高

5.溝通合作

① 新世紀對人才的基本要求，因為幾乎沒有專案是一個人可獨力完成。

② 高效能的溝通者善於理解自己的聽眾，能夠使用最有效率的方式與聽眾交流，也能夠把複雜的思想用簡單的方式表達。

③ 高效能的合作者善於找到自己在團隊中的恰當定位，能快速分清自己和其他團隊成員間的職責與合作關係，並在工作中積極地幫助他人，或與他人分享自己的工作經驗。

6.熱愛工作

① 做自己熱愛的工作，不但會更投入，更快樂，也會因為投入和快樂而得到最好的結果。

② 團隊中，每個人發揮自己的特長，才能表現出有別於競爭對手的獨特價值。

7.積極樂觀

① 對自己的一切負責，把握自己的命運。

② 沈默不是金，要掌握確切時機會點，讓自己被人發現。

③ 不要等待機遇，而要做好充分的準備。

④ 具有無窮的創造力，不怕失敗，而是把它當作是學習。

A⁺ 優秀級人才

會創新	能融合	可合作	很熱情

知識補充站

靈商

東海大學校長程海東先生在那場演講中除了提到什麼是智商（IQ）、情商（EQ）外，也同時提到什麼是靈商（SQ）。他表示高靈商代表有正確價值觀能夠分辨是非、辨別真偽，如果沒有正確價值觀的指引，就無法能夠辨別是非黑白。如果這樣人存在的話，他可能有很多的智商，有很好溝通技巧，但是他沒有靈商；換言之，他沒有辦法去辨別是非善惡，這是很可怕的。所以在21世紀中培育我們的高等教育人才，高靈商很重要。

Unit **2-8**
能力開發政策與推動

企業要發展，就需要開發人才。實施人才戰略，必須注重員工能力的培養。

一.直接能力政策

直接能力政策是歐美最普通的一種人事政策，是以員工對工作的適應性為前提。主要是在錄用或任用人員時，根據任職資格嚴格考核，關心員工立即使用的效果；以考核作為檢驗手段，及時了解員工的工作能力與績效；嚴格區分不同性質的培訓，避免因培訓投資不能及時收回損失（因為員工的流動性很大）；給有能力的人以相對稱的地位和待遇，增加其穩定性；以規範化的制度進行管理，但適用於外聘員工。

二.間接人力政策

這裡要提的則是如何對員工潛能給予有計畫的開發與推動，應屬於上述的間接人力政策。所謂間接能力政策，是以日本為代表的一種人事政策。這種政策並不完全依賴外部勞動市場，而主要依靠內部勞動市場來進行人與事之間配合關係的調節。

間接能力政策是以員工與企業有穩定的勞動關係為前提，主要是透過不斷地培訓和有計畫的工作輪換，培養員工的工作技能和協助員工選擇最適宜的職務。因為穩定的勞動關係，使公司不用擔心人力投資的損失；而且員工利益與企業的服務年限相聯繫，這類員工會隨著企業工作時間的推移，個人的知識、技能和經驗會不斷提升，對企業的價值會愈來愈大。該政策適用於在職員工。

三.員工潛能開發計畫

員工的潛能必須有計畫性的加以開發與激勵出來，而這種過程內涵，可以從四個方面來著手：1.本身工作上的能力開發；2.透過教育訓練所產生的能力開發；3.員工自己主動不斷的學習而啟發能力，以及4.公司在人事制度上的配合開發。

而員工的能力開發原則與方向，則必須掌握二點：一是對員工能力質的轉變與提升目標；二是對員工的意識、行動、價值的革新目標。

小博士解說

培養的眼光

企業在培養的目標應著眼於因應資訊社會化、經濟全球化，培養一批能夠與國際接軌的、懂得高新技術和先進管理經驗高層次人才；培養內容要著力在更新知識的培訓上下工夫，著重知識經濟、現代行政和經營管理、電腦應用、外語等新理論、新技術、新方法的培訓，儘快提高專業技術隊伍的創新能力和創造能力。

人力資源政策

人力資源政策	直接能力政策	間接人力政策

直接能力政策

①歐美最普通的一種人事政策。

②以員工對工作的適應性為前提。

③根據任職資格嚴格考核，關心員工立即使用的效果。

④給有能力的人以相對稱的地位和待遇，增加其穩定性。

⑤適用於外聘員工。

間接人力政策

①以日本為代表的一種人事政策。

②以員工與企業有穩定的勞動關係為前提。

③透過不斷培訓與有計畫的工作輪換，培養員工工作技能和協助員工選擇最適宜的職業。

④員工會隨著在企業工作時間的推移，個人的知識、技能和經驗會不斷提升。

⑤適用於在職員工。

能力開發政策的立案與推動

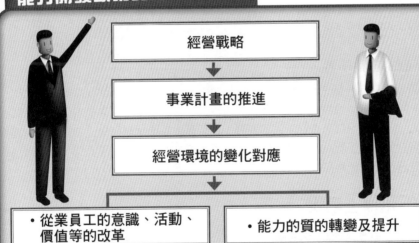

經營戰略

↓

事業計畫的推進

↓

經營環境的變化對應

↓

・從業員工的意識、活動、價值等的改革

・能力的質的轉變及提升

↓

能力開發對策的立案及推進

①工作上的能力開發

②教育訓練能力開發

③自己啟發能力開發

④人事制度配合開發

Unit 2-9
人才開發體系

人才開發是指將人的智慧、知識、才幹作為一種資源加以發掘、培養，以促進人才本身素質的提高和更加合理的使用。人才開發包括挖掘人才、培養人才，即從現有人才資源中發現有能力的人，進行培養、訓練，提高他們的業務技術和經營程度。

企業人才開發戰略是對企業人才開發整體性、長期性、基本性問題的計畫。因此，我們可把對員工人才開發體系，大致朝以下三個方向著手。

一.工作中訓練

首先是工作中訓練（on-job-training, OJT）。不管是在哪一個部門的工作崗位上，都可以有值得學習的地方。這是最直接的人才成長與潛能開發的來源，其方法如下：1.職務擴大、充實；2.輪調，以及3.為養成的目標學習管理。

二.工作外訓練

其次是工作外訓練（off-job-training），這包括二個方面：一是經營管理知識的研修，包括經營者、管理者、公司員工，以及新進員工等研修；另一個則是技能專長的研修，包括特定技能、特定知識、語言，以及職種別等研修。

三.不斷的自我學習

最後是自己不斷的學習與啟發。這是相當不容易做到，因為大多數人工作一段時日，都會有習慣領域的問題，無法突破現況，害怕改變。所以那些已在職場發光發亮的人，通常都抱持著終身學習的態度，包括藉由各種學歷與學位的進修、各種專業書報雜誌的閱讀了解、各種證照的考取，以及國外的學習參觀等管道，來不斷自我充實，並讓自己在職場保持最佳狀況。

小博士解說

在職訓練 VS. 進修

有些企業會讓員工接受「在職訓練」（on-the-job training），例如：某些專業性的工作，有時公司會因應這些工作的需要，開辦一些技術性的訓練或研討課程，這就是所謂的在職訓練。

在職訓練和「進修」（off-the-job training）又不太一樣。在職訓練通常是在企業內部所做的訓練，員工一樣照常工作。進修則多半是在員工工作以外的時間，甚至會暫時離開公司，比如說讓員工暫時停職去國外學習新技術，或是像中小學老師要在暑假時，到政大上兩個月的訓練課程，都是進修的一種。

人才開發體系

工作中訓練（OJT）

③ 為養成的目標管理
② 輪調
① 職務擴大、充實

工作外訓練

經營研修

④ 經營者研修
③ 管理者研修
② 公司員工研修
① 新進員工研修

技能研修

① 特定技能研修
② 特定知識研修
③ 語言研修
④ 職種別研修

自己啟發

① 資格取得援助
② 國內留學
③ 海外留學
④ 通信教育

Business Marketing
Global Business

知識補充站

訓練是為了更好的明天

事實上，訓練就是讓員工提升自己、避免落後的機會，所以企業在訓練上沒有做好的話，會影響員工的生產力以及產品品質。有些企業只把員工當作生財器具，其後果就是當企業把員工的價值用盡後，員工的工作內容就會開始退步。其影響性在短期可能看不出來，但是長期來看，一定會有問題。

比起臺灣企業，外商企業普遍更重視員工的訓練。很多外商每年都會提撥預算，讓員工去進修，這些預算員工可以直接請領，目的就是鼓勵員工多參加相關的進修課程，甚至取得正式的學位，讓員工提升自己的知識和能力。

例如：聯邦快遞，每年都會讓每位員工知道個人有多少的訓練費用，員工就可以選擇要去上語言課程，或是專業技術的訓練，上完之後再跟公司請領這筆預算就可以了。不過近年來，國內的大型企業也漸漸開始重視員工訓練的工作，有些公司甚至還會要求員工每年要有一定的教育訓練時數，使員工不至於和技術的發展脫節。像台電，就在內部設立不同的訓練中心，因為台電有很多的工作需要專業的技術及專業證照，所以台電對員工的訓練工作就不能馬虎，必須加以重視。

第 3 章

人才招募與任用

●●●●●●●●●●●●●●●●●●●●●●● 章節體系架構 ▼

Unit **3-1**
羅致人才來源

當人力資源規劃完畢、對人力的需求和條件已經清楚之後，就要開始招募（Recruiting）和甄選（Selection）。這對人力資源管理來講，是一件非常重要的工作，《從A到A＋》的作者吉姆・柯林斯（Jim Collins）就指出，能夠成就頂尖地位的企業，最大的關鍵就是「找到對的人上車」，而這就得靠招募和甄選來達成。

一般而言，羅致人才的來源有兩個管道，第一是內在來源，第二是外在來源。

一.內在來源

內在來源是指由公司內部已存在的各部門人員加以調派遴選填補，以因應工作之需要。但有其優缺點，茲簡要歸納分析如下：

(一)優點：可充分明瞭員工之特質、專長、優點，及是否適於本項工作。沒有外來的空降部隊，可激勵內部員工的新陳代謝及進取心、向心力。讓員工有變換工作的機會，可調整其情緒，提升士氣，可使過去長期的教育訓練投資，獲得相對之回饋。

(二)缺點：內部所能提供既有人才的數量、素質、專長等均有限制，不易完全供應無缺。內部人員沈溺於舊有的想法、作風，不易產生新的觀念與作為，此將阻礙公司的成長。

二.外在來源

外在來源是指向組織外部尋求人才來源供應。其途徑有以下五種：

(一)刊登媒體廣告：媒體以報紙及網站為主，專業人力雜誌月刊及電視為次要。刊載廣告內容，應具有創新及吸引力，才可望招募理想的人才。

(二)向各大學、技術學院學校徵募：現在企業也經常直接向大學、技術學院、高中、商職等學校進行羅致人力。其方式包括舉辦說明會、建教合作、工讀機會與實施參觀等。

(三)就業輔導機構及人力企管顧問公司、人力網站：例如：向青年署、國民就業輔導中心、技職訓練中心及民間人才顧問網、人力網站、私人獵才公司等公私機構，均有提供人力供應。

(四)內部員工介紹外部人才：有時候內部員工也會推薦外面的好人才到公司裡來。當然，這也要循正式作業管道才可以。

(五)向競爭對手挖角：對於高階主管人才，企業也經常透過主動式挖角方式，獲致優秀人才。例如：金融界、高科技業界，即經常如此。

公司如果沒辦法掌握來源，在需要人手的時候，無法找到適當的人，對公司的發展會是一大阻礙，這是公司要仔細考量的。通常對多數公司來說，都不會只有一種招募的管道或方法，而是會採取多元的管道，來確定能有效獲得人才的供給。

人才羅致2大來源管道

人才羅致
的來源

1.內部員工來源	內部員工晉升及調整

2.外部來源

①刊登媒體廣告

②向各大學招募

③民間人力顧問公司

④人力網站（如104網站）

⑤政府就業輔導中心

⑥向競爭對手挖角

055

人才資源網站一覽表

① 104人力銀行網站：http://www.104.com.tw/

② 1111人力銀行網站：http://www.1111.com.tw/

③ 中時人力網CT job：http://www.ctjob.com.tw/

④ 聯合人事線上udnjob：http://www.udnjob.com.tw/

⑤ 行政院勞動部勞動力發展署、全國就業e網：
http://www.ejob.gov.tw/

⑥ 教育部青年發展署、求才求職服務區、生涯資訊網：
http://www.yda.gov.tw/

⑦ 各學校就業輔導組網站

⑧ 518人力銀行網站：http://www.518.com.tw/

⑨ yes123人力銀行網站：http://www.yes123.com.tw/

Unit **3-2**
甄選人才的步驟

　　羅致人才除了內招外，另一個管道就是對外招募。但招募的另一個問題，則是如何在來應徵的人當中，找到對企業最好的人，這時候就要透過甄選來發掘人才。

　　實務上，甄選人才有其一定的程序與步驟，茲整理歸納如下，以供參考，俾使企業能從招募到甄選的過程中，眼明手快的網羅到最適合，也是最好的人才。

一.資料審核

　　應就應徵人員之學經歷之履歷、自傳、成績單或其他著作、報告、推薦函、任職證明等資料進行詳細之審核；審核合格後，即聯絡初試。這部分工作通常由需求部門的主管人員負責書面評選。

二.初次面試或考試

　　從初次面談或考試，可以評估應徵人選中，其能力、經驗、學歷、儀表、品行、反應、要求待遇等較符合公司要求條件之二至四個人選，以備下一次較高階主管的複試。有時候面試並不能看出一個人的能力，特別是幕僚人員（如企劃、會計、財務、法務、研發、資訊等），常需要有筆試，才易於判斷出專業知識的好壞。有時候筆試也是必要的，否則有些人很會講話，但專業知識或撰寫報告並不一定很好。

三.複試

　　複試由最後具有決定權之上級主管進行，仍以面談為較常見方式。而複試主管為求慎重，也經常會有二至三位主管共同參與複試，以尋求真正找到好人才。通常一般職員級人員任用，由該單位經理主管複試；而一級主管人員任用，則由公司最高經營者複試。複試的時間應較長且問題應較深入，以期從初試合格中的兩、三個人選裡，正確地挑選最理想的人選。尤其經理級、協理級及副總經理級的任用上，更應謹慎。

四.決定與通知任用

　　複試完後，上級主管應就人選中決定一人，並轉知人事單位向該應徵人員聯絡錄取任用與詢問應徵者是否可到本公司任職，以及何時可正式上班。然後人事單位，會依據複試任用表單的批示，轉告應徵人員，即寄出錄取通知單及電話通知應徵者。

五.到職與介紹

　　員工第一天到職，應將公司內部管理規章發給該員工參考，使其了解公司規定。另人事單位主管應陪同該員工到各部門介紹。大公司也會舉行新進人員職前訓練。

甄選人才5步驟

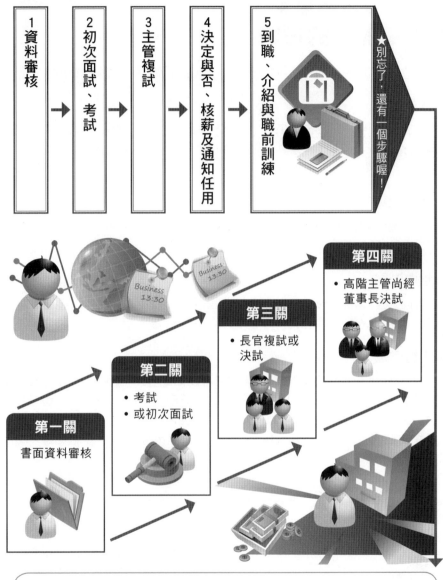

1 資料審核	2 初次面試、考試	3 主管複試	4 決定與否、核薪及通知任用	5 到職、介紹與職前訓練

★別忘了，還有一個步驟喔！

第一關
書面資料審核

第二關
- 考試
- 或初次面試

第三關
- 長官複試或決試

第四關
- 高階主管尚經董事長決試

知識補充站

建立員工檔案資料

人事單位在甄選人才的步驟中，除左述五種外，其實最後還有一個步驟，就是要建立此新進員工之人事檔案資料，供人力資源規劃與發展之參考。另外，在網路應用普及的今天，企業也有很多內部員工網站，可以了解公司有哪些新進員工。人事員工檔案，也可稱為公司的人才庫系統，記載著員工的過去及現在的各種人事員工的動態。

Unit **3-3**
測試的種類

一般測驗的種類，大致有四種分類，不一定會全做，而是部分執行測驗。

一.成就測驗

成就測驗（Achievement Test），又稱知識測驗，係針對應徵人員之專業知識或技藝進行測驗，以確實了解應徵人員在該項工作的專業技術能力上是否能夠勝任，包括申論題或選擇題。

二.智力測驗

智力測驗（Intelligence Test），又稱學習反應測驗，係用來衡量應徵者的智力水準、推理能力、反應能力、計算能力與應用能力等。

三.性向測驗

性向測驗（Aptitude Test）之目的，在鑑定應徵人員個人可發展的潛能方向與潛能成就為何。此測驗著重未來性，而非過去的成就。

四.人格測驗

人格測驗（Personality Test）主要是要衡量應徵人員的個性，以了解他的人格特質，例如：合作性、優越感、服從性、樂觀性、支配性、耐性、細心度、領導性、忠誠性及協調溝通性等。這些人格特質與工作之成就是有關聯的，因為實證研究顯示，某些員工能力很強、智力很高，但卻未能成功，即是因為未能與人和睦相處，或者不懂領導統御藝術。

小博士解說

專業能力很重要

原則上，一般企業通常會先對應徵者測試專業能力（這部分常以筆試進行），然後再進行性向或智商（IQ）的測驗，特別是考慮周延的企業比較會採取此種模式。因為不同的工作，通常會有不同的工作要求，比方說業務單位就會需要找社交能力比較好、願意與他人互動的人，透過性向測驗可以測出應徵者適合什麼工作，企業就可以根據測驗結果，決定是否要錄取這樣的人，或為其安排適當的職位。像是臺灣的神達電腦，甚至和大學心理系合作，先調查科技業最需要哪些特質（例如：抗壓性、團隊合作能力等），發展出相對應的題目，開發出一套適合科技業使用的性向測驗。

面談評分表

▶面試日期：　　年　　月　　日

應徵類別：	聘用單位	應徵人姓名：		
面試項目		**評述要點**	**占分**	**給分**
1.應徵者之儀容、態度、健康、精神		衣著、儀態、談吐是否整潔得體、健康及精神狀態	10分	
2.應徵者對這工作之認識及了解		對工作內容的了解程度、專業知識及相關工作經驗	10分	
3.應徵者對工作之配合度與學習意願（領導統御之能力）		輪值班、加班、出差、簽約等之配合度	10分	
4.應徵者之專業能力（學經歷）		是否適任本職位要求	10分	
5.應徵者產業之認知及對公司之認識		對媒體之認識或如何得知本公司之訊息	10分	
6.應徵者對當前社會（政治、經濟、治安等）現象的看法		對環境之警覺性與敏感度、見解之正確性等	10分	
7.應徵者是否具培訓及發展潛能		自我認識之程度、未來發展之潛力等	10分	
8.應徵者曾處理過最困難及最滿意的事是什麼？其關鍵點及改進事項是什麼？		想像力、表達力、執行力及危機應變能力	10分	
9.應徵者離開上一個工作之原因是什麼？		工作適應能力、穩定性及與人相處能力	10分	
10.應徵者對本職位的期望及生涯規劃		生涯規劃及人生目標是否明確及對未來之展望	10分	
總　分				

其他項目	1.特殊技能或職業執照：		
	2.希望待遇：		目前待遇：
	3.何時可以報到：　年　月　日		4.希望工作地點：

面試評估		

| 初評意義 | □擬試用　□不予錄用　□建議儲備
試用期限：□三個月　□其他＿＿＿＿
＿＿＿＿＿＿＿＿＿＿＿＿＿＿
錄用職位：＿＿＿＿＿ 等 ＿＿＿＿＿＿＿
擬敘薪資：試用 ＿＿＿＿＿＿＿＿＿
　　　　　正式任用 ＿＿＿＿＿＿＿ | 複評意見 | □擬試用　□不予錄用　□建議儲備
試用期限：□三個月　□其他＿＿＿＿
＿＿＿＿＿＿＿＿＿＿＿＿＿＿
錄用職位：＿＿＿＿＿ 等 ＿＿＿＿＿＿＿
擬敘薪資：試用 ＿＿＿＿＿＿＿＿＿
　　　　　正式任用 ＿＿＿＿＿＿＿ |

初評主管		複評主管	
董事長	總經理	人事單位	部門副總

Unit 3-4
面談的種類

一般面談（Interview）的方式，大致可區分為四個類別，但實務上並無嚴格區分，大部分都是混合進行發問與回答。

一.問題式的面談

問題式的面談（Problem Type）是指對個別應徵人員或一組的應徵人員，提出一項問題或計畫，請其予以解決或完成。其目的是要觀察應徵人員對此情況之反應、推理與決策的表現能力程度如何。

二.定型的面談

定型的面談（Patterned Type）是指一種有計畫的面談，是經過預先規劃的。面談人員就依據資料表所列事項，逐一進行詢問與答覆；當然，必要時，也可以問些定型以外的問題，以求更了解應徵人員。

三.非引導的面談

此種非引導的面談（Non-Directive Interview）方式，面談人員可自由的和應徵人員交換意見，不受設定問題的僵硬引導。持此種方式的理由，係認為如此可使應徵者更能顯露真正的自我。但應用此種方式，面談人員必有高度的技巧，預防避免流於聊天的成分，而不能獲得應徵人員的資料。

四.深度的面談

此種深度的面談（Depth Interview）方式是以窮追不捨的方式，針對某一事項發問，逐步深入，詳細而徹底，以觀察應徵人員的機智、應變能力，並對問題深入了解的程度與概念。

小博士解說

有趣的測驗

有些時候，企業會利用所謂的「情境測驗」，來評估應徵者問題解決（Problem Solving）的能力。之前在網路上曾流傳微軟在招募員工時會出一道題目，就是假設有間屋子有一扇門（門是關閉的）和三盞燈，屋外有三個開關，分別與這三盞燈相連，應徵者要想出有什麼辦法可以確定哪一個開關是對應到哪盞燈。像這樣的題目，就是一個非常典型的例子。

★ 以下是應徵者經常被問到的問題：

1. 請您簡單說明一下您的學經歷？

2. 您為什麼要離開原有的公司？

3. 您有什麼專長，可以為本公司貢獻的？

4. 您過去有什麼最值得肯定的工作成果？

5. 您為何換工作如此頻繁？

6. 您過去曾領導過多少人？

7. 您能否詳述一下您的專長工作內容？

8. 您為什麼選擇本公司？

9. 您對本公司有哪些認識？

10. 您在國內外主修什麼？

11. 您的英文能力如何？能否簡單用英文介紹自己？

12. 您將來的工作生涯規劃如何？

13. 您的抗壓力如何？可以超時工作或配合加班嗎？

14. 您可以簽二年工作合約嗎？

15. 您對薪水有何要求？

16. 您可以適合本大公司的企業文化嗎？

17. 請問您了解本公司嗎？請問您為何想到本公司應徵呢？

18. 您為什麼要應徵這份工作？您喜歡類似這樣的工作嗎？

19. 請問您學生時代對什麼課程最有興趣呢？為什麼？

20. 請問您短期還有繼續進修的計畫嗎？您預計可以在這裡工作多久呢？

21. 可以談談您的家庭背景或父母的教育方式嗎？

22. 可以談談您的價值觀嗎？可否簡單描述一下您的個性？

23. 如果錄用您，您希望在本公司能有怎樣的發展呢？您對這份工作的期望是什麼？

24. 這份工作上下班時間不固定，您願意配合嗎？若是需要常加班，您的時間可以配合嗎？

25. 可以談談您最近讀的一本書，讀完後，您的想法或心得嗎？

Unit 3-5
應徵者應注意的面試要點

當很多人如雪花般的投遞履歷卻了無蹤影時,你忽然獲得一家公司要你去面試的通告。當下心情如何?是終於得到上天的厚愛,還是這本來是你該得的?

無論你抱持何種心態,不能否認面試就是一個測驗你在職場行情的機會,可說是一門深奧的學問。因為在這短短的幾分鐘,就足以決定你的一生。以下將面試分為五個步驟,分別傳授最實用而必備的訣竅。

一.合宜的穿著打扮

面試時留給面試主管的第一印象確實很重要,而給人最直接的印象就是一個人的穿著打扮。所以首先可以注意一下面試服裝。通常當外表印象獲得肯定時,面試主管的表情也會比較放鬆,而當下的緊張氣氛也會相對地減低。

選擇服裝應該以簡單、清潔、整齊為基本原則,如果沒有套裝,穿套制服,應該也不太失禮。但切忌在頭上戴著花花綠綠的夾子或太搶眼的頸飾,更不要有全身都是名牌。而穿上一雙半高跟鞋子,是可以讓自己在面試時精神奕奕、充滿自信。

二.對公司應有初步了解

重要的是,要先對所應徵的工作性質和職位有初步認識,進而所選擇的服飾搭配也要符合你的「職位身分」,儘量讓自己看起來就像這家公司的一分子。若可以,最好花點時間上網看看面試公司的訊息,這能夠讓你在面談時,對於公司有基礎的了解。

三.對問題誠實並簡潔以對

在訪談過程中要注視著對方,展現自信;回答簡單明瞭,不要長篇大論,並且表現出積極態度;善用你的肢體語言,對於問題最好誠實以對,避免出現似懂非懂的答案。如果可以,不要拘泥於只答不問的角色。

四.表現對工作之興趣、熱情、能力與專業

針對面談主管提出的問題,除回答問題之外,事前可以準備一些問題,提出讓面試官印象深刻的問題,也能為自己加分。再者,表現出誠懇、熱情、自信和對工作的高度興趣,都有助於加深面試主管的印象。

五.充分準備資料並提早報到

面試時要記得攜帶履歷表、作品、筆記本、備忘錄、筆等。最好比約定時間提早十五至二十分鐘,早到了目的地,你就有充裕的時間可以稍微留意一下該公司的周圍環境,因為面試主管或許會問到相關事物,藉此來觀察你的敏銳度。

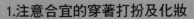

應徵者面試成功10大訣竅

應徵者面試時要注意什麼呢？

1.注意合宜的穿著打扮及化妝

2.精神奕奕，充滿自信

3.對於公司應有初步了解（上網查詢）

4.回答宜精簡有力，勿過於冗長囉嗦

5.對問題應誠實以對

6.應表現對該工作之興趣、熱情、能力與專業

7.態度宜恭敬、服從、感謝

8.雖無經驗，但有方法可以解決

9.應表示會在公司待得很久，不會再跳槽

10.願配合公司的一切制度與要求

知識補充站

避免面試上當

面試當天不要喝太多水，以免想上洗手間。同時要清楚告訴親友面談的時間、地點。盡可能提前到達面試地點，一方面可熟悉環境，消除緊張；萬一發現面試場地或員工穿著舉止怪異，不像公司行號應有的樣子，就應立即離開，以免踏進求職陷阱。如對方要求需繳交證件，只能給影印本而不能給正本，也不要隨便繳交保證金，或其他名目的費用，以免受騙上當。

Unit **3-6**
個人職場九大競爭力

　　國內104人力銀行創辦人楊基寬先生曾在一場座談會中指出，個人職場要勝出，最重要的是必須培養自己七種能力，加上筆者個人認為的二種能力，即為九大競爭能力（Personal Capabilities），因版面關係，筆者所提兩種能力說明如右頁。

一.閱讀財務報表能力

　　要能了解一個企業的財務運作。至少別人拿公司的財務報表給你看的時候，你不會是一頭霧水。

二.人事管理能力

　　簡單來說，就是讓周遭的人願意被你管，而其中關鍵是，自己要先培養被人管的雅量。

三.英文能力

　　國際化的年代，至少精通一種國際通用語言。有人認為只要英文聽說讀寫「過得去」就行，如此一來，你已經無法和中國大陸的人才競爭了，因為他們的外語能力，至少在英文方面，比一般人想像的好很多。

四.業務能力

　　一個不懂業務的人沒有能力縱觀市場行情，而且沒有辦法開發新市場。有個統計數據指出，60%以上的CEO都有業務經驗，而這些人也深信，「業務」是養分最多的工作，因為他們兼具說服、服務和策略規劃。所以，業務是人生當中必備的一項生活歷練，而不是一項工作。

五.專業能力

　　要具備絕對不能打折扣的專業能力。今天一個北京大學的畢業生，他們專業能力和你差不多，但是要價只有臺灣人的三分之一。如此一來，你的競爭力在哪裡？

六.分析事情能力

　　它可以增加你想問題時的「自動化」的程度，也是增加競爭力的重要指標。

七.情緒控制能力

　　當我們的IQ不是180時，要靠EQ200來彌補。回想一下在職場裡，你想到一個人的時候，不一定會記起他的能力，而是會想起他個性的成熟度。

個人在職場的9大競爭力

個人在職場應具備哪些競爭能力？

1.閱讀財務報表能力	2.人事管理能力	3.英文能力	4.業務能力	5.專業能力	6.分析事情能力	7.情緒控制能力	8.解決問題能力	9.抗壓力

塑造個人5大競爭力

如何塑造個人競爭力？

1.在學校努力求學	2.工作中，用心累積經驗	3.多建立外部人脈存摺	4.多看、多學、多問	5.每天，自我成長一點點

知識補充站

完全的競爭能力

個人職場要勝出，除左述楊基寬先生認為必須培養自己七種能力外，筆者個人認為還要具備以下兩種能力，才能稱得上是完全的競爭能力。

1.解決問題能力：分析問題完了之外，即要提出解決對策，並展現執行力。對問題的解決力，遠比問題分析力更為重要。畢竟，只有解決問題，才能對企業更有助益。

2.抗壓力：現代企業競爭激烈，也經常超時工作，超量工作，各部門的壓力均很大。因此，員工的抗壓力就成為很重要的特質。抗壓力愈高，表示愈能克服逆境及挑戰目標。

Unit **3-7**
國內知名企業徵才過程及能力要求 Part I

前面提到很多招募理論及個人勝出的關鍵能力，本主題再以國內六家知名企業徵才的實務案例輔助說明，相信必能讓讀者印象深刻。由於內容豐富，分三單元介紹。

一.寶僑（P&G）公司

透過堅持用細微但有意義的方式，美化消費者每一天的生活——寶僑（P&G）公司得以180年持續增長，在全球80多個國家和地區擁有127,000名員工。寶僑（P&G）公司自1985年進入臺灣市場以來，在臺灣員工多年用心的耕耘下，產品涵蓋了婦幼、美容、美髮、食品、紙類及清潔衛生產品等多項類別。該公司堅信，寶僑員工始終是公司最為寶貴的財富。其徵才過程及要求能力如下：

(一)**必備特質**：領導能力、解決問題、創新。

【第一關】履歷篩選——淘汰20%。學歷的最低門檻是大學畢業，例如：應徵業務、後勤及資訊等職務，大學畢業即可；但行銷、財務分析師，則一定要MBA才可；最希望學校剛畢業或工作未滿三年的應徵者。

【第二關】筆試→選出○○人→再淘汰60%。筆試的方法是採用解決問題測驗，即考數學能力、閱讀理解、分析邏輯，共50題，滿分50分，31分以上通過。

(二)**領導能力測驗**：60題選擇題，滿分5分，3分以上通過。

【第三關】面試——選出○○人。採用方式有兩種：1.審查面談：由一位協理級以上的資深主管面試，就領導能力、解決問題、創新三方面，給一到五級評分，以及2.綜合面談：由三位主管分別或一起面試，就領導能力、解決問題、創新、承擔風險、能力發展、團結合作及專業技能等七方面，給一到五級的評分。

【第四關】篩選錄用——依職缺不定期、不定額錄用。

二.微軟公司

由比爾‧蓋茲和保羅‧艾倫所創的微軟，為全球最大的軟體公司，一直是新技術變革的領導者。微軟的每位員工確實出色，相對於其他公司，他採取扁平式組織管理，員工可擁有更多的決策自主權，也可定期與主管充分溝通。其徵才管道如下：

(一)**透過台灣微軟員工介紹**：每年平均有40%的新進員工經由微軟員工介紹，屬於台灣微軟特有的徵才方式。

【第一關】履歷篩選。基本條件要職缺相關科系之大學以上畢業生。

【第二關】面試。之前要正式投遞履歷。

(二)**正式投遞履歷**：最好以英文撰寫，同時凸顯個人特質。

【第一關】履歷篩選。基本條件要職缺相關科系之大學以上畢業生。

【第二關】面試。之前要經由正式管道投遞履歷。微軟面試常問的問題在右頁。

寶僑公司徵才實務

1. 必備特質：領導能力、解決問題、創新。

【第一關】履歷篩選→淘汰20%	【第二關】筆試→選出○○○人→再淘汰60%
★學歷：應徵業務、後勤及資訊等職務，大學畢業即可；但行銷、財務分析師，一定要MBA；最希望學校剛畢業或工作未滿三年的應徵者。	★解決問題測驗：考數學能力、閱讀理解、分析邏輯，共50題，滿分50分，31分以上通過。

2. 領導能力測驗：60題選擇題，滿分5分，3分以上通過。

【第三關】面試：選出○○○人。	【第四關】篩選錄用：依職缺不定期、不定額錄用。
★審查面談：由一位協理級以上的資深主管面試，就領導能力、解決問題、創新三方面，給一到五級評分。 ★綜合面談：由三位主管分別或一起面試，就領導能力、解決問題、創新、承擔風險、能力發展、團結合作及專業技能等七方面，給一到五級的評分。	

微軟公司2種徵才管道

1. 透過台灣微軟員工介紹：每年平均有40%的新進員工經由微軟員工介紹，屬於台灣微軟特有的徵才方式。		2. 正式投遞履歷：最好以英文撰寫，同時凸顯個人特質。	
【第一關】履歷篩選	【第二關】面試	【第一關】履歷篩選	【第二關】面試
★基本條件 職缺相關科系之大學以上畢業生。	★正式投遞履歷。	★基本條件 職缺相關科系之大學以上畢業生。	★正式管道投遞履歷。

知識補充站

微軟面試常問的五大問題

1. 到目前為止，你最引以為傲的成就為何？
2. 到目前為止，你曾經面臨最困難的狀況是什麼？你如何克服？
3. 你最大的長處／弱點為何？
4. 談談一次失敗的工作經驗。
5. 在你目前的工作中，你受到哪些發展上的限制？如何加強？

Unit **3-8**
國內知名企業徵才過程及能力要求 Part II

　　前面提到的寶僑公司及微軟公司兩家徵才實務，我們看到徵才的大不相同，尤其後者每年平均有40%的新進員工經由員工介紹，屬於內招作法，值得我們深思。

三.統一超商公司

　　從1978年4月由統一企業集資創辦「統一超級商店股份有限公司」，並於1979年引進7-ELEVEN，同年5月14家統一超級商店在全省同時開幕。即使面對連續六年的虧損窘境，最終仍贏得臺灣零售業的龍頭，其徵才過程與要求能力如下：

　　(一)儲備幹部：五年計畫培訓50位。必備特質是：真誠、創新、共享。

　　【第一關】履歷篩選。基本條件是碩士以上學歷。

　　【第二關】筆試。項目有性格測驗、潛能開發測驗及語文測驗。

　　【第三關】面試。主考官為人資處、營業單位主管。【第四關】篩選錄用。

　　(二)後勤人員：

　　【第一關】履歷篩選。基本條件要大專以上學歷，科系視職務而定，例如：品質企劃人員以食品營養系畢業為佳。

　　【第二關】筆試。項目有性格測驗、專業測驗（包括英語、專業科目）。

　　【第三關】面試。主考官為人資處協同單位事業主管，約二至三位主管面試。

　　(三)門市人員：

　　【第一關】履歷篩選。基本條件要高職、專科以上學歷，有服務經驗為佳。

　　【第二關】面試。主考官為地區部經理。【第三關】篩選錄用。

四.裕隆汽車公司

　　將近七十年之久的裕隆企業，一路上帶動臺灣汽車產業的整體發展。1986年裕隆汽車生產的飛羚101上市，成為第一輛國人自行設計開發的新車，裕隆認為企業存在的目的就是「人」。其徵才過程及要求能力如下：

　　(一)必備特質：創新、團隊、速度。

　　(二)徵才期間：第一階段6、7月，第二階段10、11月。

　　【第一關】履歷篩選。基本條件要大學畢業以上學歷（附在校成績參考用）；人格特質著重創新、團隊合作、企圖心與應變力。

　　【第二關】筆試，有三種：1.英文測驗：含聽力及閱讀項目，TOEIC（多益測驗）；2.性向測驗：著重積極、合群、創意、學習和操守，以及3.專業測驗：財務、機械、資訊、行銷或汽車相關等專業能力。

　　【第三關】面試。用人的部門主管與人事單位主管一起面談。前者以專業能力、工作期望、未來發展為主要評核項目；後者以個人特質、穩定性為評核項目。

　　【第四關】篩選錄用。其方式是依職缺不定期、不定額錄用。

統一超商公司3類徵才實務

1.儲備幹部：5年計畫培訓50位。必備特質是：真誠、創新、共享。

【第一關】履歷篩選	【第二關】筆試	【第三關】面試	【第四關】篩選錄用
★基本條件 碩士以上學歷。	★筆試項目 性格測驗、潛能開發測驗、語文測驗。	★主考官 人資處、營業單位主管。	

2.後勤人員：

【第一關】履歷篩選	【第二關】筆試	【第三關】面試
★基本條件：大專以上學歷，科系視職務而定。	★筆試項目：性格測驗、專業測驗（包括英語、專業科目）。	★主考官：人資處協同單位事業主管面試，約二至三位主管面試。

3.門市人員：

【第一關】履歷篩選	【第二關】面試	【第三關】篩選錄用
★基本條件：高職、專科以上，有服務經驗為佳。	★主考官：地區部經理。	

裕隆汽車公司徵才實務

1.必備特質：創新、團隊、速度。

2.徵才期間：第一階段6、7月，第二階段10、11月。

【第一關】履歷篩選
①基本條件：大學畢業以上學歷（附在校成績參考用）。
②人格特質：著重創新、團隊合作、企圖心與應變力。

【第二關】筆試
①英文測驗：含聽力及閱讀項目，TOEIC（多益測驗）。
②性向測驗：著重積極、合群、創意、學習和操守。
③專業測驗：財務、機械、資訊、行銷或汽車相關等專業能力。

【第三關】面試
★用人的部門主管與人事單位主管一起面談：
　①前者以專業能力、工作期望、未來發展為主要評核項目。
　②後者以個人特質、穩定性為評核項目。

【第四關】篩選錄用
　★依職缺不定期、不定額錄用。

Unit 3-9
國內知名企業徵才過程及能力要求 Part III

前面的統一超商公司及裕隆公司，兩家徵才的方式及能力要求，讓我們看到業別的差異性；再來我們要介紹科技業與金融業的徵才實務。

五.台積電公司

臺灣科技業的驕傲——台積電，是全球專業晶圓代工的龍頭廠商。人才是支持台積電公司不斷成長最重要的資產之一，台積電公司致力於提供員工具挑戰、有樂趣與合理酬賞的工作環境。其徵才過程及要求能力如下：

(一)必備特質：誠信、正直、國際觀、創新、溝通。

(二)徵才方式：以2011年1至5月，台積電收到25,000封履歷表之非技術人員為例，其甄選過程如下：

【第一關】履歷篩選淘汰88%，3,125人進入面試。第一階段：以電腦設定篩選條件，挑選出50%的合格者（約選出12,500人）；第二階段：以人工篩選前25%（3,125人有機會被約見）。

【第二關】面試再淘汰75%，780人被錄用。第一階段：英文測驗（以文法、單字及溝通能力為要素）、性向測驗（無一定標準，各種性向的人都符合台積電需要）；第二階段：專業部門主管及人力資源處人員共同面試，以開放式問題，確立每位應徵者的人格特質，是否符合台積電及部門需求。

六.花旗銀行

花旗銀行是全球金融服務的領導品牌，在臺灣，連續多年獲得《Finance Asia》雜誌「最佳外國商業銀行」的肯定。2009年，花旗更連續十五年榮獲《天下雜誌》評選為「銀行業最佳聲望標竿企業」。其徵才過程及要求能力如下：

(一)必備特質：創新、應變、彈性、操守。

(二)定期徵才：以招募儲備幹部，收到1,500封履歷表為例：

【第一關】履歷篩選→淘汰87%，200人進入面試。進階條件需要企研所或商管所碩士畢業生、過去工作及在校表現優異，經歷愈豐富愈好。

【第二關】面試→再淘汰96%，8人被錄用，試用期三個月。第一階段：人力資源處、事業部門主管面試（選出20人）；第二階段：資深主管（總經理指派）面試（約選出8人）。其錄取率為0.5%

(三)不定期徵才：一般人員不定期、不定額招募。

【第一關】履歷表篩選。【第二關】筆試：英文測驗、數字比對測驗、性向測驗。

【第三關】人資處面試。【第四關】事業部門主管面試，試用三個月。

圖解人力資源管理

台積電公司徵才實務

台積電公司徵才實務

1.必備特質：誠信、正直、國際觀、創新、溝通。

2.徵才方式：以2011年1至5月，台積電收到25,000封履歷表之非技術人員為例，其甄選過程如下：

【第一關】履歷篩選淘汰88%，3,125人進入面試。

①以電腦設定篩選條件，挑選出50%的合格者（約選出12,500人）。
②以人工篩選前25%（3,125人有機會被約見）。

【第二關】面試再淘汰75%，780人被錄用。

①英文測驗（以文法、單字及溝通能力為要素）、性向測驗（無一定標準，各種性向的人都符合台積電需要）。
②專業部門主管及人力資源處人員共同面試，以開放式問題，確立每位應徵者的人格特質，是否符合台積電及部門需求。

台積電如何找出志同道合的主管？

第一關是調查。採用兩種方式：1.查證目標對象在業界的聲譽，以及2.向曾經共事者查證其品性、操守、專業技能。

第二關是多次面談。採用兩種方式：1.多部門主管與應徵者多次面談，共約16至24小時（處長級最多10次，副總級以上及重要處長，董事長張忠謀會親自面試），以及2.實際參與團隊運作半個工作天，評估共事可能性，並諮詢團隊對新主管的評價。

花旗銀行徵才實務

1.必備特質：創新、應變、彈性、操守。

2.定期徵才：以招募儲備幹部，收到1,500封履歷表為例：

【第一關】履歷篩選→淘汰87%，200人進入面試。

★進階條件：企研所或商管所碩士畢業生、過去工作及在校表現優異，經歷愈豐富愈好。

【第二關】面試→再淘汰96%，8人被錄用，試用期3個月。

①人力資源處、事業部門主管面試（選出20人）。
②資深主管（總經理指派）面試（約選出8人）。

【第三關】不定期徵才：一般人員不定期、不定額招募。

①履歷表篩選→②筆試（英文測驗、數字比對測驗、性向測驗）→③人資處面試→④事業部門主管面試，試用3個月。

Unit **3-10**
企業界對求職新鮮人的調查報告

　　國內人資雜誌《Cheers》雜誌曾針對國內1,000大企業，進行「1,000大企業最愛大學生調查」，其幾個重點結果，摘示如下並繪圖如右頁，以供參考。

一.企業對於大學生的品質認定想法

　　該雜誌進行問卷調查的內容之一是企業對於大學生的品質認定想法（可複選），問題細節及回答統計如下：1.大學教育不再是高品質人才的保證書，必須靠企業自行選擇有潛力的人才：回答同意家數的比例是90.06%；2.大專院校數量不斷成長，但是素質並未提升：回答同意家數的比例是79.28%；3.國立大學、私立大學、技術學院所培養人才，素質差距不大：回答同意家數的比例是8.84%，以及4.其他：回答非上述三項者的比例是1.93%。

　　由此問答顯示，1,000大企業中，有九成企業認為大學學歷不是品質保證。

二.企業挑選社會新鮮人的考慮標準

　　該雜誌進行問卷調查的內容之二是企業挑選社會新鮮人的考慮標準（可複選），問題細節及回答統計如下：1.學習意願強、可塑性高：回答同意家數的比例是74.90%；2.穩定度與抗壓性高：回答同意家數的比例是67.50%；3.專業知識與技術：回答同意家數的比例是59.50%；4.團隊合作：回答同意家數的比例是33.60%；5.具有國際觀與外語能力：回答同意家數的比例是26.20%；6.具有解決問題能力：回答同意家數的比例是24.20%；7.具有創新能力：回答同意家數的比例是12.90%，以及8.其他：回答非上述七項者的比例是0.8%。

　　由此問答顯示，企業用人前三大標準是學習意願、穩定度與抗壓性。

三.企業認為目前社會新鮮人最缺乏的工作能力與態度

　　該雜誌進行問卷調查的內容之三是企業認為目前社會新鮮人最缺乏的工作能力與態度（可複選），問題細節及回答統計如下：1.穩定度與抗壓性高：回答同意家數的比例是87.5%；2.具有解決問題能力：回答同意家數的比例是48.89%；3.具有國際觀與外語能力：回答同意家數的比例是38.89%；4.團隊合作：回答同意家數的比例是33.33%；5.學習意願強、可塑性高：回答同意家數的比例是29.17%；6.專業知識與技術：回答同意家數的比例是22.78%；7.具有創新能力：回答同意家數的比例是19.17%，以及8.其他：回答非上述七項者的比例是1.39%。

　　由此問答顯示，企業認為目前社會新鮮人最缺乏的是穩定度與抗壓性。

1千大企業最愛大學生調查

摘自《Cheers》雜誌針對國內1千大企業所進行的調查（可複選）。

★問題一：企業對於大學生的品質認定想法

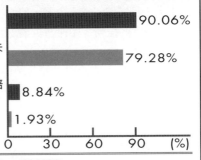

1. 大學教育不再是高品質人才的保證書，必須靠企業自行選擇有潛力的人才 —— 90.06%
2. 大專院校數量不斷成長，但是素質並未提升 —— 79.28%
3. 國立大學、私立大學、技術學院，所培養人才，素質差距不大 —— 8.84%
4. 其他 —— 1.93%

（X軸：0　30　60　90　(%)）

結論：九成企業認為大學學歷不是品質保證

★問題二：企業挑選社會新鮮人的考慮標準

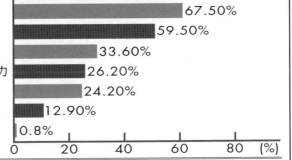

1. 學習意願強、可塑性高 —— 74.90%
2. 穩定度與抗壓性高 —— 67.50%
3. 專業知識與技術 —— 59.50%
4. 團隊合作 —— 33.60%
5. 具有國際觀與外語能力 —— 26.20%
6. 具有解決問題能力 —— 24.20%
7. 具有創新能力 —— 12.90%
8. 其他 —— 0.8%

（X軸：0　20　40　60　80　(%)）

結論：企業用人前三大標準是學習意願、穩定度與抗壓性

★問題三：企業認為目前社會新鮮人最缺乏的工作能力與態度

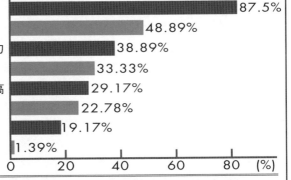

1. 穩定度與抗壓性高 —— 87.5%
2. 具有解決問題能力 —— 48.89%
3. 具有國際觀與外語能力 —— 38.89%
4. 團隊合作 —— 33.33%
5. 學習意願強、可塑性高 —— 29.17%
6. 專業知識與技術 —— 22.78%
7. 具有創新能力 —— 19.17%
8. 其他 —— 1.39%

（X軸：0　20　40　60　80　(%)）

結論：企業認為目前社會新鮮人最缺乏的是穩定度與抗壓性

Unit 3-11
員工從聘僱到離職移交作業要點 Part I

圖解人力資源管理

　　基本上，員工如何進入企業，如何在企業中適應、學習、成長，如何在企業中被運用來擔負適當的任務，如何在企業受到照顧以及最後圓滿的離開，這些都是人力資源應負責的任務。

　　本主題即依循上述範圍，僅分別從員工聘僱、甄選、報到，以及離職時的移交作業，分兩單元說明其流程與管理要點。至於員工的學習與成長及其能力被企業所運用，將於後續章節介紹。

一.聘僱申請作業要點

　　首先，用人單位如需增補人力時，必須填寫「聘僱員工申請表」，詳填所需職務之工作內容及應具備條件，送呈部門主管核准後，轉交人事單位。再來，人事單位承辦人確認其需求條件及審核申請人力是否有超編情形後，再呈送權責主管核定。經主管核定後，人事單位則依需求人數，決定招募作業方式。

二.甄選作業流程

074

　　首先，用人單位甄試當日應備妥應試相關資料（如：應徵人員履歷資料、甄試相關表單、試卷等），並通知應試者，應繳驗最高學歷及薪資證明文件。

　　而應徵人員於面試前應填寫「應徵人員資料表」，若應徵人員或其三等親之親友曾於本企業與關係企業任職時，應加填寫「應徵人員暨親友任職關係企業調查表」。

　　面試同時，應試主管應填寫「面談評分表」，並於甄選後，將擬聘用之應徵人員資料會簽人事單位承辦人，若應徵人員曾於本企業或關係企業任職，人事單位承辦人將查詢原任職期間之表現後，會簽於附件，呈送權責主管核定。若面試時未進行IQ及EQ測試，人事單位將通知應徵人員補行測試，並將成績告知用人單位。

小博士解說

什麼是僱用計畫？

僱用計畫（Employment Planning）是指計畫制定者考慮本企業勞動力的總規模以及如何在不同的工作任務中進行調配，例如：半年內縮減5%的勞動力；減少500名總部的雇員，在兩年內至少將其中的400人重新安排到銷售、營銷部門；將本年的勞動力成本保持在現有水準，即使物價水準從整體上出現通貨膨脹。

其焦點都是放在員工數量、成本及質量是否滿足的要求上，而不是集中於滿足可能產生的最終影響或各種方案的組合上。所以，僱用計畫主要是確定未來雇員供求之間的不一致，並設法消除這種差異，這種計畫是人員管理的典型工作。

聘僱申請作業流程

用人單位	人事單位

填寫聘僱員工申請表

↓

部門主管核准 —Yes→ 審核人力需求

No（返回填寫聘僱員工申請表）

↓

權責主管核定 ←

No（返回填寫聘僱員工申請表）

Yes↓

選擇招募作業方式

甄選作業流程

用人單位	人事單位	薪管單位

用人單位
- ①聘僱員工申請表
- ②應徵人員資料表
- ③面談評分表
- ④應徵人員暨親友任職關係企業調查表
- ⑤薪資證明
- ⑥學歷證明

人事單位

會簽123456表單

↓

通知應徵人員進行IQ及EQ測試

↓

⑦IQ測驗

⑧EQ評量 →（測試成績副本供用人單位參考）

↓

薪資是否6萬以上或副理以上或曾任關係企業員工 —Yes→ 會簽

No↓（至權責主管核定）

權責主管核定 ←（會簽）

No→ 鍵入檔案備查

Yes↓

電話通知錄取者報到 → 人事資料發交至錄取者

↓

報到作業程序

核決權限
一般員工聘用資料為呈送總經理核定。
副理級（含）以上、月薪○○○萬元（含）以上及應徵人員或其三等親之親友曾於本企業與關係企業任職之聘用資料，則須呈送董事長。

Unit 3-12
員工從聘僱到離職移交作業要點 Part II

經過了聘僱申請及甄選過程後，已經確定僱用人選了，再來本單元要繼續介紹新人報到相關作業。當然我們希望新人能在企業中適應、學習與成長，萬一不適應或另有高就，如何圓滿進行離職與移交作業，也是企業應關切的事。

三.新進報到作業

首先，新進人員應於報到前，完成人事資料袋內各項資料之準備如下：1.員工基本資料表（電子檔）；2.薪資所得報稅資料卡；3.人事保證契約書；4.服務同意書；5.銀行帳號影本；6.照片三張；7.前服務單位離職證明書正本；8.前服務單位薪資證明；9.前服務單位健保轉出證明；10.體驗表乙份，以及11.個人專才調查表。

再來，新進人員報到日期，均為每週週一上午。然後報到當日即至任職單位，洽人事人員辦理報到手續。人事單位進行人事資料查驗，無誤者進行加退保作業；若資料不完整者，則通知用人單位，待資料補正後，再行報到。

最後，對新進人員而言是相當重要的，即薪管單位將以加保日為到職起薪日。

四.離職申請作業

員工如擬請辭，應填寫「離職申請表」呈部門主管核示，並由部門主管進行離職面談。

經部門主管面談後，已取消離職申請而願意繼續服務之員工，則將離職申請表退還員工本人；經部門主管面談後的結果仍維持離職申請者，由部門主管簽核後，會辦人事單位承辦人登錄員工離職日及審查是否尚有未完結之延長服務期限。

擬離職員工之離職申請表呈送權責主管核定，如有未完結之延長服務期限時，則須裁決是否提出進修或受訓補助費用之求償。經權責主管裁決為執行求償進修或受訓費用時，相關資料轉交法務單位依法進行求償。

五.移交作業

已經確定離職或調職的員工，應填具「員工離職通知單」、「移交清冊」基本資料，並將重要經營資料、檔案，持續中之業務及已辦未結之案件交服務單位，由部門主管及接替人於「員工離職通知單」、「移交清冊」上簽章。

然後到會計單位清查是否有借支款項，再到財務單位清查是否有應交回之財務經辦業務，同時請資訊單位清查電腦設備並取消使用者權限。如果是節目部及新聞部人員，應到片庫清查是否有未歸還之影片，然後到總務單位繳回非消耗性文具及圖書等用品，再到人事單位繳交相關證件並審核是否完成移交手續；若移交未完成，應至各相關單位重新辦理移交。最後人事單位承辦人經確認員工已完成移交手續後，即通知薪管單位發放應領款項。

新進報到流程

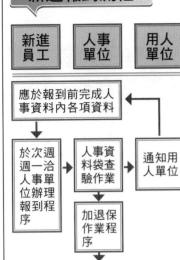

新進員工	人事單位	用人單位

應於報到前完成人事資料內各項資料

於次週週一洽人事單位辦理報到程序 → 人事資料袋查驗作業 → 通知用人單位

人事資料袋查驗作業 → 加退保作業程序 → 人事資料鍵入電腦系統 → 人事資料袋歸檔

離職申請流程

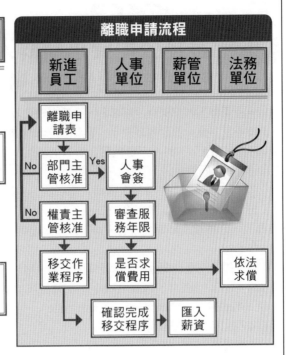

新進員工	人事單位	薪管單位	法務單位

離職申請表

部門主管核准 — No / Yes → 人事會簽

權責主管核准 — No → 審查服務年限

移交作業程序 → 是否求償費用 → 依法求償

確認完成移交程序 → 匯入薪資

077

移交作業流程

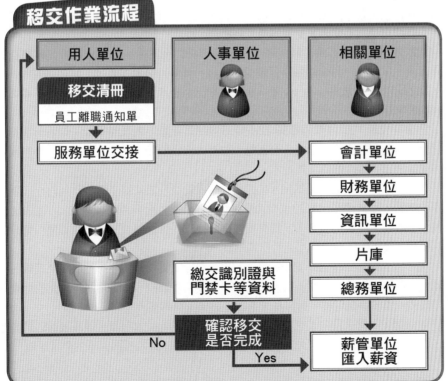

用人單位	人事單位	相關單位

移交清冊

員工離職通知單 → 服務單位交接 → 會計單位 → 財務單位 → 資訊單位 → 片庫 → 總務單位 → 薪管單位匯入薪資

繳交識別證與門禁卡等資料

確認移交是否完成 — No / Yes

Unit **3-13**

金控公司要求新鮮人要有三特質：高抗壓、快速學習、融入團隊合作

圖解人力資源管理

　　社會新鮮人就想賺到百萬年薪，金控老總們說必須具備三大特質。國泰金控總經理李長庚及中信金控副董事長吳一揆都表示，金控用月薪6.5萬元、年薪百萬來徵求儲備幹部（MA），科系不是重點，但高抗壓性、快速學習即融入團隊合作，將是能否通過考核的關鍵。

　　各大金控校園徵才首站在臺灣大學展開，各家金控招募人數、專業領域都有擴大，光七大民營金控就需才逾2.6萬人，MA則要250多位，預估整體金控徵才人數約2.8萬人，若再加上非金控的各大壽險公司，金融業2024年徵才人數依舊在3.6～4萬人左右。

　　除了銀行法金、企金、財管及壽險投資、精算等每年必爭人才外，現今各家金控都強調要強化金融科技（FinTech）、法遵科技（RegTech）等人才，玉山金更增加TMA（Technology Management Associate），各家都強調要發展數位金融、強調法律遵循，以因應未來市場發展需求。

078

　　但想要在前二年就達到年薪百萬，二～三年升經理，五～七年就獨當一面成為部室或海外分行主管，除了外語能力流利、能派駐海外等條件外，各家金控總經理都認為新人就讀的科系不重要，重要的是人格特質。

　　台新銀行相繼於香港、新加坡，以及東京三大金融中心設立分行後，持續拓展海外業務，以一年一海外據點為目標穩定成長。董事長吳東亮表示，為強化國內外業務，2024年對外開放800名內外勤職缺，更推出金融產訓替代役專案協助役男職場接軌，職涯零中斷。

　　吳東亮表示，2024年招募50名MA，月薪6萬元起，表現優異者，年薪可達百萬元以上；且為因應國際化趨勢，台新每年皆有一級主管親赴美國、日本等地舉辦說明會與安排面試，積極儲備海外人才。

　　李長庚說，國泰表現佳的MA在三到五年內就能升任基層主管，七年內出任部室或單位主管，目前國泰已有33位MA派駐海外，是其打亞洲盃的臺幹主力，而MA有考核，一般看來能留下來的人，都具備在極短時間內快速學習及吸收；短期內輪調的高抗壓性；及與每個新組織都能合作的特點。

　　吳一揆表示，中國信託儲備幹部（MA）訓練完整扎實，在高壓環境快速成長，鼓勵社會新鮮人學習、拓展多元專業技能，不要自我設限，以因應不斷變化的社會趨勢和日新月異的金融環境，對自身未來職涯發展也幫助甚大。

　　他強調，中信金控向來重視人才養成，希望能成為社會新鮮人職涯發展的最佳起點，於每年三月起畢業季前夕，舉辦多場校園說明會，深入校園與學生交流互動。

金控公司新鮮人3特質

1.高抗壓！

3.融入團隊合作！

新鮮人3特質

2.快速學習！

079

金控趨勢：金融科技

1.金融科技人才（FinTech）

2.法遵人才

金融人才專長、需求

3.派駐海外人才

4.MA人才（儲備幹部）

Unit **3-14**
國內外知名企業「精準徵才」案例

〈個案1〉P&G寶僑家品公司：臺灣區總經理黃怡璇

一.特質，比專業更重要

對P&G來說，特質比專業能力更重要。P&G多採內部升遷制度，所以在面試過程，公司要花費心力，尋找有領導潛力的人，而不是只僱用一位員工去做符合特定能力的工作；每一個進來P&G的人，都可能是未來公司的CEO。

二.幫助每一位員工成為Leader領導

P&G公司歷任CEO幾乎都是從校園剛畢業就進P&G工作，並從基層做起；我們相信即使是一張白紙，P&G也能給員工很好的環境及培訓，幫助他／她成為一位好leader（領導人）。

三.具備五項特質

究竟P&G青睞的人才，要有哪些特質？我們要確保每一位進來的人，都具備五項特質，即：

(一)領導力。

(二)創新力。

(三)高效能力。

(四)執行力。

(五)團隊合作。

只要缺其中一項，就不會通過面試。

現在外在環境變化快速，如果人才沒有創新能力，就很難在商業環境中生存；這五個特質標準貫徹整個P&G，不會因部門不同而有所不同。

四.用真實經驗回答問題，就是最好答案

P&G花了非常多時間及心力，篩選出符合五大特質的人選，尤其在一對及多對一的面談，這些問答環節，不只是讓對方陳述事實，還會想知道對方是否真的在這段經歷有所貢獻、付出哪些努力，在面對困難時，可能會有哪些判斷。透過這樣的問答，我們就能從中觀察出求職者的特質出來。

五.面試官共同討論及評分，不會由單一人意見做決策

正因為P&G找人才強調的是特質而非特定經驗，因此會極力避免面試官的主觀判斷影響結果。

我們儘量去除人為的判斷差異，秉持統一的標準，而不是憑面試官個人的好惡決定。P&G會提供一致的標準，及可以參考的問題架構培訓面試官。當所有流程結束，會由面試官共同討論及評分，不會以單一意見做為最終決策。

〈個案2〉國泰金控：行政處副總經理翁少玲

一.推出GMA，培養跨領域人才

自2015年國泰金控推出「金融策略家」（GMA）（Group/Global Management Associate）制度，培養跨領域人才。

GMA計畫，每半年就換一個專業，一年在人壽、一年銀行、半年在金控總部，還有一個月在海外實習，目標是在2.5年培養出整合性策略人才。

原本一個協理養成須要15年，有GMA只花8年就達到，不只讓幹部訓練更快速，結訓率也達95%。

此計畫的成功，來自於招募時投入大量資源，在計畫開跑前，他們從知識、經驗、能力、特質定義出GMA所須條件，並設定每一個關卡的目的，再對應到專業知識、工作動力、行為面談等面向，以此檢測候選人的軟硬實力。

二.入選的六個關卡：

GMA每年收到超過千封履歷表，但每屆僅錄取9～12人，錄取率不到1%。徵選過程有六個關卡，這六個關卡是很花資源投入的，但我們堅持這麼做，因為要精準選才。

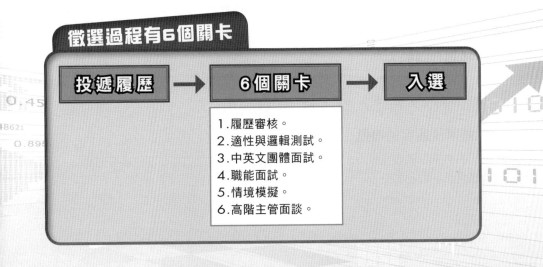

徵選過程有6個關卡

投遞履歷 → 6個關卡 → 入選

1. 履歷審核。
2. 適性與邏輯測試。
3. 中英文團體面試。
4. 職能面試。
5. 情境模擬。
6. 高階主管面談。

三.GMA重視哪些能力與特質：

　　我們要培養的是金融策略家，所以：1.策略思考；2.問題解決，是一定要看到的能力；3.遇到事情如何解決；4.展現什麼行為方法；5.能不能跟別人合作；6.能不能跳脫框架；7.提出新想法，也是我們很重視的。

　　另外，在特質方面要：

(一)主動積極。

(二)學習力。

(三)抗壓性強。

(四)適應力。

　　因為GMA要跨部門、跨公司輪調，所以需要更高的適應力及學習力。

圖解人力資源管理

〈個案3〉乾杯餐飲集團：人力資源部經理高婷莉

一.熱忱最重要

　　在乾杯集團裡，面試最重要的標準，是求職者對餐飲的「熱忱」。

　　乾杯集團以求職者的熱情做為招募標準，但如何在1小時的面試過程中，精準判斷出對方對餐飲業的熱忱呢？有一個細節在於，求職者能說出怎樣的目標，以及他對未來工作的想像，這才能確定他是不是好人才的關鍵點。

二.提升為經營者角度

　　乾杯集團希望每位員工都能以「經營者」的角度來工作，對團隊的管理、損益，都需要關心。因為市場競爭環境不斷變化，人才擁有創意與應變能力，才能協助企業進步。

三.找到合適的人為主

　　招募單位在面試過程中，經常遇到兩難，到底要耐心找到對的人，還是以填滿人力缺口為優先考量？最後，還是以找到合適的人為主。

四.能解決顧客的痛點

　　餐飲業以顧客為優先，一個有熱忱的工作者，會想盡辦法解決顧客的痛點，這就會是我們要的人才。

〈個案4〉漢來飯店事業群：行政本部副總經理楊永宏

一.耐罵、耐嫌、耐讚美

漢來大飯店對員工的期許，是「耐罵、耐嫌、耐讚美」，畢竟服務業身段要放軟，不能因為挨罵就對客人發脾氣或找藉口。而「耐讚美」，要小心自滿，一旦自我感覺良好，就會停止進步。

二.徵人五大軟實力

漢來大飯店在徵新人時，著重五大軟實力，如下：
(一)抗壓性。
(二)溝通表達。
(三)主動積極。
(四)解決問題。
(五)團隊合作。
我們要確保，向員工溝通這些企業文化時，他們都能聽進去，而且真的做到。

三.要接受改變、能隨機應變

我們還有一個挑選人才的理念，「改變」是我們的強項，員工要能接受改變。如果只依SOP（標準作業流程）來走，根本應對不了變化。
因此，能隨機應變，調整心態的第一線人員，才是他們要的人才。

四.兩成以上員工，在職10年以上

高雄漢來大飯店成立30年，現在有兩成以上的員工，都是在職10年以上的資深員工，此即表示，該集團重視挖掘及培育人才，只要找到對的人，彼此互相適應，都能待很久。

〈個案5〉臺灣艾司摩爾公司（ASML）：臺灣區人資長劉伯玲

一.尋找符合「3C文化人才」：

ASML公司全球員工離職率僅3.6％，非常低，其中一個原因該公司在招募階段，特別注重尋找符合3C文化的人才；不只是能力符合需求，也要能夠適應ASML的企業文化及工作方式。

二.何謂3C文化？

在ASML需要與30多個國家夥伴工作，所以我們需要符合3C文化價值特質的國際化人才加入，而國際化人才則要具備三個能力。

茲將3C及三個能力列出如下：

3C
(一) 思考辯證，勇於表達（Challenge）（挑戰）。
(二) 共創雙贏（Collaboration）。
(三) 關懷傾聽、尊重包容（Care）。

三個能力
(一) 跨國合作與溝通。
(二) 邏輯思考。
(三) 既合作也能領導的能力。

三.該如何準備ASML的面試？

第一：要了解ASML，了解它的技術、商業模式及企業文化。

第二：知道自己為什麼而來，面談不只是公司選你，你也在選公司，請思考自己的需求與公司提供的是否吻合。

第三：做你自己，儘量展現自己的特質，讓面試官能認識你。

四.人才適性評估報告

「人才適性評估報告」（Talent Exploration Report），是ASML公司透過問卷評測，評估候選人跟ASML的文化價值契合度、個人工作風格、推論能力及學習偏好風格。此報告，不是ASML公司決定錄取與否的標準，卻是面試官認識應徵人員的敲門磚，協助他們問出更精準的問題。

〈個案6〉Google臺灣公司：臺灣區人資長呂亞樵

一.幫助人才找到適合他的位置，以發揮他們的實力與潛力

我們盡最大努力，幫助人才找到適合他的位置，發揮他們的實力與潛力。因此，面試目標並非考倒應徵者，而是創造一個交換資訊的機會。

二.Google臺灣訂出四個人才評估象限

運用四個象限評估人才

> 一是職缺所需的專業能力（Role Related Knowledge）。

> 二是溝通表達與問題解決力（General Cognitive Ability）。

> 三是具備驅動團隊，管理利害關係人的領導力（Leadership）。

> 四是符合Google的企業文化（Googleyness）。

這四個象限也讓面試官在評斷時有統一標準。

三.面試時，也要360度評估

Google的應徵流程分成三階段：

(一)履歷篩選。

(二)電話面談。

(三)面試。

前面兩關是做候選人經驗與職缺需求能力的匹配。通過之後，Google通常會安排三次以上面試，可能會由：

(一)團隊成員。

(二)跨部門成員。

(三)部門主管。

擔任面試官。

這麼做的原因，是盡可能用360度的評估機制，展現每位候選人的全貌。

四.招募決策委員會決定應徵人選

為了讓招募過程更加嚴謹、公平，Google將「參與面試」及「決定應聘」的權力分開，降低個人主觀意識。最終決定權不是由面試官共同討論，而是招募人員將所有面試官的評估結果彙整成書面報告，送交「招募決策委員會」，做出最終決定。

五.沒有人才，就不會有創新

對Google來說，沒有「人才」，就不會有「創新」；沒有創新就沒有「競爭力」，這是我們花極大力氣建立一套客觀選才方法的原因。

〈個案7〉亞馬遜（Amazon）公司：鄭逸萍文化長

一.面試兩個階段

在亞馬遜公司，面試會分成兩大部分：

(一)第一階段是「職能面試」（Function-fit Screen），此用來檢視候選人的經驗及能力是否符合職位所需；面試官一定要是該職位的直屬主管。

(二)第二階段是由4～6位面試官組成的「Amazon Loop Interviews」，會輪番與候選人進行1小時的面試，主要是「行為式面談」（Behavior-Based Questions），也就是詢問過往的經歷及如何面對，每位面試官會依2～3個亞馬遜領導力準則發問並觀察。常見的問法可能會是：

1.當你面對某個狀況時，你會如何做？

2.分享一個你執行過最有成就感的專案。

二.「抬槓者」擁有最高否決權

在亞馬遜公司的面試流程中，還有一個關鍵角色：「抬槓者」（Bar Raiser），也是在面試環節中立的第三方，確保各位面試官的面試方法及回饋符合亞馬遜公司要求，並保證面試的公平性。同時，他們會跨團隊、跨部門來評估人才，以維持徵才的高標準。

抬槓者也是面試的一道關卡，他不一定是用人單位中的一員，通常由資深的、深諳亞馬遜領導力準則、受過訓練的人擔任。

抬槓者擁有絕對的錄用否決權，面對職位空缺，用人經理可能會覺得有人來就行了。但用錯人比沒找到人，對公司的影響要大得多。抬槓者的作用，是讓招募團隊不受其他因素影響，而能以公正客觀的角度，找到真正合適及對的人。

第 **4** 章

員工教育訓練

●●●●●●●●●●●●●●●●●●●●●●●● 章節體系架構 ▼

Unit **4-1**
員工教育訓練的意義及重要性

　　教育與訓練是一體兩面，但仔細研究之下，兩者仍有差別；同時就長遠來看，它對企業組織的績效成長或競爭能力，都會帶來很大的幫助。

一.教育與訓練之區別意義

　　教育與訓練很多人都混為一談，這是錯誤的。以下我們就來釐清其不同之處：

　　(一)教育以課程知識為重：主要在傳播一般性與專業性知識，希望建立正確邏輯思考、推理、大範圍認知與決策判斷力，係屬長期性與概括性的觀念深化工作。

　　(二)訓練以工作能力為重：主要在提供為有效與正確完成工作任務之技能、步驟、工具、方式與手段之目標，係屬短期性與特定性的實務深化工作。

二.教育訓練的重要性

　　(一)提高生產力（Upgrade Productivity）：生產的數量、品質與效率，與員工的知識、技術與能力有絕對相關性。透過教育可增加其知識與判斷力，而透過訓練可增加其解決工作困難的能力。此二者，均將使組織運作及生產能量提高，亦即生產力提高。每個員工對公司必須要有貢獻力，不能做冗員或沒有生產力的員工。

　　(二)減少各層主管監督負擔（Reduce Supervision）：組織內每一個員工的觀念、技能與知識都進步後，就可由其自我管理與發揮，不需要管理階層太多的繁複監督。

　　(三)減少意外事故（Reduce Accident）：生產性工作，往往因為操作機械的不當，而產生員工身體受傷的不幸事件，可透過現場訓練，大大減少意外的發生。

　　(四)增加組織的士氣（Increase Morality）：組織成員接受公司廣泛而深入的教育與訓練課程後，會深覺受到公司重視，並引發其上進之心，此對組織士氣的提高，有相當幫助。有進步的員工，就會有進步的組織體。

　　(五)確保組織的生存（Protect Survival），不斷進步：隨著經營環境的劇變，諸如科技變動、生產自動化設備、自然生態維護、消費者保護意識、法律規範、競爭者出現、政治經濟變化等，對組織的生存狀況都會產生相對影響。組織要尋求穩定生存，必然要全員有足夠的新知、智慧與技藝以因應，故教育訓練的推展，將使組織能適應環境變化而生存著，否則易為競爭環境所淘汰。

　　(六)提高共識，齊一行動：有些教育訓練課程，是為全體員工建立企業發展、企業文化、專業計畫之共識建立，然後才能齊一行動，同心協力，整合資源力量，達成公司預計的各種目標。

　　(七)加強顧客服務，提升顧客滿意度：對客服中心、店面人員、維修服務人員、工程技術人員及營業人員，提供教育訓練的主要目的之一，即在加強顧客服務，提升顧客滿意度與忠誠度。

教育訓練為何重要？

1. 提高員工生產力

2. 減輕各層主管監督

3. 減少意外事故

4. 增加組織士氣

5. 確保組織的生存，不斷進步

6. 提高共識，齊一行動

7. 加強顧客服務，提升顧客滿意度

教育VS.訓練

教育

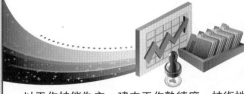

· 以課程知識為主，建立新知、邏輯力、思考力、決策力。

訓練

· 以工作技能為主，建立工作熟練度，技術性及品質性。

Unit 4-2
員工教育訓練的方法與優缺點 Part I

在一企業中，對員工工作訓練的方法，大致有以下五種。由於內容豐富，茲分成 Part I 及 Part II 兩單元，介紹五種訓練方法的要義及其優缺點，以供參考之用。

一.工作中訓練

所謂工作中訓練（On the Job Training, OJT），係指主管要求受訓人員在工廠或研究中心或店面及總公司接受工作之指導與訓練。其優缺點分析如下：

(一)優點：1.可使其一面工作，一面訓練，不會妨害工作中斷；2.不須另設專責的人與設備，可達經濟效果；3.易於判斷訓練成效是否良好，及人員是否可以勝任此項工作職務，以及4.訓練者與受訓者是一對一的訓練方式，可以建立彼此的親密感與信任感。

(二)缺點：1.訓練之主管如果本身不是很優秀，或未認清訓練之重要性而敷衍了事，都可能使受訓人員無法學習到應有的技能與知識，以及2.其範圍較小，只限於此項工作本身的實際作業，較缺乏宏觀性與有計畫性的教育訓練過程，故只適用於中、低階人員的教育訓練，對高階經營層與管理人員則嫌不足。

二.設班訓練

所謂設班訓練，就是指在現場（工廠、辦公室、店面）以外之地方，專門另設訓練課程及地點以進行。此種方式可能是因為現場不適合訓練或受訓人員太多，無法一對一指導，故採此種方式。其優缺點分析如下：

(一)優點：1.合乎專業化原則，主講人員及受訓人員可較專心主講或聽講，以及2.訓練不會影響生產作業之順暢進行。

(二)缺點：1.由幕僚主辦訓練課程，萬一成效並非十分理想，則易引起現場主管人員抱怨，造成兩方面之衝突；2.此種訓練仍缺乏真實性感覺，特別是屬於操作機械或儀器測試的工廠工作，因此設班訓練完成，可能仍須在現場熟悉一段時間，以及3.成本花費較高，特別是屬於需要有模擬設備的教育訓練。

小博士解說

OJT的由來

日本就業服務行政組織、特殊公法人（僱用、能力開發機構）在日本經濟穩定期（1975～1990年）為維持企業內的僱用，以OJT計畫性的成長，訓練職務經常輪動調換的人才，以便能長期僱用。

員工訓練5大方式

1.工作中訓練

指主管要求受訓人員在工廠／研究中心／店面／總公司接受工作之指導與訓練。

* 優點：①一面工作，一面訓練，不會中斷工作。
  ②不須另設專責的人與設備，可達經濟效果。
  ③可易於判斷訓練成效是否良好，以及是否可以勝任職務。
  ④一對一的訓練方式，可以建立彼此的親密感與信任感。
* 缺點：①訓練之主管如果不是很優秀或敷衍了事，都會影響受訓人員的學習。
  ②範圍較小，只適用於中、低階人員的教育訓練。

2.設班訓練

指在現場（工廠／辦公室／店面）以外之地方，另設訓練課程及地點以進行。

* 優點：①合乎專業化原則，主講者及受訓者可較專心主講或聽講。
  ②訓練不會影響生產作業之順暢進行。
* 缺點：①由幕僚主辦訓練課程，萬一成效並不理想，易引起現場主管人員抱怨，造成兩方衝突。
  ②缺乏真實性，特別是屬於操作機械或儀器測試的工廠工作。
  ③成本花費較高，特別是需要有模擬設備的教育訓練。

3.特別課程訓練　　4.學校進修訓練

5.學徒訓練、師徒訓練

員工教育訓練方法分類

091

知識補充站

中信銀徵人過程及要求能力

中國信託商業銀行徵才的必備特質是團隊、創新、彈性，其徵才過程如下：

【第一關】履歷篩選→淘汰75%，挑出25%。基本條件要符合學歷（大專以上）、科系（商學院為主）、在校成績（會計、經濟等財務相關科目，以及英文分數在70分以上；進階條件則為挑選自傳寫得有內容、特色，有社團經驗（具合群、團結性格）、遊學經驗（具一定英文能力）者更佳。

【第二關】筆試→再淘汰80%，以刪去法挑選5人。主要以性向測驗：依測驗結果選擇A Type（穩定、只專注做眼前的工作）以及D type（具領導、創新、積極性格）的人，D Type者為佳。

【第三關】面試→再淘汰80%，選1位最適任者。主考官方面有用人部門三位主管；評分標準為外表、談吐、穿著，講述社團或其他課外經驗，並以英文做30秒的家庭概況介紹。

【第四關】核薪→錄用，試用3個月。主考官為人資部主管；評分標準則是再次確定應徵者完全了解公司一切要求和規範，其錄取率為1%。

Unit 4-3
員工教育訓練的方法與優缺點 Part II

前面介紹了工作中訓練及設班訓練兩種場地截然不同的員工教育訓練，前者是為了不讓工作中斷，後者是為了能讓聽者與說者都能專心，但也有其缺點所在，端視企業之考量；現要繼續介紹其他三種屬於較為特別的員工訓練。

三.特別課程訓練

所謂特別課程訓練（Special Course Training），主要有二個特點，即：1.針對某項特定工作及特定人員進行連貫性與完整性的教育訓練課程，以及2.其內容包括工作實務與一般性知識兩類。

例如：要對新進一批營業人員進行教育訓練，可設定特別訓練課程如下：1.公司的組織、成立歷史、發展、定位與變化；2.產品的專業知識；3.生產過程或服務過程之認識；4.消費者之認識；5.訂單處理、推銷技巧、廣告促銷、銷售通路、營業區域訂定及客戶聯繫等之了解，以及6.市場競爭者之認識。

現將此種訓練方式的優缺點分析如下：

(一)優點：較有一套完整性，可讓員工周全的了解整個關聯情況。

(二)缺點：如果課程天數太長，會令人有疲累之感。

四.學校進修訓練

所謂學校進修訓練（University Training）課程，係指透過大學或專業教育機構之地點，進行相關進修研讀，此種適合較高階經營管理及研究開發人員的訓練方式。

目前有很多大學、政府機構都附設有在職進修課程，諸如臺大管理學院、政大公企中心、各大學EMBA班、資訊策進會、外貿協會等。

另外，企業界也很鼓勵員工再到學校進修，取得碩士或博士學位。（註：設有EMBA企管碩士在職專班的學校，包括有臺大、政大、中興、中山、成功、臺科大、交大、清大、臺北科大、輔仁、淡江、文化、逢甲；此外還有各縣市科技大學，以及傳播學院的世新、銘傳等，亦均有類似碩士在職專班。）

此種方式，較偏重理論性、觀念性與統合性的教育訓練內容；對組織成員的高瞻遠矚眼光、決策的思考力與現代化經營管理及科技的吸收，都有正面的貢獻。

五.學徒訓練、師徒訓練

所謂學徒訓練，係指透過技術較高的師父，藉由現場實地工作中或課堂講解，而將技術、技能傳授給較低層的各級學徒，讓他們在短期內吸收師父的技能。

此方式較適合於學徒制的行業中，例如：車輛維修廠、手工藝廠、車床加工廠、理容美髮師、美容師、麵包師、餐飲業等。

員工訓練5大方式

員工教育訓練方法分類

1.工作中訓練

2.設班訓練

3.特別課程訓練

針對某項特定工作及特定人員進行連貫性與完整性的教育訓練課程，包括工作實務與一般性知識兩類。
- 優點：較有一套完整性，可讓員工周全的了解整個關聯情況。
- 缺點：如果課程天數太長，會令人有疲累之感。

4.學校進修訓練

指透過大學或專業教育機構之地點，進行相關進修研讀。
- 適合對象：高階經營管理及研究開發人員。
- 優點：①較偏重理論性、觀念性與統合性的教育訓練內容
  ②對組織成員的高瞻遠矚眼光、決策的思考力與現代化經營管理及科技的吸收，都有正面的貢獻。

5.學徒訓練、師徒訓練

指透過技術較高的師父，藉由現場實地工作中或課堂講解，而將技術、技能傳授給較低層的各級學徒，讓他們在短期內吸收師父的技能。
- 適合行業：車輛維修廠、手工藝廠、車床加工廠、理容美髮師、美容師、麵包師、餐飲業等。

員工培訓多元化進行才有效

Unit **4-4**
員工訓練上課進行方式 Part I

前面兩個單元談了五種員工訓練方法及其優缺點，如從另一個角度來看，訓練方法也可區分為七種模式，每種方法皆有其優缺點，講師應依據不同的訓練目標來選擇合適的訓練模式。由於內容豐富，特分兩單元說明。

一.演講法

演講法（Lecture）乃指講師以講述的方式傳遞所要教授的課程內容，為應用最廣的訓練之一，頗適合口語訊息的教授。此法的優點為可以同時訓練多位學員、成本比較低及可在短時間內傳遞較多資訊給學員。但最大的缺點為學員被動接收訊息，因此較缺乏練習與回饋的機會，然而講師可在演講結束後，以討論或問答的方式彌補。

二.簡報講授法

簡報講授法（Power-Point Presentation）又稱視聽技術法，乃是以投影片、幻燈片及錄影帶等視聽器材進行訓練。此法的優點為可吸引學員注意、提高其學習動機、可以重複使用、成本低廉及訓練的時間較易掌控，其缺點則與演講法相似。

三.個案研討法

個案研討法（Case Study）乃指提供實例或假設性案例讓學員研讀，並從中發掘問題、分析原因、提出解決問題，並選擇一個最合適的解決方案。此法的優點可增進學員分析與判斷能力，並從中歸納出原則，使學員面臨工作難題時，有能力解決。

四.現場模擬

現場模擬（Simulation）乃指創造一真實的情境讓學員做一些決策或表現出一些行為，而這些決策會導致和真實狀況相似的結果。例如：飛行員的模擬飛行訓練，其目的是為了讓學員在訓練中感受到真實飛行時可能遇到的狀況，並於訓練後能將所學應用於工作中。此法的優點為可減少實地練習時所可能帶來的危險、節省成本。

小博士解說

報表上看不見的重要資產

知識+人才=股東價值，這是企業資產負債表上看不見的重要資產。邁入知識經濟時代，員工對企業表現的影響日增，因此，如何以良好的人才資產管理，協助員工發揮自身最大價值，進而提升企業績效，已成為現今企業最重要的經營目標之一。

員工訓練7種上課方式

員工教育訓練進行方式

1.演講法（Lecture）

指講師以講述的方式傳遞所要教授的課程內容，頗適合口語訊息的教授。

- 優點：①可以同時訓練多位學員。
  ②成本比較低廉及可在短時間內傳遞較多的資訊給學員。
- 缺點：學員被動地接收訊息，因此較缺乏練習與回饋的機會。
- 補救方式：講師可在演講結束後，以討論或問答的方式予以彌補。

2.簡報講授法（Power-Point Presentation）

指以投影片、幻燈片及錄影帶等視聽器材進行訓練，又稱視聽技術法。

- 優點：①可吸引學員注意。
  ②提高學員學習動機。
  ③可以重複使用。
  ④成本低廉。
  ⑤訓練時間較易掌控。
- 缺點：學員被動地接收訊息，因此較缺乏練習與回饋的機會。
- 補救方式：講師可在演講結束後，以討論或問答的方式予以彌補。

3.個案研討法（Case Study）

指提供實例或假設性的案例讓學員研讀，並從中發掘問題、分析原因、提出解決問題之方案，並選擇一個最合適的解決方案。

- 優點：可增進學員分析與判斷的能力，並從中歸納出原則，使學員在面臨工作上的難題時，有能力解決。

4.現場模擬（Simulation）

指創造一真實的情境讓學員做一些決策或表現出一些行為，而這些決策會導致和真實狀況相似的結果。

- 優點：①可減少實地練習時，所可能帶來的危險。
  ②節省成本。

5.角色扮演

6.戶外活動訓練

7.電子網路學習

Unit **4-5**
員工訓練上課進行方式 Part II

前面介紹四種員工訓練，再來介紹其他三種，如此即是一般常見的員工訓練。

五.角色扮演

角色扮演（Role Play）乃指給予一個故事情節讓學員演練，適用於人際技巧方面的訓練課程。此法是讓學員有機會從他人的角度看事情，以體會不同的感受，並從中修正自己的態度及行為。採用角色扮演法的優點為學員參與感較高，可立即演練課堂中所學得的技能，但對於較內向的學員，可能會造成情緒上的不安。

六.戶外活動訓練

戶外活動訓練（Outdoor Field Training）乃指利用戶外活動來發展團體運作技巧，以增進團體有效性的訓練方法。這些團體活動可增進學員解決問題、團隊合作的能力，並在講師帶領下，將活動中所得感受與工作相聯結。

七.電子網路學習

電子網路學習（E-Learning）乃指受訓學員透過電子媒介學習，而電子媒介包含電腦、網際網路、光碟等電子儀器。電子學習之目的是仰賴資訊科技之發達，讓受訓學員能不受時間地點之限制而遨遊於知識的領域。企業導入電子學習將有助於減少訓練執行時瑣碎的行政作業，且讓訓練人員有充裕的時間致力於提升訓練課程的品質，同時確保訓練課程品質一致，讓每位受訓者都享有相同的學習效果。開發電子學習之初，企業通常必須花費相當大的設置成本（如軟硬體設備、電腦程式設計等費用），然而一旦開發成功，其日後的成本將隨著使用人數的增加而遞減。

國內企業進行訓練，最常使用上述哪些方法呢？一項針對國內卓越企業研發單位人才培訓制度之研究指出，企業界最常使用的方法依序為演講法、簡報講授法與個案研討法。無論採用哪一種訓練方法，企業組織皆應依據訓練課程目標來選擇最合適的訓練方法，如此方能確保訓練的成效。

小博士解說
學習型組織的重要性

「學習型組織」（Learning Organization）在人力資源管理上的地位愈來愈重要，其效果十分巨大，如果組織具有學習能力，對環境的適應能力就會比別人強，組織本身的能力也可有效提升，所以學習型組織是比較理想的工作組織形式。

1.演講法（Lecture）

2.簡報講授法（Power-Point Presentation）

3.個案研討法（Case Study）

4.現場模擬（Simulation）

5.角色扮演（Role Play）

指給予一個故事情節讓學員演練，適用於人際技巧方面的訓練課程。
- 優點：學員參與感較高，可立即演練課堂中所學得的技能。
- 缺點：對於較內向的學員，可能會造成情緒上的不安。

6.戶外活動訓練（Outdoor Field Training）

指利用戶外活動來發展團體運作技巧，以增進團體有效性的訓練方法。
- 優點：①可增進學員解決問題、團隊合作的能力。
　　　　②在講師帶領下，可讓學員將活動中所得感受與工作相聯結。

7.電子網路學習（E-Learning）

指受訓學員透過電子媒介學習，而電子媒介包含電腦、網際網路、光碟等電子儀器。
- 優點：①受訓學員能不受時間地點之限制而遨遊於知識的領域。
　　　　②減少訓練執行時，瑣碎的行政作業。
　　　　③讓訓練人員有充裕的時間致力於提升訓練課程的品質，同時確保訓練課程品質一致，讓每位受訓者都享有相同的學習效果。
- 缺點：開發電子學習之初，企業通常必須花費相當大的設置成本（如軟硬體設備、電腦程式設計等費用）。
- 長期效益：一旦開發成功，日後的成本將隨著使用人數的增加而遞減。

員工教育訓練進行方式

Unit **4-6**
訓練計畫四大程序 Part I

一套完整的人員訓練計畫，必須有四項程序。由於內容豐富，特分兩單元介紹。

一.確定訓練的需要

任何教育、進修及訓練均必須要有其需要性及目標性，才值得推展；否則只是徒然浪費人力、物力、財力，而勞師動眾，引發眾怒而已。故有訓練之需要，乃為整個訓練的先決要件。但是要如何「確定訓練的需要」（Identify Training Need）呢？可從以下三方面的分析加以決定：

(一)哪些組織單位需要訓練？此可透過「組織分析」（Organization Analysis），針對整個組織、機構或企業的經營目的、使命、方向、策略與資源等重大方面加以整合性分析與判斷，尋找出組織訓練方向及重點應置於何處，才最符合組織的最大利益。例如：如果公司是一個高科技產品的廠商，那麼訓練的重點，就應放在研發單位及人員的深入研發技術進修與作業員精密訓練課程上。

(二)哪些工作需要訓練？此可透過「工作分析」（Job Analysis），係針對某些影響組織運作與產銷重大之工作任務進行評估，以篩選需要訓練的工作項目。其重點在於事，亦即人員該如何有效執行工作任務，而非在於人。例如：同上所述，對於科技產品製程中的精密焊接能力的工作項目，進行訓練。

(三)哪些人員需要訓練？此可透過「人員分析」（Employee Analysis），係分析員工在現有職位上，其擁有的技術、知識、態度與反應是否足以擔當工作的任務要求，從而再決定其應受訓練之內容。

目前企業界對於如何確定訓練需要，通常透過下列幾種方法以得知：1.長期性組織發展的計畫；2.定期績效評估所反映出的狀況報告；3.對員工進行問卷調查；4.高階幕僚透過觀察、查訪與經營分析的結果報告；5.單位主管人員提出的需求；6.重大損害事件產生後之避免再重複而進行訓練；7.工作分析及工作簡化後，也要進行訓練，以及8.透過全員代表大會或單位主管全體會議中所提出之訓練意見。

二.選擇訓練方式

一般而言，基本的訓練方式（Training Style），大致可區分為三大類：

(一)正式訓練班：係指在一定的課程計畫，每週規定上幾個小時的課，又可分為：1.公司內部正式的訓練班（由公司主辦），以及2.公司外部正式的訓練班（委託外界訓練機構主辦，包括外部的各大學、企管顧問公司或人力訓練公司等）。

(二)工作中訓練：係指一邊工作，一邊隨即指導，屬現場訓練，非課堂訓練。

(三)兩類混合使用：係指一方面員工接受工作中訓練，另一方面公司又指派到外界機構去接受新知識與新技術之訓練。

教育訓練4大程序

1.確定訓練需要

①哪些組織單位需要訓練：
透過「組織分析」（Organization Analysis），針對整個組織的經營目的、使命、方向、策略與資源等重大方面加以整合性分析與判斷，尋找出組織訓練方向及重點應置於何處，才最符合組織的最大利益。
②哪些工作需要訓練：
透過「工作分析」（Job Analysis），針對某些影響組織運作與產銷重大之工作任務進行評估，以篩選需要訓練的工作項目。
③哪些人員需要訓練：
透過「人員分析」（Employee Analysis），分析員工在現有職位上，其擁有的技術、知識、態度與反應是否足以擔當工作的任務要求，從而再決定其應受訓練之內容。

2.選擇訓練方式

①正式訓練班：指在一定的課程計畫，每週規定上幾個小時的課。
②工作中訓練：指一邊工作，一邊隨即予以指導，屬現場訓練。
③兩類混合使用：指一方面員工接受工作中訓練，一方面又被指派到外界機構訓練。

3.受訓員工與主講人挑選

4.評估訓練成果

知識補充站

何種訓練方式最好？

訓練方式這麼多種，到底要選哪一種對員工才是最好的呢？必須視下列情況而定：1.人員的職位層次；2.人員的數量多寡；3.職務的重要性或普通性；4.職務性質的不同（幕僚、銷售、生產、研發、行政）；5.效果的考量；6.內部與外部訓練成本的比較；7.成本與效益的評估；8.訓練時效迫切性的程度；9.過去沿襲的訓練模式及系統；10.內部與外部講師素質的衡量；11.訓練外的附加效益有無之考量，以及12.訓練設備、地點的有無。

Unit 4-7
訓練計畫四大程序 Part II

任何訓練計畫，都有其一定步驟與流程。

前文提到一套完整的人員訓練計畫，必須有四項程序，我們已介紹了運用三種分析來確定訓練的需要及選擇訓練方式兩項程序，本單元接著介紹受訓員工與主講人的挑選與評估訓練成果等兩項程序了。

三.受訓員工與主講人的挑選

受訓員工與主講人的挑選（Selection for Appropriate Persons）也有其一定原則，茲分述如下：

(一)對受訓員工的挑選原則：必須掌握具有可訓性、工作任務有其迫切需要，以及未來具有發展潛能及實力等三原則，來挑選適合訓練的員工。

(二)對講師的挑選原則：

1.如是內部講師，應具備主管職位，曾長期做過該項工作、熟悉該項工作之知識與技術，此即應建立內部「講師團」之目標。

2.如是外部講師，應具備該領域專長且具聲望之講師。

3.上述兩類講師，均應精於教學方法，富有熱誠，並且理論兼具實務經驗，則為最佳之主講人選。

四.評估訓練成果

既有訓練，自然會要求要有一定的成果及績效，否則不如不要浪費人力及財力。評估訓練成果（Evaluate Training Performance）的方式，一般而言，有以下四種標準，可用來評估一項訓練計畫的成果：

(一)功能標準（Function Standard）：係指衡量受訓人員是否能在其功能部門上，發揮其專長功能的績效。例如：生產效率是否提高？製程是否簡化？研究困難點是否突破？報表編製速度是否加快？業績是否成長？作業流程是否順暢？

(二)工作行為標準（Work Behavior Standard）：係指受訓人員，在其工作崗位上，其做事之思考、觀念、反應、推理、判斷、處事、待人、協調等方面是否已有改善，並且影響到別的同事。

(三)學習測驗標準（Learning Test Standard）：對受訓人員進行學習效果之測驗，包括口試、筆試、操作測試及撰寫心得報告等四種方式，用以得知真正學到了多少東西。

(四)反應標準（Response Standard）：係對受訓人員詢問本次訓練計畫是否對他們有實質與有效的幫助？程度有多大？下次又該如何改善？如果受訓人員反應均良好，表示訓練計畫成功了一半，也沒有人再畏懼上訓練課程。

教育訓練4大程序

1.確定訓練需要
①哪些組織單位需要訓練？
②哪些工作需要訓練？
③哪些人員需要訓練？

2.選擇訓練方式
①正式訓練班
②工作中訓練
③兩類混合使用

3.受訓員工與主講人挑選

①對受訓員工的挑選原則：
❶ 具有可訓性。
❷ 工作任務有其迫切需要。
❸ 未來具有發展潛能及實力。

②對講師的挑選原則：
❶ 如是內部講師，應具備主管職位，曾長期做過該項工作、熟悉該項工作之知識與技術，此即應建立內部「講師團」之目標。
❷ 如是外部講師，應具備該領域專長且具聲望之講師。
❸ 上述兩類講師，均應精於教學方法，富有熱誠，並且理論兼具實務經驗，則為最佳之主講人選。

4.評估訓練成果

①功能標準：指衡量受訓人員是否能在其功能部門上，發揮其專長功能的績效。
②工作行為標準：指受訓人員，在其工作崗位上，其做事之思考、觀念、反應、推理、判斷、處事、待人、協調等方面是否已有改善，並且影響到別的同事。
③學習測驗標準：對受訓人員進行包括口試、筆試、操作測試及撰寫心得報告等四種方式，用以得知真正學到了多少東西。
④反應標準：
❶ 對受訓人員詢問本次訓練計畫是否對他們有實質與有效的幫助？程度有多大？下次又該如何改善？
❷ 如果受訓人員反應均良好，表示訓練計畫成功了一半，也沒有人再畏懼上訓練課程。

Unit **4-8**
對員工學習的原則及失敗原因

　　學習是一種頗複雜的程序，不過仍可歸納出六大基本原則；同樣地，學習為何會讓人感到厭倦或沒有成效，當然也有其複雜性，但仍可歸納出原因。

一.對員工學習的六大原則

　　(一)激勵（Stimulus & Incentive）：激勵的方式分為二種：

　　1.內在激勵：係指員工因為有求知慾、有工作的興趣、有面對挑戰的動機，而要得到需求的滿足。此種係屬由員工自己內部激勵。

　　2.外在激勵：係指員工因為受到物質與精神的獎勵與懲罰而努力。例如：受過訓練課程是晉升高階主管的必要條件之一，那麼必然會激勵中、低階員工參加教育訓練的過程。

　　(二)回應（Response）：在學習的過程中，如果受訓學員明瞭或感受到、吸收到的成效愈大，則對學習愈會有興趣。所以講師必須以正面的態度，經由各種精神的嘉勉或實地操作成果回應給學員，讓學員感受到學習的代價，避免學員厭煩、害怕、拒絕。

　　(三)參與（Participation）：係指受訓人員能從「實踐中以學習」（Learning by Doing），亦即學員參與愈多，學習就會愈有效，故不能只由講師一直陳述，必須雙方一起溝通及參與實作。

　　(四)應用（Application）：受訓人員在課堂上學到新技術與新計畫，必然急於嘗試應用在工作，此時組織必須讓他們有施展技能的機會，否則久了，便會使效果大打折扣。

　　(五)理解（Understanding）：理解就是領悟，領悟它的道理、來源、去向、縱橫關係，才是真正的理解。只有真正理解受訓內容，才能將訓練所學習到的新知，實際與有效的運用出來，否則一知半解是沒什麼用處的。

　　(六)重複（Repeat）：遺忘是人類的天性，防止遺忘就是要重複，俗話說「一回生，兩回熟」就是此意。

二.教育訓練失敗的真正原因

　　如果企業對員工舉辦很多教育訓練，也掌握住上述對員工學習的六大原則，那麼為何仍不見教育訓練預期的成效呢？以下幾點，我們來探討：1.不在乎訓練課程內容無聊或師資講授能力差，無法引發員工學習興趣；2.員工未能了解訓練的真正目的，更不知為何要接受訓練；3.員工確實需要此課程，但訓練時間點安排不恰當，導致員工學習意願下降；4.課程內容無法與實際工作連結；5.講師授課方式及內容，無法讓員工產生共鳴；6.訓練課程的安排與個人生涯規劃無關等原因；7.沒有測試的配套作業要求，亦即壓力不夠，以及8.沒有與年度考績作業相連結，誘因不足。

員工學習的6大原則

1.激勵

6.重複

2.回應

員工學習基本原則

5.理解

4.應用

3.參與

員工培訓失敗8大原因

8.老闆不重視

1.課程內容不符合需求

2.師資不夠專業

7.高階長官自己逃避

**員工培訓
為何
會失敗？**

3.師資太理論化

6.未與個人考核相結合

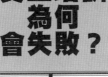

5.大家不重視，不上課
也無所謂

4.缺乏考核機制

Unit **4-9**
線上教學原則與案例

不可否認的，線上教學（E-learning）方式仍處於發展初期，還有許多尚待改進的環節，但有幾個基本原則可以使線上學習更有效率，包括教學方式、教學內容、課程設計等各個面向。無論是實體課堂或虛擬網路的學習方式，都需要以高度標準化、結構化的教學方法為前提，才能獲得預期中的成效。

一.線上教學基本原則

(一)教學方式必須以豐富的簡報內容作為輔佐：藉此指引學生練習，並隨時評估其學習效果。

(二)課程目標要明確並搭配實務說明：課程內容除了具備清楚而明確的目標，彼此之間也要有所關聯，並搭配實務問題的解答。

(三)課程架構設計要縝密，避免網路漫遊：課程架構也是相當重要的一環，在網路漫遊的習慣完全無助於學習，早在設計課程之初，就必須先將其排除。

(四)選擇可即時互動與回應的軟體，促進學習：選擇內建頻繁互動與即時回饋機制的軟體，作為促進學習成果的關鍵元件。

(五)提供從簡而繁的練習有助學習：所有的課程內容都要提供從簡而繁的練習，強化學員的吸收。

(六)以變化來為學習助興：各式各樣的媒介，如文字、圖形、動畫與音效，都能強化學習的內容。

二.IBM公司E-learning學習機制

從課程來說，IBM寰宇大學（Global Campus）提供超過二千三百個課程，快速、豐富且容易使用，讓員工得以擁有方便多元且滿足個人需求的選擇。至於在落實面，為鼓勵員工多使用E-learning課程，IBM已將經理人員的訓練課程，全放在內部網路上。

這套名為Basic Blue for Manager的學習課程，主要是針對新上任的經理人，結合E-learning和實際指導的訓練，提供甫獲擢升的經理人必要的管理概念，以及帶領團隊的技巧。經理人除了必須利用公司內部網路連上資料庫，了解IBM經理人的使命與工作職掌，更可以採取「情境模擬」方式的互動教學，研習相關的管理個案。除此之外，經理人也會面對面接受講師的指導，或是與同僚之間交換心得，以彌補虛擬學習所缺少的經驗交流。截至目前為止，全球IBM已有四成的員工使用線上學習機制。

在導入E-learning後，單是2001年IBM所節省的企業費用高達2億6,500萬美元。由此可知，E-learning不僅為IBM創造知識競爭力，更有效節省許多支出。

線上教學6大原則

線上教學基本原則

1. 教學方式必須以豐富簡報內容作為輔佐，指引學生練習，並隨時評估學習效果。

2. 課程內容要具備明確目標及關聯性，並搭配實務問題的解答。

3. 課程架構設計要縝密，避免網路漫遊無助於學習。

4. 選擇內建頻繁互動與即時回饋機制的軟體，作為促進學習成果的關鍵元件。

5. 所有課程內容都要提供從簡而繁的練習，強化學員的吸收。

6. 以變化來為學習助興，如文字、圖形、動畫與音效，都能強化學習的內容。

IBM公司E-learning學習機制

Basic Blue for Manager

1. 主要是針對新上任的經理人，結合E-learning和實際指導的訓練，提供甫獲擢升的經理人必要的管理概念，以及帶領團隊的技巧。
2. 經理人除了必須利用公司內部網路連上資料庫，了解IBM經理人的使命與工作職掌，更可以採取「情境模擬」方式的互動教學，研習相關的管理個案。
3. 經理人也會面對面接受講師的指導，或是與同僚之間交換心得，以彌補虛擬學習所缺少的經驗交流。

IBM導入E-learning的效果

1. 提供超過二千三百個課程，全球IBM已有四成的員工使用線上學習機制。
2. 單是2001年IBM所節省的企業費用高達2億6,500萬美元。

結論：E-learning不僅為IBM創造知識競爭力，更有效節省許多費用支出。

知識補充站

E-learning的成功因素

尖端的科技與精彩的課程並不足以促使E-learning的成功，真正使E-learning深植於組織的成功因素，包括學習性的文化、高階主管的支持、適切的推廣方式，以及堅持到底的教育訓練人員。畢竟，從導入、了解到適應，E-learning是一條漫長的路，卻也是一條值得堅持的大道。

Unit **4-10**
企業教育訓練案例──和泰汽車

和泰（TOYOTA）汽車公司實施「員工個人發展計畫」（簡稱IDP），乃秉持將訓練系統化，落實知識傳承之理念進行。

一.過去員工進修訓練的缺失

員工進修沒有系統規劃，進修課程不見得與公司期望相符，導致無法有效轉化為公司競爭力。例如：企業內勤員工，拿公司資源去上阿拉伯語課，對提升工作能力並無直接幫助；部分員工這月上英語課，下月上電腦課，學得分歧，根本無法累積知識。

過去公司統一補助員工在職進修的方式，要求上一定範圍的課程，並無法滿足或貼近每位員工的需求，公司的美意反而成為員工的負擔，必須去上不適合或沒興趣的課程，更可能導致員工滿意度下降。

二.2008年起實施「員工個人發展計畫」

和泰汽車2008年起透過實施「員工個人發展計畫」（IDP），讓主管了解員工工作上真正的知識需求，為員工規劃完整的進修課程，期待員工能將課程習得的知識吸收，轉化為工作上的競爭力，協助員工成長，進而達成提升員工滿意度的最終目的。

和泰汽車管理部經理劉松山表示，現代企業為提升員工競爭力，常會提供員工進修管道與經費補助，但員工該上什麼課？上課後效果如何？因公司缺乏後續追蹤而無從了解。因此該公司管理階層決定從2008年起，實施IDP管理制度，針對：問題分析能力、積極主動、顧客導向、持續學習、團隊合作與溝通表達等六項職能指標設計員工問卷調查，初步讓主管了解員工的進修需求，也讓員工認識自己能力有待加強之處。

其次，單位主管與員工進行面對面溝通，確認員工意願與需要補強的知識，也讓員工了解公司與主管對他的期待，共同找出最需要與最適合的進修課程，公司再來協助員工安排課程、參加活動，或提供需要的書籍，無形中，員工滿意度也會提升。

三.評量制度

當然和泰汽車也訂出一套評量員工進修成果標的，替這套新制度把關。例如：向公司申請英語學習補助的員工，在課程結束後，必須要通過一定級數的全民英檢資格；學習行銷企管的人，也要將上課心得成果，撰寫報告上呈。

四.知識傳承──KM系統

同時，為求將員工在外學習的知識累積傳承，和泰汽車也籌設知識管理系統（KM），將員工在外學習的心得報告放在KM系統上，透過內部網路，提供給所有員工線上學習，進一步發揮知識傳承累積的功用。

和泰汽車的教育訓練

實施「員工個人發展計畫」（簡稱IDP），將訓練系統化，落實知識傳承。

1.過去員工進修訓練的缺失

①過去公司統一補助員工在職進修的方式，要求上一定範圍的課程，並無法滿足或貼近每位員工的需求，公司的美意反而成為員工的負擔。
②員工進修沒有系統規劃，進修課程不見得與公司期望相符，導致無法有效轉化為公司競爭力。

2.2008年起實施「員工個人發展計畫」（IDP）

①針對問題分析能力、積極主動、顧客導向、持續學習、團隊合作與溝通表達等六項職能指標設計員工問卷調查，初步讓主管了解員工的進修需求，也讓員工認識自己能力有待加強之處。
②單位主管與員工進行面對面溝通，確認員工意願與需要補強的知識，也讓員工了解公司與主管對他的期待，共同找出最需要與最適合的進修課程，公司再來協助員工安排課程、參加活動，或提供需要的書籍。

3.評量制度

①訂出一套評量員工進修成果標的，替這套新制度「員工個人發展計畫」把關。
②向公司申請英語學習補助的員工，在課程結束後，必須要通過一定級數的全民英檢資格
③學習行銷企管的人，也要將上課心得成果，撰寫報告上呈。

4.知識傳承——KM系統

①籌設知識管理系統（KM），將員工在外學習的心得報告放在KM系統上，透過內部網路，提供給所有員工線上學習。
②發揮知識傳承累積的功用。

Unit **4-11**
企業教育訓練案例──英商聯合利華

英商聯合利華培訓新人，進行三年全方位訓練計畫，培植成中堅幹部。

一.挑選大學剛畢業有潛力新鮮人

這套名為「儲備幹部培訓」的計畫，其實早在聯合利華各國分公司行之多年。十多年前引進臺灣後，已成為公司財務、客戶發展、行銷、供應鏈、研發及人力資源等六個部門，用以招募新人的重要管道。

在每年畢業季開始之前，聯合利華就會到各大專院校擺攤宣傳，在一千多名競爭者中，挑選五至六位新鮮人進行培訓。終極目標是要讓這些具有潛力的新人，在三年內成為公司九十多名經理人中的其中一員。

聯合利華人力資源部協理龍遠鳴表示，社會新鮮人就像一張未經汙染白紙，最適合接受一套有系統的培訓。在公司量身訂做的計畫下，年輕人可以很快熟悉公司的文化與各部門的運作，未來擔任經理人時也更將得心應手。

要如何才能成為這些雀屏中選的幸運兒呢？龍遠鳴表示，公司並不迷信學歷和名校，而是從領導力、團隊合作、待人處事三個面向中，看出一個人的未來發展性。

二.培訓計畫內容

在公司的培訓計畫中，也涵蓋這些主題課程。例如：讓新人輪調不同部門，培養跨領域的合作基礎；或是讓新人實際執行一項方案，以訓練臨場作戰的經驗；甚至派到海外受訓，與其他國家的儲備幹部互相交流學習。

為了不讓培訓人員感到徬徨，公司不但指派高階主管擔任講師，並且每六個月開會討論新人表現。龍遠鳴表示，十年前開始的儲備人才培訓計畫，至今已成功培育出數十位專業經理人，其中有二位成員，已在有計畫的栽培下，進入臺灣聯合利華最高決策單位──協理會。

觀察臺灣的人力素質，龍遠鳴說：「一直都相當不錯。」他表示，近幾年的畢業生不但有創意，更敢秀、敢現，「七年級」的新進員工，甚至喜歡挑戰性的工作，十分符合聯合利華「Passion for Winning」的企業精神。正因為員工追求卓越的態度，使聯合利華不受市場景氣和GDP成長趨緩的影響，過去兩、三年的銷售額均高於市場水準，2010年更逆勢成長7至8%。龍遠鳴說：「Winning is a team.」

三.每年固定投入大筆教育訓練費用

聯合利華每年固定投入2,000萬元的經費改善訓練課程，以激勵工作士氣。正如龍遠鳴為人才培訓所下的結論：「公司要能成功，就要從人才培養做起；人才培育得宜，公司才能永續經營。」

英商聯合利華的教育訓練

實施「儲備幹部培訓」計畫培訓新人，進行三年全方位訓練計畫，培植成中堅幹部。

1.挑選大學剛畢業有潛力新鮮人

①這套培訓計畫，早在聯合利華各國分公司行之多年。
②十多年前引進臺灣後，已成為公司財務、客戶發展、行銷、供應鏈、研發及人力資源等六個部門，用以招募新人的重要管道。
③在每年畢業季開始前，到各大專院校宣傳，在一千多名競爭者中，挑選五至六位新鮮人進行培訓。
④終極目標是要讓這些具有潛力的新人，在三年內成為公司九十多名經理人中的其中一員。
⑤不迷信學歷和名校，而是從領導力、團隊合作、待人處事三個面向中，看出一個人的未來發展性。

2.培訓計畫內容

①讓新人輪調不同部門，培養跨領域的合作基礎。
②讓新人實際執行一項方案，以訓練臨場作戰的經驗。
③派到海外受訓，與其他國家的儲備幹部互相交流學習。
④公司指派高階主管擔任講師，每六個月開會討論新人表現。

109

3.每年固定投入2,000萬元教育訓練費用，激勵工作士氣。

結論：公司要能成功，就要從人才培養做起；人才培育得宜，公司才能永續經營。

Unit **4-12**
企業教育訓練案例──美商惠普

美商臺灣惠普（HP）公司，花一年時間養成經理人的實戰訓練。

一.惠普鐵人集中營

　　十年前，臺灣惠普（HP）開始對具備管理潛能的明日之星集中培訓。初期培訓時間兩個月，成效並不明顯；三年前，惠普與康柏進行合併，因應新組織產生，各主管必須擔負的責任加重，「惠普鐵人集中營」因此誕生，訓練時間延長為一年。開辦至今，主管使用率從逼近七成攀高至九成，員工滿意度則一直維持在85%以上。

　　惠普鐵人集中營的培訓內容，涵蓋五次小組討論、三次全天專業研討（Workshop）訓練課程，以及多次讀書會及演講。訓練重點在強化這批未來主管的領導、管理與溝通能力，而當中最具特色之處，則是必須經歷十次以上的實戰訓練。

二.用角色扮演學習下決策

　　在實戰訓練中，這些明日之星可先熟悉主管要做些什麼？了解各種可能碰上的狀況，藉由課程潛移默化，成為中堅管理菁英的心智地圖，培養出全方位的經理人。

　　以「鐵人集中營」一項名為「經營大富翁」的課程為例：五人為一組，分別擔任執行長、財務長及行銷總監等角色，實戰演練一家公司的三年營運計畫。各組必須達成三年後業績成長20%、客戶滿意度95%與員工滿意度85%的目標。

　　每一組可先擬定年度營運計畫。接著在每一個季度，都會出現類似大富翁遊戲中的「命運」卡片，卡片內容經常是突如其來的變數。例如：市場上出現競爭者採取降價競爭手段，這時每一組可選擇：降價跟進、增加客戶服務項目或提供贈品三種。

　　這三項雖然都可以維持原訂的業績目標，但結果卻是大大不同。若選擇降價，長期下來會造成利潤降低；若是附送贈品，則是短期的成本增加；若增加客戶服務項目，則會增加長期成本，降低員工滿意度。選擇不同，就會影響原訂的目標達成進度，因此隔年的營運計畫必須再做調整。

　　這套訓練的目的，讓未來主管們懂得下決策前，必須顧及不同層面的影響。

三.更好溝通的人脈網絡

　　在「集中營」裡，還可以建立公司內部人脈網絡。領導和管理溝通能力是企業教育訓練的基本項目，惠普更進一步將公司內部人脈當成重要課題。因此，鐵人集中營打破部門藩籬，匯聚業務、行銷、工程、研發、財務、法務、採購等單位人才。

　　不同部門的人，在長達一年的課程中，成為同期同學，建立革命情感，各自晉升為部門主管後，在進行跨部門溝通時，「同學」情誼，即成為溝通、合作的一大助力，尤其，臺灣惠普員工達八百人，組織龐大，內部合作與協調情況頻繁。

美商惠浦的教育訓練

實施「惠普鐵人集中營」，花一年時間養成經理人的實戰訓練。

1.惠普鐵人集中營

①涵蓋五次小組討論、三次全天專業研討（Workshop）訓練課程，以及多次讀書會及演講。
②訓練重點在強化這批未來主管的領導、管理與溝通能力，而當中最具特色之處，則是必須經歷十次以上的實戰訓練。
③開辦至今，主管使用率從逼近七成攀高至九成，員工滿意度則一直維持在85%以上。

2.用角色扮演學習下決策——
「鐵人集中營」一項名為「經營大富翁」課程為例

①五人為一組，分別擔任執行長、財務長及行銷總監等角色，實戰演練一家公司的三年營運計畫。各組必須達成三年後業績成長20%、客戶滿意度95%與員工滿意度85%的目標。
②每一組可先擬定年度營運計畫。接著在每一個季度，都會出現類似大富翁遊戲中的「命運」卡片，卡片內容經常是突如其來的變數。
③這套訓練的目的，讓未來主管們懂得進行任何一個決策，都是牽一髮而動全身，因此必須顧及不同層面的影響，做出較完善的決策。

3.更好溝通的人脈網絡

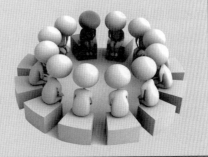

①打破部門藩籬，匯聚各單位人才。
②各單位人才在長達一年課程中成為同期同學，建立革命情感，各自晉升為部門主管後，在進行跨部門溝通時，「同學」情誼，即成為溝通、合作的一大助力。

Unit **4-13**
企業教育訓練案例──臺北遠東大飯店

　　由香格里拉飯店集團，營運管理的臺北遠東國際大飯店，是一個豪華五星級飯店，屢獲國內外各項評鑑優勝，2009年更被評選為世界二十大商務飯店第二名，品質始終是其最大的堅持。

　　而品質的支撐則因是臺北遠東大飯店秉持著有優質的員工訓練，此是市場致勝關鍵的理念。

一.卓越的教育訓練，是給員工最好的福利

　　「卓越的教育訓練，是給員工最好的福利」，香格里拉遠東國際大飯店總經理顧樂嘉（Wolfgang Krueger）表示，教育訓練是企業從優質到卓越的致勝之道（From Good to Great-Training is Key）。

　　他強調，受到客人愛戴的飯店，靠的是員工，絕不是靠著豪華的水晶燈或昂貴的地毯。因此，完善的培訓計畫與良好的員工福利，成為立足市場的關鍵。

　　香格里拉遠東國際大飯店在臺灣國際觀光飯店市場，是住房率與平均房價的常勝軍，價量齊揚亮眼成績的背後，憑藉的就是前述兩股力道的支撐。

二.提供多元進修課程

　　顧樂嘉表示，香格里拉遠東國際大飯店培訓員工，除了館內訓練課程外，尚包括香格里拉管理學院，以及遠距授課的康乃爾大學網上進修課程。

　　他表示，因應集團全球擴張腳步，香格里拉酒店集團於2004年12月在北京成立「香格里拉管理學院」。學院課程包括：烹飪藝術、餐飲服務、前檯運作實務、房務運作實務、洗衣房運作實務、工程運作實務、訓練與發展，以及人力資源管理。

　　顧樂嘉指出，香格里拉管理學院非常重視師生互動與學員親身實驗，並訓練學員解決問題之技巧，同時也藉訓練讓學員得以從市場狀態預測產業未來。

　　另外，香格里拉管理學院提供的進階旅館管理課程，將以研討會及座談會的方式，就跨文化的溝通、批判性的思考技巧兩大課題，提出探討，並灌輸學員們在解決問題時，應以追究到底的精神並多重嘗試去解決。

三.每年訓練經費逾500萬元

　　顧樂嘉表示，香格里拉遠東國際大飯店每年平均花在員工教育訓練的成本約為500萬臺幣。

　　其中，獲選進入香格里拉學院進修的學員，每年平均花費8萬元；康乃爾線上教學課程每堂逼近臺幣8,300元；專業職訓DDI公司的管理督導課程也要14萬元。

　　顧樂嘉強調，除了訓練課程的費用，所有師資及學員的交通、食、宿等開銷，也都由飯店買單。

臺北遠東大飯店的教育訓練

實施優質的員工訓練,是市場致勝關鍵。

1.卓越的教育訓練,是給員工最好的福利

①教育訓練是企業從優質到卓越的致勝之道。
②完善的培訓計畫與良好的員工福利,這兩股力道是亮眼成績背後的支撐關鍵。

2.提供多元進修課程

①除館內訓練課程外,尚包括香格里拉管理學院,以及遠距授課的康乃爾大學線上進修課程。
②香格里拉管理學院課程包括:烹飪藝術、餐飲服務、前檯運作實務、房務運作實務、洗衣房運作實務、工程運作實務、訓練與發展,以及人力資源管理。
③香格里拉管理學院提供進階旅館管理課程,以研討會及座談會方式,就跨文化溝通、批判性思考技巧兩大課題,提出探討並灌輸學員們應以追究到底的精神解決問題。

3.每年訓練經費逾500萬元

①獲選進入香格里拉學院進修的學員,每年平均花費為8萬元。
②康乃爾線上教學課程每堂約為臺幣8,300元。
③專業職訓DDI公司的管理督導課程14萬元。
④所有師資及學員的交通、食、宿等開銷,也由飯店買單。

Unit **4-14**
企業教育訓練案例──全家便利商店 Part I

圖解人力資源管理

企業教育訓練策略──全家便利商店「全家企業大學」，培育未來核心幹部人才的搖籃。由於本主題內容豐富，特分兩單元介紹。

一.師資來源來自企業內部主管及外部名師

籌備多時的全家企業大學開學，「校長」是全家董事長葉榮廷。「督學」全家會長潘進丁說：「全家將邁入第二個創業期，企業的核心是人才，全家將更重視人才培育和傳承，今日的學員未來是接棒的核心幹部。」

全家便利商店成立的全家企業大學設在淡水，原本是提供加盟主教育訓練的場所，未來更重要的職能是作為全家基層幹部和中高階主管的進修機構。這所企業大學由全家總務人事部經理石朝霖規劃，太毅國際顧問公司協助承辦。師資陣容有多位企管顧問名師、中高階幹部。

二.人才培育是企業成長茁壯的原動力

全家於2024年創立33週年，年底也突破4,300家店，即將跨入第二個創業期，幹部必須有更高的視野與格局。全家不僅投資12億元在POS系統、物流、鮮食廠、店鋪改裝等硬體，而且更在乎人才培育，因為人是企業成長茁壯的原動力。

三.儲備人才，先要投資

兼企業「督學」的會長潘進丁致詞時表示，企業大學是全家的人才庫，今日的學員將成為未來公司的核心幹部。全家2024年底在臺灣的據點，超過4,300家店，但基於臺灣便利商店市場漸趨飽和，全家有意加速中國事業版圖，並發展新事業，「人才」就成為總部強而有力的後盾。

全家每年平均花費近3,000萬元在人才培育上，企業大學就約占一半經費。籌備近一年，這套為全家量身訂做的課程，模擬大學系統性的學習模式，學習完成後授予憑證，作為敘薪、考核、升遷或晉升下一階段課程的依據。

114

小博士解說

全家便利商店的引進

「全家便利商店」為「FamilyMart」在臺灣的加盟公司，也是「FamilyMart」在海外地區的第一個據點，由「禾豐企業集團」引進臺灣。後來「禾豐企業集團」爆發財務危機，而將「全家便利商店」股權轉讓中華開發工業銀行及相關同業。

全家便利商店的教育訓練

實施「全家企業大學」，培育未來核心幹部人才的搖籃。

1.師資來源來自企業內部主管及外部名師

①全家企業大學設在淡水，原本是提供加盟主教育訓練的場所，未來更重要的職能是作為全家基層幹部和中高階主管的進修機構。
②這所企業大學由全家總務人事部經理石朝霖規劃，太毅國際顧問公司協助承辦。

2.人才培育是企業成長茁壯的原動力

①全家即將跨入第二個創業期，幹部必須有更高的視野與格局。
②不僅投資12億元在POS系統、物流、鮮食廠、店鋪改裝等硬體，而且更在乎人才培育。

3.儲備人才，先要投資

①全家有意加速海外事業版圖，並發展新事業，「人才」就成為總部強而有力的後盾。
②全家每年平均花費3,000萬元在人才培育上，企業大學就約占一半經費。
③這套為全家量身訂做的課程，模擬大學系統性的學習模式，學習完成後授予憑證，作為敘薪、考核、升遷或晉升下一階段課程的依據。

4.課程內容規劃

5.企業終身學習與員工生涯發展

Unit **4-15**
企業教育訓練案例——全家便利商店 Part II

前面提到全家便利商店教育訓練的策略，就是將原本是提供加盟主教育訓練的場所——設於淡水的全家企業大學，轉作為全家基層幹部和中高階主管的進修機構。現在要繼續介紹這所全家企業大學的課程規劃與未來展望。

四.課程內容規劃

企業大學不是要蓋一座象牙塔學校，而是將知識帶到校園圍牆外，更契合工作需求。要成為人才培育的搖籃，完善的教育訓練體系、完整的績效評估體系、健全的課程開發規劃及優秀的講師，缺一不可。

在課程規劃方面，全家企業大學針對「個人職務能力」，規劃三年六階的學程，除了職能及理論課程之外，加強專業管理知識的吸收。

翻開課表，第一年的基礎課程有管理學、統計學、會計學、行銷管理與實務、人資管理、策略管理、流通發展管理、流通發展史等，乍看之下，和傳統的企業課程大同小異。全家教育訓練部補充，企業的學習是要解決工作上的問題，因此，統計學就學資料搜尋、情報蒐集，以應用於店鋪的POS系統；會計學也不需要重頭做起，只是讓學員至少能看懂財務報表。第二、三年課程著重職務能力和專業能力，規劃更多實務課程，例如：模擬企業運作模式。

事實上，企業大學類似EMBA的概念。不過，全家企業大學更針對企業內部的需要客觀化。有理論性的扎根課程，也有實務性技巧演練的課程，另有針對趨勢議題所開設的名人講座，透過全方位的課程規劃，讓學員能培養職場能力，同時能吸收管理新知，掌握趨勢。因此，全家大學除自學界延攬講師外，也與有豐富輔導企業經驗的顧問公司合作。在理論和實務融會貫通下，學員漸漸改變認知及行為模式，以所學的管理知識處理工作上的問題。

五.企業終身學習與員工生涯發展

全家大學第一屆學生，選定人數多的三級專員開跑，他們平均要管七、八家店，是總部的第一線人員；第二屆學生則鎖定課長級幹部。隨著事業體規模擴大，也規劃高幹部培訓班。全家企業大學校長葉榮廷表示，隨著產業競爭環境快速變化，全家企業大學強調企業終身學習與員工生涯發展，希望經由塑造企業內部學習的文化，提升員工專業技能，更為企業創造意想不到的資產。

展望未來，全家大學將透過課程設計，傳遞集團的經營理念與價值，並朝學歷、證照制度發展，加強與大專院校合作，開設相關課程，成為名副其實的流通大學。葉榮廷也不排除再設立「研究所」，朝向研究發展，帶領學員研究經營課題，累積企業智慧資本，提升整體競爭力。

全家便利商店的教育訓練

實施「全家企業大學」，培育未來核心幹部人才的搖籃。

1.師資來源來自企業內部主管及外部名師	2.人才培育是企業成長茁壯的原動力 	3.儲備人才，先要投資 

4.課程內容規劃

①針對「個人職務能力」，規劃三年六階的學程，除了職能及理論課程之外，加強專業管理知識的吸收。
②第一年的基礎課程有管理學、統計學、會計學、行銷管理與實務、人資管理、策略管理、流通發展管理、流通發展史等，和傳統的企業課程大同小異。
③第二、三年課程著重職務能力和專業能力，規劃更多實務課程，例如：模擬企業運作模式。
④針對企業內部需要，有理論性的扎根課程，也有實務性技巧演練的課程，另有針對趨勢議題所開設的名人講座。

5.企業終身學習與員工生涯發展

①全家大學第一屆學生，選定人數多的三級專員開跑，他們平均要管七、八家店，是總部的第一線人員；第二屆學生則鎖定課長級幹部。隨著事業體規模擴大，也規劃高幹部培訓班。
②展望未來，全家大學將透過課程設計，傳遞集團的經營理念與價值，並朝學歷、證照制度發展，加強與大專院校合作，開設相關課程，成為名副其實的流通大學。
③也不排除再設立「研究所」，朝向研究發展，帶領學員研究經營課題，累積企業智慧資本，提升整體競爭力。

Unit **4-16**
企業內部讀書會企劃案 Part I

　　九〇年代風行於企業、機構的學習型組織概念，到了變化迅速的新世紀已轉型成教導型組織的概念。組織不僅要學習，同時也要教導，領導者、組織成員雙向學習、教導，組織競爭力才能不斷增生。由於本主題內容豐富，特分兩單元介紹。

一.讀書會成立目的

　　依首席顧問的建立，成立卓越團隊讀書會之主要目的，即為拓展同仁自我學習空間，掌握知識經濟脈動，增進本職學能、精進工作能力，希望藉由一個能讓大家共同閱讀分享的開放型組織，增進成員對新知的吸收，達到成員的快速成長，進而強化企業內部營運管理，以輔教育訓練之效。

二.讀書會小組設立及成員職掌

　　菁英讀書會依功能初期規劃開設五組，分別為傳播媒體知識、財務金融知識、行銷策略知識、經營策略與一般管理知識及資訊管理知識等五組，每組人數暫以三十人為限，共計一百五十人。其組織規劃之架構，茲整理如右頁圖。而讀書會成員工作職掌，則茲分述如下：

　　(一)指導教授：負責閱讀目的擬定、讀書會導讀指引、心得報告的評鑑、建議方案之評估，以及成果發表之指導等五種工作職掌。

　　(二)組員：負責心得報告之撰寫、建議方案之提出，以及向總裁作專案提報等三種工作職掌。

　　(三)執行祕書：負責課程時間、地點安排及指導教授聯繫；讀書會的召集及通知；軟硬體設備準備，以及出席率紀錄等四種工作職掌。

三.讀書會成員規劃及召集時間

　　讀書會成員的規劃，有下列幾點原則可參考：

　　(一)成員定位：鑑於A公司及B公司已分別成立讀書會，且小巨人讀書會成效甚佳，故本組規劃重點在於強化其他未成立讀書會之單位同仁知識充電。

　　(二)基於學習成效及單位營運考量：初期成員規劃是由各事業部主管指派三至四名以上培訓幹部參加，而總管理室為公司核心幕僚單位，故各單位則應有二分之一以上同仁參加。

　　(三)學員選課規定：學員可依工作相關度至少選擇一組為個人必修組，也開放同仁可再按個人興趣自由參加其他讀書小組，若小組名額超過限制者，則執行祕書將協助轉調其他小組。

　　至於菁英讀書會召集時間以二個月為一期，每月定期召開一次，一次二小時，召開時間原則依指導教授，可配合中午休息時間（12：00～14：00）或晚上下班時間（18：30～20：30）。

讀書會組織規劃

```
          ┌─────────┐
          │  召集人  │
          │  ○○○  │
          └─────────┘
              │
          ┌─────────┐
          │ 副召集人 │            ┌──────────┐
          │  ○○○  │            │          │
          └─────────┘            │   執行祕書 │
                                 └──────────┘
```

附註：下列教授名單為暫定規劃名單，呈核後將再進行邀約。

傳播媒體 知識組	財務金融 知識組	行銷策略 知識組	經營策略與一 般管理知識組	資訊管理 知識組
指導教授	指導教授	指導教授	指導教授	指導教授
組員	組員	組員	組員	組員
①節目總部 ②新聞總部 ③數位總部 ④海外總部	①財務部 ②稽核室 ③經管室財務 　人員	①業行總部 ②商品總部	①總管理室 ②管理部 ③經營企劃處 ④各相關事業 　總部	①資訊管理處 ②網路新聞部 ③工程部

讀書會成員工作職掌

成員	工作職掌
1.指導教授	①閱讀書目的擬定 ②讀書會導讀指引 ③心得報告的評鑑 ④建議方案之評估 ⑤成果發表之指導
2.組員	①心得報告之撰寫 ②建議方案之提出 ③向總裁作專案提報
3.執行祕書	①負責課程時間、地點安排及指導教授聯繫 ②讀書會的召集及通知 ③軟硬體設備準備 ④出席率紀錄

Unit **4-17**
企業內部讀書會企劃案 Part II

前文介紹企業為何成立讀書會的目的、讀書會組織規劃架構，以及成員與時間的安排，本單元將更進一步說明讀書會的進行方式及效果評估與預期效益。

四.讀書會進行方式

指導教授必須於每期讀書會召開前三星期，將指定書籍併討論提綱交予執行祕書進行書籍採購或影印，以便交各組成員先行閱讀及撰寫「個人心得報告」。

為使指導教授了解組員閱讀及理解程度，俾利讀書會進行導讀並做問題回饋，組員應於讀書會前三天將「個人心得報告」交執行祕書彙整後，呈指導教授先行審閱。

指導教授於第一個月之讀書會上先行導讀，隨後由學員針對指導教授列出之討論提綱進行意見發表或心得交換，會中並討論可內化於公司運作之「建議方案」，包含工作改善、工作提案、工作創新、策略性建言、其他商機等見樹又見林且對集團發展有立竿見影效益之建議方案。

指導教授應確實掌控每次讀書會進行時間，除整理歸納會中組員意見外，也要針對所有組員所提出之心得報告及建議方案給予回饋指導。另第一個月讀書會也要遴選表現優異及表達力佳之組員於次月「卓越團隊推動委員會」向總裁面報學習成果。

每期讀書會之第二個月學習方針著重於學習成效及成果的呈現研討，藉由組員資料彙整及簡報進行學習心得及成效分享，並由指導教授及組員們共同給予簡報指導。

卓越團隊訓練發展組將於「卓越團隊推動委員會」中，每月一次安排讀書會學員成果發表。

五.學習成果評核及獎勵辦法

學習成果之評核方式有二：一是各組組員均應撰寫閱讀之「個人心得報告」及可內化於公司運作之「建議方案」，由教授評核；二是於每期第二個月之「卓越團隊推動委員會」中進行學習成果發表。（時間由指導教授及訓練發展組同仁協調安排）

至於獎勵辦法，則是每期由指導教授依學員所提「個人心得報告暨建議方案」進行評核，並遴選特優及優等人員各一名，分別給予1,500元及1,000元之獎勵。另針對各組簡報彙整提報人員頒發1,000元的獎勵金以資鼓勵。

六.讀書會預期效益

(一)有形效益：形成良性的教導與學習循環組織、新訊息的掌握判斷及運用的提升、透過腦力激盪內化公司策略方案，以及讓學員藉由溝通、分享及演練，觀察及學習他人長處。

(二)無形效益：提高同仁素質、培育未來幹部人才，以及塑造良好企業文化。

圖解人力資源管理

實例——卓越團隊讀書會成立過程

實例——卓越團隊讀書會
成立過程

1. 成立目的
2. 讀書會組織規劃
3. 讀書會成員工作職掌
4. 讀書會小組設立
5. 讀書會成員規劃
6. 讀書會召集時間
7. 讀書會進行方式
8. 學習成果評核
9. 獎勵辦法
10. 讀書會預期效益

讀書會預算編列

費用項目	費用估算	小計	說明
書籍費用	350元×30人×5組×4期	210,000	預估自2024年5月分起開始運作，費用推估原則為每二個月為一期，每月固定召開一次，故至年底共計八個月，分計四期。
指導教授津貼	6,000元×2H×5組×8個月	480,000	
學員獎金	3,500元×5組×4期	70,000	
餐點費用	100元×30人×5組×8個月	120,000	
合計		880,000	

知識補充站

邁向教導型組織

企業藉由卓越團隊讀書會成立，學員可依其工作領域或專修傳播媒體知識、財務金融、行銷策略、經營策略及資訊技術等相關知識，透過各指導教授的精闢導讀及新知的傳承引導，加上學員的腦力激盪及心得分享，如此除可提升學員的本職學能及工作能力外，同時並可在同儕間形成一股良性的教導與學習循環，進而將無形知識內化為公司切實可行之行動方案，使企業朝向教導型組織邁進。

Unit **4-18**
企業內部師徒制方案

　　某公司為有效推行留才與育才師徒輔導機制，使新人快速熟悉企業文化與上線工作，並培育輔導師為未來種子團隊，特規劃以下實施方案，茲摘錄與讀者分享。

圖解人力資源管理

一.為輔導師資格把關

　　(一)輔導師的選派條件：依據「師徒輔導制度實施運作程序書」對於輔導師的選派條件為兩項：1.輔導師應具使命感、有耐心、愛心、表達溝通佳及正面思考者，以及2.輔導師必須於該單位任職至少六個月，且過去六個月考績皆在甲等以上者。

　　(二)人資單位自七月起，每梯新人報到當週，即開始嚴格把關各單位輔導師人選：即人事單位依據輔導師選派的第二項（年資及考績）條件，每月篩選符合的名單予人資單位，再由人資單位根據新進人員未來的職務，指派適任的輔導師人選予各用人單位主管核定，如任用單位主管覺得不適合而另推人選時，則將請其詳述說明理由。

　　(三)資格審核：2024年3～6月「師徒輔導名冊」除電行部外，共計267對，線上輔導師計有176位，每位輔導師約帶領1至4人。其資格審核如右圖，並說明如下：

　　1.線上輔導師年資不符合16位中，有9位是軍中卸職第二期人員，均負起輔導軍中卸職第三期新進人員，其他7位大多是單位內，平均年資尚淺，故經主管考量後所決定的人選。此部分人資單位將持續觀察，此輔導配對運作的成效。

　　2.線上輔導師年資符合，但考核為乙等的11人，任用單位主管係考量當前業務運作狀況，先遴選具有使命感、有耐心、愛心、表達溝通佳及正面思考者來擔任。此部分人資單位亦將持續觀察，此輔導配對運作的成效。

　　(四)製作師徒輔導名冊：各單位於指派輔導師後，人資單位即於新人報到一週內彙整完成「師徒輔導名冊」，以供後續進行輔導成效追蹤。至此，師徒制運作已成功一半。當新進人員到職滿2.5個月當週，人資單位將要求新進人員填寫「新人評量輔導師表」與「新人自我評量表」，除自我學習評量外，亦評量其輔導師的適任性，以作為此輔導師是否可繼續或帶領更多新人的評鑑依據，以精實輔導師種子團隊。

二.新進人員表現的追蹤

　　在為期一週的新人訓練後，人資單位將針對新進人員受輔導的過程，進行品質追蹤。其作法為人資單位依據新進人員到職滿2.5個月當週，所填寫的「新人自我評量表」來了解其學習狀況。試用考核通過後，仍持續記錄觀察每月考核績效，並以此作為其輔導師是否於試用期後，仍持續給予良好輔導的依據指標。

三.優秀輔導師的審議

　　人資單位負責簽報符合「輔導師獎勵金」及「最佳輔導師獎」之輔導師名單，以表揚輔導師的優秀表現。獎勵方式建議採用集團各通路皆適用之本公司禮券。

實例——為輔導師資格把關

1.輔導師選派條件：

根據輔導師第二項選派條件之年資及考績條件，目前符合者，除電行部外，共有880人。

2.人資單位嚴格把關各單位輔導師人選：

人資單位自7月起，每梯新人報到當週，即開始嚴格把關各單位輔導師人選。

3.輔導師資格審核：

2024年3~6月「師徒輔導名冊」除電行部外，共計267對，線上輔導師計有176位，每位輔導師約帶領1至4人。資格審核如下：

輔導師資格	符合	不符合	合計
年資條件	160人 / 91%	16人 / 9%	條件
考績條件	甲等以上	乙等	【備註】年資條件設定截算至2024.12.01（含）以前到職者。
	149人 / 93%	11人 / 7%	

4.製作「師徒輔導名冊」+新人評量輔導師表+新人自我評量表：

①人資單位應於新人報到一週內彙整完成「師徒輔導名冊」，以供後續進行輔導成效追蹤。

②當新進人員到職滿2.5個月的當週，人資單位將要求新進人員填寫「新人評量輔導師表」與「新人自我評量表」二表，除自我學習評量外，亦評量其輔導師的適任性，以作為此輔導師是否可繼續或帶領更多新人的評鑑依據，以精實輔導師種子團隊。

優秀輔導師的表揚

1.輔導師獎勵金：

針對輔導師所輔導之新人於公司任職期滿十二個月且平均月考核成績為甲等（含）以上，特獎勵輔導師其輔導及留任有功，所給予的獎勵。

人資單位於新人任滿一年之次月上簽表揚輔導師之輔導成果，並提撥禮券○○萬元，以茲獎勵。

2.最佳輔導師獎：

每年十二月針對輔導師之表現進行評比，選出前20名具優異表現之輔導師接受公司表揚，並提撥禮券每人○○萬元，以茲獎勵。

【說明】評比成績=留任率成績+月考評成績+師徒制成績

◆留任率成績=受輔導新進同仁年資滿半年人數 / 輔導過新進同仁總人數×1/3

◆月考評成績=受輔導新人每月月考評成績平均×1/3

◆師徒制成績=師徒制互評表（徒評師）總分×1/3

Unit **4-19**
教育訓練主題決定與成果檢測

　　企業如果要真正落實經營理念，讓顧客確實感受到企業所提供的產品及服務與企業所標榜的形象是一致的，就要將其內化到員工的知識與技能。其實這也是所謂的「內部行銷」，也就是公司內部的教育訓練。然而每個行業都有其獨特之處，企業內的每個單位專職也不同，那麼該如何對員工進行教育訓練？基本上，先行確定教育訓練的主題，並輔以成果的檢測，相信藉此可不斷精進教育訓練的品質與效果。

一.教育訓練主題決定的過程

　　對員工教育訓練主題的決定過程，大致可以區分以下幾個步驟，包括內外部環境情報的蒐集，然後進行分析、評估，確定它的優先順位，再由高階主管核定，成為各部門的研修主題。而在分析內外部環境情報方面，必須關注到：

　　(一)外部環境情報方面：包括經濟動向、業界動向，以及顧客動向等變化。

　　(二)內部環境情報方面：包括事業計畫的相關聯性、人事與組織的相關聯性，以及教育與研修的相關聯性。

二.對教育訓練成果的檢測

　　員工接受各種教育訓練之後，到底真的學習到哪些東西，對工作又帶來哪些助益，這些都必須進一步加以追蹤考核，才算是一個完整的教育訓練循環過程。我們可以就講師及公司員工兩個面向，來分析執行教育訓練得到哪些成果的評價：

　　(一)對講師方面：上完課，即請學員填寫對講師授課滿意度的即刻調查。

　　(二)對公司員工方面：包括進行下列檢測方式來得知教育訓練成果：1.若干課程，應考試測定；2.若干課程，應繳交上課時數、個人學習心得報告；3.若干課程，應組成小組，再共同討論後，做出學習心得，以及4.應成立員工個人的學習護照，納入員工個人年中與年終的考績內。

小博士解說

職前訓練

職前訓練（Job Preview）和在職訓練不同。職前訓練是在新進人員導引訓練後，還沒開始工作之前，所安排的訓練課程，因為新進員工不見得一進公司都能馬上上線工作，有時直接上線的結果不僅容易造成員工的壓力，更會影響工作的品質。有些公司還會派給新人一個「師父」（Mentor），來教導他工作上的相關事項，透過這種「師徒制」的方式進行職前訓練，新進人員就能有一個良好的適應期。

教育訓練主題決定的過程

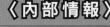
〈外部情報〉

①經濟動向
②業界動向
③顧客動向

〈內部情報〉

①事業計畫關聯	②人事與組織關聯	③教育與研修關聯
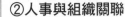		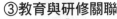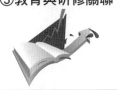

↓

情報蒐集

分析與優先順位（緊急性、重要性及戰略性）

 高階核定

研修主題決定

對教育訓練成果的測定

1.對講師	對講師做授課滿意度的即刻調查（上完課即填寫）。

2.對公司員工	①若干課程，應考試測定。
	②若干課程，應繳交上課時數、個人學習心得報告。
	③若干課程，應組成小組，再共同討論後，做出學習心得。
	④應成立員工個人的學習護照，納入員工個人年中與年終的考績內。

Unit 4-20
為公司創造價值，才是有效的教育訓練

一.重點不是有辦教育訓練，而是具體成效如何

想提升教育訓練成效，不希望人資部門只把心思放在訓練的行政事務上，CEO就應該進一步要求人資部門或訓練單位以更恰當的方式展現績效。

目前最廣為人知的教育訓練評估指標，是已故美國威斯康辛大學（Wisconsin University）教授唐納德·柯克派區克（Donald L. Kirkpatrick）提出的「柯氏四級培訓評估模式」（Kirkpatrick Model），人資部門若要展現教育訓練的價值，就應該設法蒐集相關指標，證明訓練的成效（參考右頁表）。

人資可以透過設定衡量指標來判斷訓練成果，如顧客滿意度、產品良率、員工離職率等。舉例來說，教育訓練的內容是教導員工妥善處理客訴，那麼「顧客滿意度」就可以作為檢視訓練成果的評量基準，假設培訓結束之後，公司整體的顧客滿意度有所提升，就可以推論訓練對企業產生了貢獻。

二.蒐集多元、完整指標，精準展現培訓價值

在柯氏四級培訓評估模式中，四個指標是「層級」（Level）概念，彼此呈正相關。換句話說，柯克派區克認為，只要參訓員工對課程滿意，學習狀況就會跟著變好，更可能將所學應用到職務上，為公司帶來貢獻。

不過，目前學術研究獲得的結論，卻沒有那麼樂觀。Traci Sitzmann等人在2008年的研究中，彙整了多達136篇研究報告，發現「滿意度」與「學習評估」兩者之間，僅存在「低度相關」（相關係數為0.08～0.12）。即我們不太可能從滿意度的高低，推估出員工是否真的學到東西。因此，在企業經營實務上，會建議人資部門蒐集多元且完整的衡量指標，以準確展現教育訓練的績效與價值。

根據美國人才發展協會（Association for Talent Development, ATD）在2005年和2010年所做調查，有愈來愈多美國企業著手評估柯氏模式的四個指標：蒐集難度較高的「行為評估」，比例從23%提升到55%；「學習評估」則從54%提升到81%，代表美國實務界已開始多元蒐集指標，以證實教育訓練的價值。

三.運用前後測、對照組，證明培訓確實帶來貢獻

值得提出討論：柯氏指標幾乎都是員工受完訓練之後才蒐集，當資料顯示顧客滿意度、客訴率等指標有所改善，就可將這些成效完全歸功於教育訓練嗎？是否有可能員工受訓期間，因看了一本書或一部電影有所啟發而行為改變？要做出員工「因為受了教育訓練，所以產生行為改變」這樣的因果推論，必須使用科學方法，最基本、簡單的作法就是「增加前測」。人資部門可以在訓練前，先對員工進行測驗（前測），只要訓練後的測驗分數高於前測，即可看出學員在知識技能與行為上有所改變。

（資料來源：蔡維奇、林廷安；《經理人月刊》，2017年2月號，頁110-111）

最知名的培訓評估指標：柯氏模式

「柯氏四級培訓評估模式」（Kirkpatrick Model）是由美國學者唐納德·柯克派區克（Donald L. Kirkpatrick）所提出，透過以下4個指標，評估教育訓練的成效。

1.滿意度評估（Reaction）：

調查參訓員工對課程的滿意度。這是成本最低、最容易蒐集的指標，透過發放問卷，即可獲得成果。

2.學習評估（Learning）：

滿意度並無法證明學習成果，畢竟教育訓練的最終目的是希望參與者能學習到新的知識技能。

如果課程是以知識學習為主，人資可採用筆試，檢驗受訓者對知識的掌握程度；如果課程關乎技能或行為改變，則可以透過「實際操作」或「角色扮演」來觀察。

3.行為評估（Behavior）：

員工回到工作崗位、面對客人或執行任務時，所學能不能實際派上用場，更能驗證教育訓練的成果。

要評估員工在接受訓練後，行為有沒有改變，可以透過「神祕客」或主管觀察的方式，判斷員工在服務現場有沒有學以致用。

4.成果評估（Result）：

員工的學習是否真的為公司帶來具體的貢獻，這也是CEO最重視的指標。

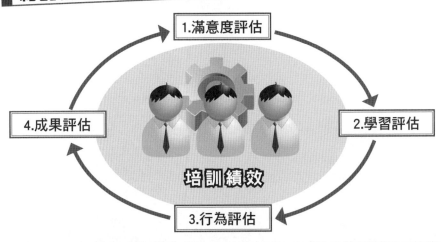

柯氏模式：培訓評估指標

1.滿意度評估
2.學習評估
3.行為評估
4.成果評估
培訓績效

第 **5** 章

工作分析與工作評價

● 章節體系架構 ▼

Unit **5-1**
工作分析的意義與用途

　　在人力資源管理領域，工作分析是一項最基礎的工作，工作分析做不好或不踏實，必定影響人力資源管理工具或方法的品質。但什麼是工作分析？要分析什麼？有哪些方法？要分析的對象又應該是誰？以下我們要來探討之。

一.工作分析的意義

　　工作分析之意義（Job Analysis），就是對某項工作，就其有關內容與責任之資料，進行縝密的研究、蒐集、分析與規範之程序。因此，工作分析意指：1.勝任某項工作之組織成員，所應具備之條件、資格，應予明確訂出；2.每一項工作的執行細節，均應明確陳述與規範，以及3.每一項工作應該尋求完整性與正確性之目的。

　　一般來說，工作分析應該獲得與提出的資料，可從四個角度來看：1.員工在做何事；2.員工如何做；3.為何要做，以及4.做好它，需要何種技術與經驗。前三項在說明工作性質，屬於「工作說明書」的範圍；而第四項則屬於「工作規範」主體。

二.工作分析的產物與用途

　　組織或機構進行工作分析之後，其主要的結果產物有兩項：一是編撰各項工作任務之「工作說明書」（Job Description）；二是編撰各項工作任務之「工作規範」（Job Specification）。在人力資源管理上，可有下列用途：

　　(一)人員網羅與任用標準明確化：透過工作規範詳實的說明，可對任何一項工作人員的任用條件及標準，有明確基礎可遵循，減少出現用人不當的情況。

　　(二)作為訓練教育的基礎：根據工作說明書與工作規範，可以很清楚了解每一個組成成員在哪一個工作職位上，需要哪些有效與適當的訓練教育與進修計畫，以期培養出更多、更好的人才。

　　(三)有利工作評價之進行：工作說明書與工作規範係為工作價值評斷的主要依據之一，故亦有利於「工作評價」（Job Evaluation）事務之推展，從而也成為員工核薪之參考數據。

　　(四)有利考績工作的執行：工作說明書內容，除陳述工作執行的步驟與標準，也指出員工的工作目標。此目標係為績效考核之主要根據。

　　(五)新進員工的工作指導：工作說明書的建立，可提供組織中的新進人員，對公司組織編制、所負擔工作職掌、權責、執行與目標有所認識。

　　(六)工作簡化研究：透過工作分析的過程，可以對重複性、浪費性、不必要性的工作，加以刪除及簡化，以達工作流程順暢及精簡目的。

　　(七)升遷、調職之途徑：透過工作分析及其書面資料，可供員工了解個人未來的升遷、調職之途徑與方向。

工作分析之意義

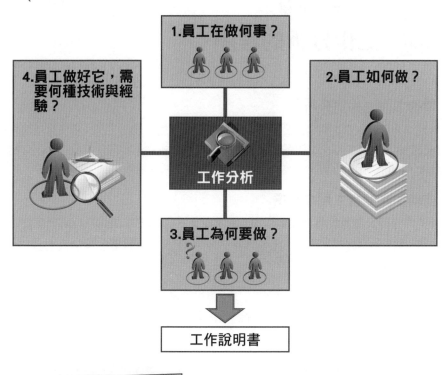

1.員工在做何事？

2.員工如何做？

4.員工做好它，需要何種技術與經驗？

工作分析

3.員工為何要做？

工作說明書

工作分析7大用途

工作分析有哪些用途？

1. 人員網羅與任用標準明確化

2. 作為訓練教育的基礎

3. 有利工作評價之進行

4. 有利考績工作的執行

5. 對新進員工的工作指導

6. 工作簡化的研究基礎

7. 員工升遷、調職之途徑

Unit **5-2**
工作分析的程序

工作分析的程序，大致上可透過下列五項程序來執行，即能做一完整的報告。

一.準備工作之先前分析

在尚未與各工作之現場或幕僚人員進行面對面接觸之前，工作分析人員應該先行在辦公室內研讀該工作之有限的書面資料，並且稍作主觀的結構分析概念。俟有初步理解後，再到執行單位訪談、觀察，以免被人誤會不清楚狀況。

二.安排工作分析之配合事項

工作分析人員應於事前和現場工作人員聯繫，請其安排工作分析所須配合之事項，包括現場人員、現場操作、小組會議、現場服務，以及現場環境等。

三.要求提供工作上之資料

工作分析人員應於事前要求現場工作人員提供現有組織編制、工作產銷資料、統計報表、技術手冊、製造流程、服務流程，以及工作程序等。

四.實地進行工作分析

(一)觀察（Observation）：指工作分析人員到現場實地查看員工的操作、銷售或服務等情況。觀察的要領，必須掌握員工在做什麼、員工如何做、員工為何要做、員工做的技能好不好、何時做？以及要做多久等情況。在觀察中，對於可以改進、簡化的工作事項，應予以記錄並帶回深入研究。觀察法大多應用於了解工作條件、工作危險性，以及所使用的工具、設備、機器等。

(二)撰寫調查表（Questionaire）：由工作分析人員研擬幾項要點，要求現場工作人員依據本身過去工作經驗撰寫，例如：所操作工具設備之使用、工作上所需要之知識與經驗、工作上所面臨的困難、需要別單位配合的事項、人員調派、操作的動作與程序，以及時間要求。由於此法必須書寫文字，故對現場作業員不太適合。

(三)面談（Interview）：面談可獲得觀察所不能得到之資料，亦對所獲得之資料加以印證，尚屬不錯。面談形式又可分為個人面談、集體面談，以及管理主管人員、店長、廠長等三種。綜合來看，應該混合此三種方式，才能對工作分析真正透徹與了解。

(四)工作日誌：可要求人員將每天所做事情記錄在工作日誌上，藉以參考了解。

五.資料分析與編寫

工作分析人員在獲取工作分析之實證、觀察、面談與書面有限資料後，最後的工作，就是必須將這些資料進行分析、彙整、改善，然後形成文字式、表列式的制式規範，並撰寫工作分析總結報告，呈事業部主管或最高管理階層參考。

工作分析5程序

1.準備工作之先前分析

①工作分析人員應該先行在辦公室內研讀該工作有限的書面資料，並稍作主觀結構的分析。
②初步理解後，再到執行單位訪談、觀察，以免被人誤會不清楚狀況。

2.安排工作分析之配合事項

①工作分析人員應於事前和現場工作人員聯繫，請其安排工作分析所須配合事項。
②包括現場人員、現場操作、小組會議、現場服務，以及現場環境等。

3.要求提供工作上之資料

①應於事前要求現場工作人員提供資料。
②包括現有組織編制、工作產銷資料、統計報表、技術手冊、製造流程、服務流程，以及工作程序等。

4.實地進行工作分析

①觀察：
員工在做什麼？
員工為何要做？
員工做的技能好不好？
何時做？
要做多久？

②撰寫調查表：
所操作的工具設備之使用
工作上所需要之知識與經驗
工作上所面臨的困難
需要別單位配合的事項
人員的調派
操作的動作與程序
時間的要求

③面談方式：
面談
集體面談
管理主管人員、
店長、廠長

④工作日誌：
要求人員將每天
所做事情記錄在
工作日誌上，再
藉以參考了解。

5.資料分析與編寫

①將資料進行分析、彙整、改善，然後形成文字式、表列式的制式規範。
②撰寫工作分析總結報告，呈事業部主管或最高管理階層參考。

Unit **5-3**
工作分析的內容及項目 Part I

　　不同行業與不同業務單位會有不同的工作分析內容及項目，以下僅就製造業應進行的工作分析項目說明之。由於本主題內容豐富，特分兩單元介紹。

一.工作分析的內容

　　(一)對工作內容及單位需求的分析：對工作內容的分析是指對產品（或服務）實現全過程及重要的輔助過程的分析，包括工作步驟、工作流程、工作規則、工作環境、工作設備、輔助手段等相關內容的分析。

　　(二)對單位、部門和組織結構的分析：由於工作的複雜性、多樣性和勞動分工，使單位、部門和組織結構成為必然。不同行業和不同業務都影響著單位、部門和組織結構的設置，對單位、部門和組織結構的分析，包括對單位名稱、單位內容、部門名稱、部門職能、工作量及相互關係等內容進行分析。

　　(三)對工作主體員工的分析：對工作主體員工的分析，包括對員工年齡、性別、愛好、經驗、知識和技能等各方面的分析，透過分析有助於把握和了解員工的知識結構、興趣愛好和職業傾向等內容。在此基礎上，企業可以根據員工特點，將其安排到最適合他的工作單位上，達到人盡其才的目的。

二.工作分析的項目

　　工作分析所牽涉之項目，須視不同的工作而有所不同，以製造業為例，大致包括以下十五個項目：

　　(一)工作名稱：工作名稱必須明確，不可讓人混淆。例如：以「技師」而言，必須加以細分為何種性質、何種等級之技師。以「管理師」而言，也是如此，因為管理師可區分為財務管理師、人事管理師、行銷管理師、企劃管理師等不同工作名稱及不同高低等級。

　　(二)僱用人員數目：一項工作所僱用人員的數量及性別，應加以記錄，以了解工作的負荷量及人力配置。

　　(三)組織表位置：該項工作係在整個公司或整個廠的哪一個組織位置，例如：歸屬哪一個部門、哪一個廠、哪一個課、哪一個組別。另外，該組織表位置與其他縱向、橫向單位之權責關係又為何，均須予明確化。

　　(四)職責：係指這項工作的職掌與責任為何，其表現在：1.對原物料、零件之職責；2.對成品之職責；3.對機械設備之職責；4.對工作程序之職責；5.對其他人員之工作職責；6.對其他人員合作之職責，以及7.對其他人員安全之職責。

　　(五)工作知識：係為有效完成此項工作任務，其所應具備之應有的或可加以訓練養成的工作知識與技能。

工作分析3大內容

1.對工作內容及單位需求的分析：

①指對產品（或服務）實現全過程及重要的輔助過程的分析。
②包括工作步驟、工作流程、工作規則、工作環境、工作設備、輔助手段等相關內容的分析。

2.對單位、部門和組織結構的分析：

①由於工作的複雜性、多樣性和勞動分工，使單位、部門和組織結構成為必然。
②包括對單位名稱、單位內容、部門名稱、部門職能、工作量及相互關係等內容進行分析。

3.對工作主體員工的分析：

①對工作主體員工的分析。
②包括對員工年齡、性別、愛好、經驗、知識和技能等各方面的分析。
③通過分析有助於把握和了解員工的知識結構、興趣愛好和職業傾向等內容。

135

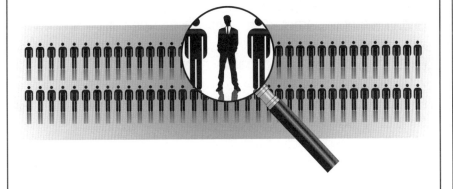

知識補充站

工作分析沒有單一的方法

工作分析需要耗費組織極大的人力、物力與時間成本，因此擬進行工作分析前，必須先確認工作分析的目的為何？基於不同的目標加上組織特性的差異，會採用不同的工作分析方法。自泰勒的科學管理以降，工作分析的技術種類極多，綜觀而言，不外乎觀察法、面談法、問卷法、實驗法和文件法，其中沒有所謂最佳的方法，組織應視工作分析的原始目的和需要，選擇或合併使用這些方法。

Unit **5-4**
工作分析的內容及項目 Part II

前文介紹了三種工作分析內容及列示以製造業為例的十五種工作分析項目的五種，再來我們繼續介紹其他十種工作分析項目以及相關事宜。

二.工作分析的項目（續）

(六)智慧運用需求：係指在執行過程中，所須運用到的智慧，包括判斷、決策、警覺、主動、積極、反應、適應等。

(七)執行工作之步驟：係在完成一項工作之所有過程與步驟，均應明確及有次序地加以記錄分析，使整個工作在完成的目標下，可資指導及遵行。

(八)經歷：從事此項工作，是否需要有先前的經歷，其程度為何。

(九)機械設備工具：在從事工作時，所須用到何種機械、設備、工具，其名稱、性能、用途，均須記錄。

(十)熟練及精確度：每一項工作對員工的作業技術熟練度及精確度有所不同，某些工作必須100%精確，否則就是不良品。

(十一)體力需求：有些工作必須站立、彎腰、半蹲、跪下、旋轉、搬動、視力、聽力、推進、提高等消耗體力的需求，亦應加以記錄並具體說明。

(十二)工作環境：包括室內、室外、濕度、寬窄、溫度、油漬、噪音、灰塵、光度、突變、震動等條件，均應說明之。

(十三)工作時間與輪班：該項工作時間、工作天數、輪班次數、長度等，均應說明。

(十四)工作人員特性：係指執行工作的主要能力，包括力量、靈巧程度、感覺辨識能力、記憶、計算與表達能力。

(十五)選任方法：此項工作，應以何種選任方法，亦應加以列示說明。

三.工作分析的時機

企業若要進行工作分析，應在什麼情況下，才顯得合理和必要呢？一般來說，當企業出現以下情況時，就表明非常需要進行工作分析：1.缺乏明確、完善的書面職位說明，員工對職位的職責和要求不清楚；2.雖然有書面的職位說明，但工作說明書所描述的員工從事某項工作的具體內容和完成該工作所需具備的各項知識、技能和能力與實際情況不符，很難遵照它去執行；3.經常出現推諉、職責不清或決策困難的現象；4.當需要招聘某個職位上的新員工時，發現很難確定用人的標準；5.當需要對在職人員進行培訓時，發現很難確定培訓的需求；6.當需要建立新的薪酬體系時，無法對各個職位的價值進行評估；7.當需要對員工的績效進行考核時，發現沒有根據職位確定考核的標準，以及8.新技術的出現，導致工作流程的變革和調整。

製造業15種工作分析項目

1.工作名稱	2.僱用人員數目	3.組織表位置
4.職責	5.工作知識	6.智慧運用需求
7.執行工作之步驟	8.經歷（歷練）	9.機械設備工具
10.熟練及精確度	11.體力需求	12.工作環境
13.工作時間及輪班需求	14.工作人員特性	15.選任方法

製造業工作分析項目內容

工作分析8大時機

企業何時要進行工作分析？

1. 缺乏明確、完善的書面職位說明，員工對職位的職責和要求不清楚時。
2. 雖有書面職位說明，但工作說明書所描述工作具體內容和完成該工作所需具備的各項知識、技能和能力與實際情況不符，很難遵照執行時。
3. 經常出現推諉、職責不清或決策困難的現象時。
4. 當需要招聘某個職位上的新員工時，發現很難確定用人的標準時。
5. 當需要對在職人員進行培訓時，發現很難確定培訓需求時。
6. 當需要建立新的薪酬體系，無法對各個職位的價值進行評估時。
7. 當需要對員工的績效進行考核時，發現沒有根據職位確定考核的標準時。
8. 新技術的出現，導致工作流程的變革和調整時。

Unit 5-5
工作說明書

前面單元提到很多次「工作說明書」，就字面來看，我們會以為是針對一種或多種工作應如何開始、進行到完成的各種工作細節的說明書，但真是這樣嗎？

一.意義及內容

工作說明書（Job Description）是工作分析演變出來的一個結果，它記載著工作人員做什麼、如何做、為什麼做。而這些資料又用來研擬出工作規範，其中列明工作必備的知識、能力和技巧。工作說明書，基本上乃是說明性質的書面文件。其內容可分為以下類別：

(一)工作識別：包括工作頭銜、工作說明書日期、工作範圍、工作單位別，以及工作等級。

(二)工作內容程序摘要：對各工作程序要項進行細節與重點說明。

(三)職責與任務：本段內容須記述工作者之職掌、責任與任務。

(四)工作狀況和實際環境：本段應列出任何特殊的工作狀況，例如：噪音程序、危險狀況、熱度等。

基本上，根據不同的使用目的，工作說明書會有不同精細度的強調。

二.撰寫指南

下列各點為研擬工作說明書之指南：1.文字敘述應力求簡要、清晰、明確；2.工作相關之項目，應全部包括進去，勿遺漏；3.工作說明書必須充分顯示出每個工作的不同處；4.工作說明書的內容應與其工作的目標與任務相一致；5.應標明編寫日期；6.應包括編寫人、核准人、核准日期，以及7.驗證可行與否。

當新進員工閱讀完工作說明書後，應詢問他是否看懂。回答是的話，意味著工作說明書已明確到猶如有人現場教學的可資遵行；反之，即代表還有修正的空間。

小博士解說

確認職責職掌的依據

經由工作分析的結果，會出現兩大產物：工作說明與工作規範。工作說明主要在描述工作任務、績效指標與工作關係；工作規範則是訂定工作人員的職能條件。許多企業會將工作說明與工作規範書面化後，合併在工作說明書中，作為勞動契約與僱用條件的依據，確認職責職掌，使各級工作人員權責分明，以便實施分層負責的制度，不會產生越權諉過的現象。

工作說明書表格實例

部門名稱		直屬主管部門名稱	
職務名稱		直屬主管職務名稱	

職掌摘要

主要工作項目

工作項目	工作成果／具體產出

符合資格

教育程度		
工作經驗		
語文能力		
技能訓練		
相關證照		
其他條件限制		

Unit 5-6
工作評價的意義及目的

　　員工被任用一段期間後，企業必須開始對其工作表現進行評估。對企業來說，評核員工工作表現是否符合標準，才能知道他對公司的貢獻何在，做得好有嘉獎，做不好也讓他有所警惕。可是學理上對企業進行員工的工作評估又是怎麼說？

一.工作評價的意義

　　學者費蘭契對工作評價（Job Evaluation）的定義是：「工作評價是一項程序，用以確定組織中各種工作間的相對價值，以使各種工作因其價值的不同，而給付不同的薪資。」簡單的說，工作評價就是針對組織內每一種職務及職位，進行對組織價值有多少的評估過程，對組織價值高的工作，自應受到更多的重視與更多資源的分配權。反之，則分配較少的資源，並且所付的薪資成本可以拉低。故工作評價，對組織整體的評核、薪資決定、資源分配等而言，是極其重要的。

二.工作評價的發展歷史

　　在1924年路特首先建立真正的「評分法」，作為現代工作評價的基礎。1926年彭琪又為費城捷運公司發展出「因素比較法」，使工作評價更為完備。第二次大戰期間，因為工作評價對工資的管理與安定有很大的影響，因此工作評價就更為人所注意。至此，美國企業界都一致認為，工作評價是一種較合理的核定薪資的方式。

三.工作評價的目的

　　工作評價對企業組織而言，具有多重作用及目的，現分述如下：1.決定工作的相對價值；2.再依價值判斷，發給不等的薪資；3.建立薪資核決的標準化與制度化，以避免薪資的紛爭；4.對員工建立各不同層次、不同領域、不同專長之工作價值，使其心悅誠服，減少不滿；5.具有鼓勵員工往更高、更具重要性的高評價職務努力邁進，以獲取更多薪資，以及6.提供人事單位完整的資料，有助於對人員的僱用及調派。

140

小博士解說

職位評等的利器——GGS系統

工作評價的對象是職務或職位，不是個人，重點在同工同酬的概念。以美商惠悅顧問公司Watson Wyatt的GGS（Global Grading System, GGS）系統為例，其採用的評價因子包括：專業知識的廣度與深度、組織營運知識的廣度與深度、工作問題解決的複雜度、領導職責的大小、績效對營運影響的範圍，以及人際技巧運用的困難度。

工作評價意義

誰的工作比較重要？

A員工	B員工	C員工	D員工	E員工
A部門	B部門	C部門	D部門	E部門

工作評價6目的

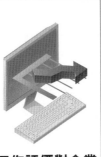

工作評價對企業有何作用？

1. 決定工作的相對價值。

2. 再依價值判斷，發給不等的薪資。

3. 建立薪資核決的標準化與制度化，以避免薪資的紛爭。

4. 對員工建立各不同層次、不同領域、不同專長之工作價值，以減少不滿。

5. 鼓勵員工往更高價值的部門及工作努力，獲取高薪。

6. 提供人事單位完整的資料，有助於對人員的僱用及調派。

Unit 5-7
工作評價的四種方法 Part I

工作評價是現代人力資源管理中的一項關鍵技術，旨在透過對企業內各職位相對價值的評價，為確定各職位薪酬水準提供依據。

工作評價方法主要有四種，每種各有其獨特之處，端賴使用者如何考量運用。由於本主題內容豐富，特分兩單元介紹。

一.評分法

評分法（Point Method）是目前使用最為廣泛的一種評價方法。此法係確認一些可報償的因素，每一個因素再分成若干種程度（重要性），同時必須了解及決定工作的每一個因素之程度，而每一個因素的每一種程度都分配有不同的評分分數。因此，一旦決定工作的因素程度，只需要每一個因素加上評分，即可得到工作的全部評分值。其進行步驟如下：

(一)決定要評價的工作分類：須先將工作分類，例如：文書工作、業務工作、採購工作、會計工作等。

(二)蒐集工作資料：包括工作分析、工作說明書以及工作規範。

(三)選擇可報償的因素：針對每一類工作，選定適當的可報償因素。

(四)定義可報償的因素：詳細說明每一個可報償因素的意義。

(五)決定因素不同程度的意義：例如：對「工作複雜性」此項因素，可以有四種程度的選擇，其範圍從「工作重複」到「需要創新」等。

(六)決定因素的相對價值：每一個類別的工作，其因素的價值自有所不同，而每一個不同因素，也有不同價值。決定因素的相對價值有兩種方式：第一種較為簡單，直接就決定其不同百分比，例如：決策能力因素占40%，領導能力因素占20%，工作效率因素占20%，知識因素占10%，協調因素占10%；另一種方法，則是先決定某一種最重要因素為100%，然後再反求計算各因素占多少比率百分比。

(七)因素不同程度的評分：例如：以決策能力來看，可區分為四個不同程度等級，最好級為40%，次好級為35%，再次好級為30%，最後一級為25%。

(八)評價工作：依照工作說明書及工作規範，決定每一個因素的評分，再決定每一個因素的程序，然後將這些因素的分數累加起來，即可得到此一工作的總分價值。

(九)評價與薪資：確定評價分數與薪資的關係。

二.因素比較法

因素比較法（Factor Comparison System）是將考績中的人與人比較法，應用於工作評價中。該法是按照一定因素，分別用排列法，將各工作依次排列，並以金錢為尺度，衡量工作的相對價值。

工作評價的4種方法

1.評分法

2.因素比較法

3.排列法

4.工作分等法

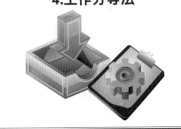

評分法進行9步驟

企業如何使用評分法？

1.決定要評價的工作分類

2.蒐集工作資料

3.選擇可報償的因素

4.定義可報償的因素

5.決定因素不同程度的意義

6.決定因素的相對價值

7.因素不同程度的評分

8.評價工作

9.確定評價分數與薪資的關係

Unit **5-8**
工作評價的四種方法 Part II

前面單元介紹的評分法與因素比較法，其實是本單元要介紹的工作分等法與排列法的改良版。為方便讀者了解，茲分述如下，並對照比較如右頁圖。

三.排列法

在中小型組織中，常使用一種簡便易行，但不算很精確的方法，即是排列法（Ranking Method），又分成兩種方法：

(一)定限排列法：將一個單位中最高與最低的工作選擇出來，作為高低界限的標準，然後在此限度內，將所有工作按其性質的難易程度或可報償因素的重要性程度，逐一排序，即可顯示工作間的不同價值，再來賦予薪資。茲依其排列次序列示如下：1.財務部經理：5萬元；2.副理：4萬元；3.課長：3萬元；4.組長：2萬5千元；5.出納員：1萬8千元；6.帳務員：1萬8千元，以及7.工讀生：1萬2千元。

(二)成對排列法：係將一個單位中的工作，成對地加以比較，如甲、乙、丙三種工作相互比較，再排出其順序。此法過於繁雜，較少使用。

四.工作分等法

工作分等法（Job Grading）為一簡單而且也被廣泛使用的一種方法，也稱為工作分類法（Job Classification Method），亦即將工作分成若干個類別。工作分類的方法，可透過工作說明書及等級說明書（Class Description）。一般來說，必須先將工作的價值訂為幾個等級（例如：十二等級），而每一個等級均有等級說明書。每一個工作，在工作分析之後，也都有一份工作說明書。評價時，只要將工作說明書與工作等級說明書兩相比較，如果相符，則該工作即可歸入該一等級。例如：目前公務人員的人事制度中，將全部公務人員按其高低程度，區分為十四個職等；最高的文官為十四職等，最低為一職等；若高考及格，則以六職等起任用。

本法之優點為使用簡單；其缺點是等級說明由於須涵蓋很多的工作，只能採用一般化的說明，故在評價時易引起爭執。此外，每一種工作類別，都要有一套等級說明，而又要如何相互比較，也是難題之一。

144

小博士解說

工作評價應有的原則

必須謹記評價的對象是工作；選擇評價因素應具有通用性，避免因素內容的重複；因素定義的一致性和因素程度選擇的緊密銜接是工作評價成功的關鍵，以及需要得到管理者和基層的了解與支持。

工作評價4種方法比較

比較	1.排列法	2.分等法	3.評分法	4.因素比較法
1.應用狀況	普通	普通	最普遍	普通
2.比較方式	工作與工作比較	工作與等級說明比較	工作與等級說明比較	工作與工作比較
3.比較尺度	無	工作等級說明書	積分與因素程度說明	薪率（或點數）與代表性工作
4.因素項目	無	無	大約10項	不超過6項
5.彼此相似性	係因素比較法的基礎	為評分法的基礎	為工作分等法的改進	為排列法的改進
6.與考績制度相似性	近於排列法	近於分等法	近於圖尺法	近於人與人比較法

排列法

1.定限排列法
①將一個單位中最高與最低的工作選擇出來，作為高低界限的標準。
②在此限度內，將所有工作按其性質的難易程度或可報償因素的重要性程度，逐一排序。
③如此一來，即可顯示工作間的不同價值，再來賦予薪資。

2.成對排列法
①將一個單位中的工作，成對地加以比較。
②如此一來，再排出其順序。
③此法過於繁雜，較少使用。

Unit **5-9**
實務上工作評價執行情況

　　前面提到許多工作評價的理論與作法，然而在企業經營管理實務上，是否能全然落實並執行呢？其實有個先決條件，這是攸關能否落實的第一個關鍵點。

一.工作分析與工作評價之關係

　　實施工作評價必須有一個先決條件，那就是必須一個組織或架構，已經做好了工作分析的動作；亦即組織成員每一個人，均有詳實明確的「工作說明書」及「工作規範」等之後，才能進行「工作評價」此後續作業。

二.實務上工作評價執行並不多

　　就筆者本人在企業界曾經服務多年的工作經驗顯示，工作評價並不容易落實。主要是因為公司每一個部門，對公司而言，都是重要的。雖然不同部門在薪資上或有不太一致，但是這種差異，主要是因為要反映業界競爭者的薪資標準而有不同的。倒不完全是總公司某個部門的重要性，大大超過所有部門。

　　以幕僚部門來說，到底是財務、會計、管理、人力資源、企劃、法務、採購、稅務、稽核、經營分析等，哪個部門重要呢？實在不易區分出來。而且如果硬要區分，可能意義也不大，因為企業強調的是一個團隊合作的組織與資源互補整合的組織；而不是說你的部門大於我部門，這是不恰當的二分法。

　　我們或許可以這樣說，某個部門上百人，某個部門只有幾十人，因此那是比較大的部門，因為人員多，公司投入的人力成本高，相對要求回收也多。

　　即使實務上不易運用，但工作評價仍是一個值得努力的目標，或許部分單位、部分型態的公司，仍可適用也說不定。

小博士解說

工作評價的缺點

我們看了前述章節介紹，了解到工作評價有諸多優點，但也有其缺點所在，這或許影響其在實務上不易完全執行：

1.如果工作描述的主觀因素很強，則工作評估的客觀性就會大打折扣。

2.評估人員的客觀性值得懷疑。

3.建立和維持有效的評估體系需要相當高的費用。在維持這一體系的過程中要指出的一點是，評估過後的等級提升將意味著需要額外的支出。

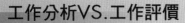

工作分析VS.工作評價

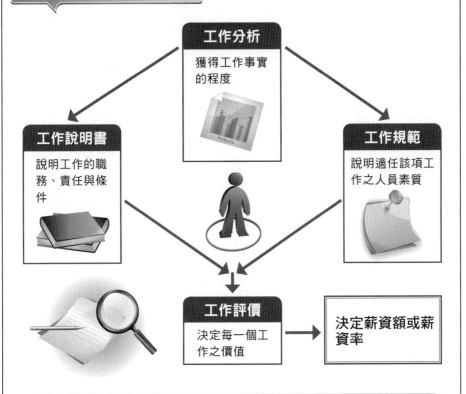

工作分析
獲得工作事實的程度

工作說明書
說明工作的職務、責任與條件

工作規範
說明適任該項工作之人員素質

工作評價
決定每一個工作之價值

→ **決定薪資額或薪資率**

147

工作評價的組織機構

知識補充站

運用工作評價,不但有必要設立一個工作評價委員會,還有必要設立一個或多個評價委員會。委員會的個數和任務,要根據企業規模來確定。一般來說,在大中型企業,可能有必要組成三個層次的機構:

第一個層次是工作評價決策委員會:這是一個高層次、掌握方向的委員會,由管理人員和工會代表組成。其任務是批准方案計畫和分析委員會提出的代表性工作單位、要素選擇及權數;經常檢查方案執行的進度;根據需要委派一個工作小組,負責一些技術性的工作或為某些特殊任務任命若干負責人。

第二個層次是工作評價實施委員會:這是一個由工作評價技術人員組成的委員會,通常以四至八人組成比較合適。其任務是對各工作職務進行工作分析,按各工作職務的重要程度,進行排列並確定職務的工作等級。

第三個層次是執行與申訴受理委員會:這是一個日常執行與維護工作評價的委員會,通常由常設的人力資源管理部門負責。其職責是處理實行新的職務等級後出現的申訴和爭論,決定有爭議職務的分級是否合適;對工作內容發生變化的單位組織複評。

第 6 章

人事晉升與調派

章節體系架構 ▼

Unit **6-1**
晉升制度的作用

良好與健全的晉升（Promote）制度，可讓企業與員工達到雙贏的結果。

一.肯定員工的貢獻

晉升表示對員工的才華、能力、努力與貢獻的肯定，肯定他對組織的作用。肯定是一種精神上與心理上的讚美，此對中高階主管尤為重要。

二.回饋員工

員工既然對公司有貢獻，自然應予晉升以更高的職位，而所獲之心理與物質報酬為其回饋。

三.作為激勵的誘因

透過晉升制度，可使員工有一方向與目標可為遵循，員工為求晉升，故會努力工作求取表現與績效，此即為潛在的激勵誘因。此亦為制約理論的實踐，即只要員工努力有績效，將會獲得拔擢。

四.提高員工士氣與效率

有一良好、公平與具激勵性的人事晉升制度，可讓員工體認公司管理制度之興革決心，故可提高員工士氣與其工作效率，對整個組織還是有絕對的助益。

五.易招攬優秀人才

公司有完善人事晉升制度，自然能夠招攬到優秀人才，而且也會有人慕名而來。所謂「近悅遠來」，即為此意。

六.安定員工

有效的人事晉升制度，可安定努力員工的情緒，降低過高的人事流動率，有助組織之穩定。

七.配合組織擴張需求

當組織擴張事業部或業務分支單位時，可透過晉升制度，安排適當人才，擔當重要之職位。如果缺乏人事晉升制度與人才培養，可能面臨求才若渴的窘境。尤其在企業集團內部，經常會有轉投資公司成立，底下的人即可獲得晉升機會。

一般公司職位（職稱）的晉升，依序為：課長→襄理→副理→經理→協理→副總經理→執行副總經理→總經理→副董事長→董事長→集團總裁（集團主席）。

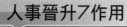

人事晉升7作用

1.肯定員工的貢獻

7.配合組織擴張需求

2.回饋員工

員工晉升制度之作用

6.安定員工，降低離職率

3.作為激勵的誘因

5.易招募優秀人才

4.提高員工的士氣與效率

員工向上爬升的盼望

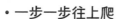

‧一步一步往上爬

副總經理

協理

經理

副理

襄理

課長

助理員

‧晉升給員工帶來肯定、希望、成就、動機、振奮與再付出。

雙贏 企業達到目標 ＋ 員工需求被滿足

Unit **6-2**
外商公司升遷的特色

　　在一般人的印象中，外商公司的福利好像都很吸引人。的確，根據調查，大部分的外商公司在進入公司工作的第一年就有至少七天的年休假，而且是週休二日，比起大多數根據勞基法，工作第二年才有七天年假，某些又隔週休二日的本土公司來說，是人性化多了。另外，比較大的企業，也有送出國外受訓的機會，對個人見聞的增長別有意義。雖然福利好，但裁起員來也很不講情面，因為外商是比較不講人情的單位。因此，自然有其特有的升遷特色（Promote System）。

一.取決於員工的職能與績效

　　一般來說，外商公司在員工升遷方面，有一個共通點，就是純粹看他的績效表現（Performance）。很多人會以為，只要把工作做好，達成老闆給的目標，就是好的績效表現，可是在外商公司，除此之外，還重視你的關係（Relationship），就是你能否有效地與他人團隊合作的能力。

　　一個非常好的工程師或業務，不見得會是一個好的主管，能否晉升，取決這個人的職能（Competency）。外商公司在人事上的制度，從開始找人、拔擢升遷、到開除一個人，有關人的變動，一切都是看職能。

　　所謂職能，是根據職位特性訂定的，例如：管理職，往往尋找的是有領導力，能有效建立團隊的人。

　　在外商公司，要拔擢一個人升任主管，大多會考慮「意願」、「表現」、「效果」這三點。由於晉升牽涉個人生涯規劃，必須尊重當事人的「意願」，若有意願，還得看工作上的「表現」如何，能為公司帶來什麼「效果」。

二.360度考核制度

　　外商常使用360度或270度來考核人選。

　　所謂360度，指的是象限上下左右四塊區域。上下兩塊為主管與下屬，左右為客戶與同儕；270度則是指上下左右拿掉一塊，不加入考核。

　　換句話說，外商公司的考核方式，除了由主管考核外，還必須加入同儕、部屬、客戶的表現，客觀而全面地呈現一個人的優缺點。

三.本土與外商升遷考核之差異

　　(一)本土企業的升遷考核方式：完全以主管考核為主，至於客戶、部屬、同儕的觀感，不在考量之內。

　　(二)外商企業的升遷考核方式：外商與本土則截然不同，它是360度考核，同時重視主管、部屬、顧客、同儕的意見。

外商公司升遷的特色

外商升遷制度3特色

1. 看重員工的績效表現
   （Performance）。
2. 重視員工與他人合作的關係
   （Relationship）。
3. 取決員工個人的職能
   （Competency）。

外商要晉升員工的考量

意願	=	表現	+	效果

由於晉升牽涉個人生涯規劃，必須尊重當事人的「意願」，若有意願，
還得看工作上的「表現」如何，能為公司帶來什麼「效果」

調派的種類及目的

本土與外商升遷考核之差異

1. 本土企業的升遷考核方式：以主管考核為主。

主管	客戶 ✕
部屬 ✕	同儕 ✕

2. 外商企業的升遷考核方式：360度考核，同時重視主管／部屬／顧客／同儕的意見。

主管	客戶
部屬	同儕

Unit **6-3**
調派的種類與目的

　　未來，全世界的每個角落，都可能變成工作場域。企業為配合時代需求及日趨多元化經營，將員工在企業間調來調去，乃是稀鬆平常的事。

一.調派的種類

　　調派（Transfer）係指平行單位的調動或跨公司之間的調動。可能增加他的職稱、權力、責任及薪資、福利，也可能不會增加，而沒有改變。大部分狀況下的調派，是指平行單位的調動。但也有少部分狀況是跨公司或跨國內外工作單位的調派。

二.調派的目的

　　(一)配合組織目標的變更：有時組織目標可能改變，迫使公司大部分的人力資源必須調動去支援此項新的組織目標之達成。

　　(二)適才適所：有些員工並不能勝任原有的職位，因此必須調派適合其能力與興趣之職務。

　　(三)解決人員間的衝突：組織內人員與人員之間，難免會有衝突產生，當所有方式都無法解決衝突時，就只有將二人的職位調開。

　　(四)配合人才養成：透過職位輪調，可讓優秀人才歷練更多樣的工作性質，培養其多方面的實力與理念。

　　(五)滿足個人的需要：有時個人因為生活與家庭的因素，不能再在此地擔任此職務時，亦應考慮允其所需，而予以調動。

　　(六)為防弊革新而輪調：一個人在同一單位工作過久，易產生舞弊的現象，因此應該定期實施工作輪調，以使弊端能有所防止。此外，為革新某一單位組織，亦須另派新人員去做重整再出發的工作，此不宜由舊人來做。

小博士解說

調派海外可以說「不」嗎？

企業是否有權將員工調派到海外，包括中國工作？關於調動，主管機關訂有以下原則：1.基於經營企業所必需；2.不得違反勞動契約；3.對勞工薪資及其他勞動條件未作不利變更；4.調動後與原有工作性質為其體能及技術所可擔任，以及5.調動工作地點過遠，雇主應予以必要協助。

另外，依誠信原則，雇主調動勞工工作地點和勞工所受之不利益、不方便，應作比較衡量，如契約未有特別約定，一般以三十公里為基準，從而員工對調派海外，應有拒絕權。

調派4種類

1. 公司內部平行部門的調動

2. 國內各分公司或分店之間的調動

3. 集團各公司之間的調動

4. 國內、國外公司或部門之間的調動

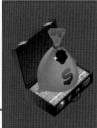

可能增加或不改變（在薪資、頭銜職稱、權力、責任等）

155

調派6目的

1. 為配合組織目標的變更

2. 為求適才適所

3. 為求解決人員間的衝突

4. 為配合人才養成

5. 為滿足個人的需求

6. 為防弊革新而輪調

Unit 6-4
降職與資遣

　　「降職」與「資遣」這兩個從字義來看，都是很負面的管理名詞，它們在實務上的真實情形如何呢？

　　而近年來，我們也常耳聞許多勞資問題與爭議，最主要的原因即是員工自我意識的覺醒，對自我權益的追求。無論如何，企業一旦遇到必須實施這兩種決策時，就必須妥善規劃，避免員工反彈。

一.降職的意義與原因

　　所謂降職（Demotion）係指降低員工之職位名稱、權力、薪資與機會等，而通常會發生降職的原因，有以下幾種：

　　(一)組織人事縮減：組織為精簡起見，可能須裁撤某些單位或某些主管人數的百分比，自然人員會受到影響。

　　(二)對員工的懲罰：有時員工犯下明顯的錯誤，而使組織遭受重大財務或財產損失時，必須對員工以降職處分。

　　(三)員工不適任或能力不足：員工在接任某一項工作職位之後，表現不如理想，而影響到組織整個績效，此時也必須加以處理。

　　(四)適應員工的需求：有時員工因為身體因素、心理因素、環境與興趣因素，無法適應該種職位，故為適應其需求，也有可能以降職處理以符合其需求，例如：從主管職減降為非主管職。通常，降職的措施都會引起激烈的反彈，除非是員工自己的意願，或者犯下嚴重過失，否則降職的使用，應儘量予以避免。

二.遣散的原因與程序

　　任何組織大都不太願意發生遣散（Lay Off，又稱資遣）的情況，因為遣散很容易讓企業形象蒙上一層陰影，讓外界很有想像的空間。

　　例如：近年來，全球化的衝擊、經濟結構的轉型，許多臺灣企業不得不開始進行精簡或外移的動作，這時就會出現遣散的問題。

　　通常發生遣散的原因，有下列幾點：1.裁撤組織或工廠：例如：傳統工廠移往中國大陸或東南亞生產，必須把臺灣廠關掉；2.生產自動化設備採用後，人工的減少；3.減量生產，以及4.人員工作績效表現與敬業意願太差。

　　而企業在實施資遣前，首先對資遣人員的選定上，務必要有客觀的事實和合理的標準。同時企業也有義務通知被資遣的員工，並且與員工針對資遣的方案進行溝通。

　　一般而言，資遣的程序應包含三種：1.以年資為基準；2.以能力為主，而對年長者的資遣，以是否能對工作上有效益為考量，以及3.公平的考量能力與其他因素：可依員工的工作考績分數高低為主要考量。

企業的降職與資遣

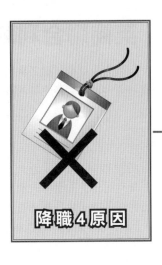

降職4原因

1. 組織人事縮減

2. 對員工的懲處

3. 員工不適任或能力不足

4. 適應員工的需求

資遣4原因

1. 裁撤組織或工廠

2. 設備自動化，減少人力

3. 景氣不佳，減量生產

4. 人員表現太差

知識補充站

解僱員工很容易嗎？

過去臺灣企業對這部分多半不太重視，會任意辭退員工，這是不符合勞動基準法的。如果企業認為員工有過失要加以處罰，在進行懲罰之前要有蒐證、警告等處理程序，這個部分，人事單位就扮演了一個很重要的功能。此時，人事單位不僅是執行單位，也是對高階主管的建議單位，如果高階主管要處罰員工，人事單位一方面要蒐集相關的證據，例如：出勤不確實、工作怠惰等，另一方面要經過適當的警告且屢勸不聽後，才能有懲戒或解僱員工的行為。

Unit **6-5**
企業人事晉升案例──英商聯合利華

名列美國《財富》第六十八大企業，橫跨食品業與家庭個人用品業，旗下擁有康寶、立頓、多芬、旁氏等知名品牌的聯合利華公司，一直是國內新鮮人最嚮往的外商公司之一。為什麼他會如此誘人？當然有他的原因。

一.經理級幹部二個來源

以聯合利華的經理級管理職位來說，人才主要來自兩個管道：一是每年五、六月大規模的儲備幹部計畫招募；另一是公司內部表現優異，具有擔任主管潛能的員工。從比例來看，目前聯合利華的經理幹部，出身儲備幹部者與普通員工晉升者，各占一半。每年畢業季，聯合利華各部門都會針對社會新鮮人，展開大規模儲備幹部徵選，進行為期三年的經理級幹部培育計畫。

二.輪調制度

一個專業經理人的養成，三年是較理想的期限。在儲備幹部培訓過程中，不但要到各部門輪調，還要接受內部與海外的各種訓練。在輪調方面，聯合利華會請部門主管，寫一份明確的訓練計畫。

三.內部訓練與海外訓練

以內部訓練來說，聯合利華設有訓練經理，針對各部門需求，安排行銷等專業課程，或溝通等一般課程，聘請國外顧問講課。而海外訓練，則提供給未來可能的經理人選，主要有兩個訓練重點：專業技能與領導能力。聯合利華針對全球經理幹部，每年都有專屬訓練課程，由各地分公司提名參加，受訓地點可能在亞洲，也可能在英國總部。通常儲備幹部錄用後，大約二年即有出國受訓的機會。

四.諮詢長協助新人發展

聯合利華還有「諮詢長」的制度，由高階主管定期與新的經理人面談，解決工作上遇到的問題與瓶頸。每一年人資還會與部門高階主管，共同與儲備幹部、有潛力的員工們，談談他們對於生涯規劃的安排，以及公司對他們的看法與期望。

五.升遷考核

除了儲備幹部外，一般員工如果表現優異，同樣有晉升的機會，不同的是，儲備幹部每六個月評估一次，一般員工則是在每年年底，由公司中高層主管開會評量績效表現，列出有潛力的人選。在聯合利華，若有心想升主管，年資或年齡並非問題，而是你是否已具備專業與成熟的技能。

英商聯合利華的人事晉升

1.經理級幹部二個來源

①每年五、六月大規模的儲備幹部計畫招募。
②公司內部表現優異,具有擔任主管潛能的員工。

2.輪調制度

①三年是養成專業經理人較理想的期限,不但要到各部門輪調,還要接受內部與海外的各種訓練。
②輪調方面會請部門主管,寫一份明確的計畫,包括讓這名儲備幹部做什麼、學什麼?是與客戶談判的技巧,是企劃的技巧?派去某個部門的考量是什麼?

3.內部訓練與海外訓練

①內部訓練方面,設有訓練經理,針對各部門需求,安排行銷等專業課程,或溝通等一般課程,聘請國外顧問講課。
②海外訓練方面,則提供給未來可能的經理人選,專業技能與領導能力培養兩個訓練重點。

4.諮詢長協助新人發展

①由高階主管定期與新的經理人面談,解決工作上遇到的問題與瓶頸。
②每一年人資還會與部門高階主管,共同與儲備幹部、有潛力的員工們,談談他們對於生涯規劃的安排,以及公司對他們的看法與期望。

5.升遷考核

①儲備幹部每六個月評估一次。
②一般員工則是在每年年底,由公司中高層主管開會評量績效表現,列出有潛力的人選。

> 在聯合利華,若有心想升主管,年資或年齡並非問題,而是你是否已經準備好了?

知識補充站

聯合利華的職能評定標準

聯合利華提供一套職能(Competency)的評定標準,作為主管考核的依據,其中包含十一個項目,分別是:1.洞察力(Clarity Purpose);2.實創力(Practical Creativity);3.分析力(Objective Analytical Ability);4.市場導向(Market Orientation);5.自信正直(Self Confidence Integrity);6.團隊意識(Team Commitment);7.經驗學習(Learning from Experience);8.驅動力(Motivative Drive);9.領導力(Leading by Examples);10.發展他人的能力(Developing Others),以及11.影響力(Influencing Others)。

Unit 6-6
企業人事晉升案例——日立製作所

日立製作所為日本大型電機集團之一。1999年3月，該所鑑於人才幹部養成的重要性，成立「人才委員會」，由金井務會長、廣山悅彥及五人副社長所組成。

一.幹部人才選拔制度

日立製作所的幹部人才選拔制度區分為四個階層，從階層一到階層四，茲摘自2002年9月23日的《日經商週刊》，從最高層次依序列示如下：

(一)各事業總部副社長及各幕僚部副社長候選人：在二百人事業總部部長級挑選10%，年齡鎖定在四十二歲以上，由社長（總經理）負責選拔及養成責任。

(二)上述(一)的候補者：在二百人部長級挑選20%，年齡鎖定在三十七歲以上，由各事業總部副社長（副總經理）或各部門負責選拔及養成責任。

(三)上述(二)的候補者：在四百人課長級挑選10%，年齡鎖定在三十二歲以上，由各事業總部副社長（副總經理）或各部門負責選拔及養成責任。

(四)上述(三)的候補者：在一千人主任級挑選10%，年齡鎖定在二十九歲以上，由各事業總部副社長（副總經理）或各部門負責選拔及養成責任。

二.設有「總合經營研修所」

日立製作所設有「總合經營研修所」，這些幹部候選人，必須定期到這裡受訓或發表報告。每一次都有一個主題報告，例如：全球事業戰略、從股東觀點的徹底改善經營、往高收益體質的轉換，以及IT情報技術的活用。

三.海外短期留學與輪調

在集合研修完成後，還必須赴海外短期留學，了解海外當地實務經驗。此外，日立製作所會採取輪調制度，讓他們到新部門或新的外圍子公司接受歷練。

小博士解說

日立的成長

株式會社日立製作所，簡稱日立，總部位於日本東京，致力於家用電器、電腦產品、半導體、產業機械等產品，是日本最大的綜合電機生產商。1910年，小平浪平創立「久源礦業日立礦山電機修理廠」，這是日立的前身。1920年2月1日，該公司從久源礦業中脫離，正式成立「株式會社日立製作所」，一直沿用至今。日立最初以生產重型電機為主，後來經過多元發展，成立多家子公司。

日立製作所人才幹部選拔制度

層次	1.定義	2.人選規模	3.目標年齡	4.選拔及養成責任
L1	各事業總部副社長及各幕僚部副社長候選人	事業總部部長級的10%（200人）	42歲以上	社長（總經理）
L2	L1期的候補者	部長級的20%（200人）	37歲以上	各事業總部副社長（副總經理）或各部門
L3	L2期的候補者	課長級的10%（400人）	32歲以上	
L4	L3期的候補者	主任級的10%（1,000人）	29歲以上	

資料來源：《日經商業週刊》，2011年9月23日

日立製作所的幹部訓練

設有「總合經營研修所」

①幹部候選人必須定期到這裡受訓或發表報告。
②每一次都有一個主題報告，例如：
- 全球事業戰略
- 從股東觀點的徹底改善經營
- 往高收益體質的轉換
- IT情報技術的活用

赴海外短期留學，了解海外當地實務經驗＋採取輪調制度，到新部門或新的外圍子公司歷練。

第六章 人事晉升與調派

161

Unit **6-7**
企業人事晉升案例──韓國三星電子

三星電子從事消費性電子、半導體製造等業務，為三星集團的旗艦子公司，同時是世界上營收最大的電子工業公司，也是韓國最大的企業。2017年的美國《財富》雜誌全球五百大企業評比，三星電子躋身為全球第十大企業。

一.四個理論養成一流企業

三星電子之所以會如此成功，主要歸功於它那超一流企業養成術。三星前會長李健熙被問到成功之道時，他說三星只是很努力的要成為「超一流」的企業。他提到四個理論，是讓三星邁向超一流的祕密。茲簡要說明如下：

(一)親敵理論：到處與敵人為友，也會砸大錢交朋友，但要看對方的利用價值。

(二)生魚片理論：先見、先手（先出手主導後勢）、先制與先占等四先心法，讓三星搶先推出消費者要的產品，吃下市場。

(三)人才最大論：每年花費超過1億美元在人才培訓上面。

(四)鯰魚理論：藉此強調隨時保持危機意識的重要性。

其中人才最大論，意味著三星肯為第一流人才付出代價，但也會嚴格評量你是否值得，作風跟傳統韓國企業很不同。

二.艱辛與嚴格的員工晉升之路

現在我們來看看三星電子是如何嚴格評量員工呢？筆者從《日經商業週刊》報導得知，三星電子八萬五千名員工晉升之路，僅有1%能升至董監事的位子，其艱辛及嚴格，可想而知。我們從員工進入三星電子開始到晉升董監事的過程說明如下：

(一)進入公司：大學生的職場首選，應徵者十人，有九人不合格。

(二)一般員工：年齡約二十五歲，從進入公司第二年開始，與同期同事的薪資差異開始擴大。無法適應晉升過程的員工也開始相繼離職。進入公司三年後，有三成的人離職。

(三)課長階層：年齡約三十五歲，只要不曾犯重大缺失，即能晉升為課長。但是大部分的人，只到這裡為止，便無法繼續晉升。四個人當中，有三個人無法晉升課長，大部分會選擇離職。

(四)部長階層：年齡約四十歲，經過嚴格的評選之後，晉升為部長。但是從此仕途將更加艱辛。真實情形是大部分都無法躋身董監職務。

(五)董監階層：年齡約四十五歲，能夠躋身董監之列的人只占全體員工的1%。也有三十歲就獲得拔擢為董監事的人，也有一年就被解職的人。人事替換非常劇烈。雖是如此艱辛，但回饋卻是讓人羨慕，即年薪從數千萬日圓到十億日圓，另外還有股票選擇權。

三星電子一流企業養成術

★四個理論，邁向超一流的祕密

1.親敵理論

到處與敵人為友，也會「砸大錢交朋友」，但要看對方的利用價值。

2.生魚片理論

先見、先手（先出手主導後勢）、先制與先占等四先心法，吃下市場。

3.人才最大論

每年花費超過1億美元在人才培訓上面。

4.鯰魚理論

藉此強調隨時保持危機意識的重要性。

163

第六章 人事晉升與調派

三星電子艱辛與嚴格的員工晉升路

★僅1%能升至董監位子——三星8萬5千名員工晉升路

Goal

董監（45歲）	年薪從數千萬日圓至十億日圓。另外，還有股票選擇權。能夠躋身董監之列的人只占全體員工的1%。有30歲就獲得拔擢為董監的人，也有一年就被解職的人。
部長（40歲）	大部分都無法躋身董監職務。
課長（35歲）	四個人當中有三個人無法晉升課長，大部分會選擇離職。
一般員工（25歲）	進入公司三年後，有三成的人離職。
START進入公司	應徵者十人，有九人不合格。大學生的職場首選

資料來源：《日經商業週刊》

第 **7** 章

考　績

●●●●●●●●●●●●●●●●●●●●●●●●● ●章節體系架構 ▼

Unit **7-1**
考績的功能與原則

為什麼要對員工打考績呢？曾經有人在網路上這麼比喻「某個人是個左撇子，但是他並不知道自己是個左撇子，同時從來都沒有人告訴他，他是個左撇子，然後他就在右撇子的公司（或工作）裡，過得很辛苦，浪費他的才能和生命，並且拿不到他想要的工作的目的和成果。」這時打考績這個制度就能提醒他了。你覺得呢？

一.考績的目的或功能

實施考績制度（或稱績效評估制度）之主要目的（或功能）大概有下列幾項：

(一)考績可作為許多人事管理決策之基礎：包括1.決定薪資調整的根據，以及2.決定人事升遷、調派、轉任與獎懲之依據。

綜上所述，考績乃是有效報酬制度的核心。在理想情形下，員工報酬應與績效相連，因此績效應該公平而有效地加以評估。如果員工認為評估不公正、偏頗或誤用，則「績效─評估─報酬」三者的連貫性將被打破，而績效評估的功能，將無法彰顯。

(二)考績具有「工作規劃與檢討」的功能：包括1.檢討部屬的工作進度，以及2.研擬計畫以改正所發現的缺點及困難。

(三)考績可促使員工維持工作水準：不僅如此，甚且有更優秀之表現。

(四)考績可促使主管觀察員工的行為：促進主管與屬員間的相互了解與溝通。

(五)考績可決定員工是否應該加以教育訓練或變更工作職務：如此一來，才能讓員工適才適所，並且幫助員工成長與發展。

(六)考績可以留優汰劣：讓組織成員，永遠都是優秀人才，導引良性循環。

二.考績的原則

為求考績能夠發揮獎優汰劣作用，應遵守下列原則：

(一)必須綜覈名實，信賞必罰：所謂綜覈名實，乃求名與實相符，既有其名，必責其實。所謂信賞必罰，乃立必信之賞，施必行之罰。此即賞罰分明，建立員工的信賴感及對公司的肯定。

(二)必須客觀、公平、確實：所謂客觀，係指辦理考績，須以員工所表現之績效為依據，不可憑主管之主觀認知，更不可循私。所謂公平，乃對員工績效優劣之評定，須根據預定之標準作為衡量之依據。所謂確實，乃對員工績效之認定，均應以具體之數字與事實為依據，不可進行憑空之判斷。

(三)考績應對員工升遷、調職及訓練進修上，發揮效用：考績之獎勵，諸如加薪或核發獎金或記功，均只為考績之直接結果，為發揮考績的更大效用，應使考績與員工升遷與調職之訓練進修上相連結。如此，員工才會更加重視考績的作用，否則員工就會不痛不癢，而一點也不在乎考績的結果。

考績6目的

考績有什麼用途呢？

1. 作為人事管理決策的基礎

2. 作為工作規劃與檢討功能

3. 保持員工工作水準

4. 促進主管與部屬相互了解

5. 供主管了解員工未來發展

6. 可以留優汰劣，維持良性循環

考績正效用3原則

如何讓考績發揮獎優汰劣的作用？

1. 必須綜覈名實，信賞必罰

2. 必須客觀、公平、公正、確實

3. 作為升遷、調職、培訓參考

Unit **7-2**
誰負責考評

　　企業實施考績制度是為了能夠發揮獎優汰劣作用，好讓員工能力常保競爭力。然而由誰負責考績評估的重責大任，才能讓被考核的人心悅誠服？以下我們將探討之。

一.由直屬主管評估

　　大多數的評估制度以上級主管來評估，這是因為比較容易，而且主管也應該較能觀察與評估部屬的績效如何。這上級主管，可能指二層的主管，包括直屬主管、部門主管或最高主管。例如：某公司的副總經理，其考核人可能為總經理及董事長等二層。

二.自我評估

　　有些企業或機構曾嘗試讓員工先自我評估工作績效，然後再加上主管的評估。其缺點是員工自己的評分，通常比上級主管或同事評分為寬鬆，即有自我吹噓現象。其優點是員工自己比上級主管或同事，更能區別本身的優點與缺點，所以較不會產生暈輪效應。另外，也讓員工有公開表示意思的機會，讓主管了解部屬的看法。

168

三.利用人事評核委員會

　　有些組織用人事評核委員會（人評會）來評估員工，委員會成員通常由數位一級主管組成。此法有兩項優點：一是各主管的評分常有不同，但總分數常比個別評分較可信，部分是因為可消除個人評分之偏差及暈輪效應；二是各主管的評分不同，通常是因其從不同角度觀察該員工的績效，而評估本來就該反映這些差異。然而此法大都用在對各部門被考核為特優級人員的複核，以及有晉升主管時的複核狀況下居多。

四.由同事評估

　　由同事評估已被證實較能預測員工將來的成功。不過其問題在於部分同事可能私下勾結，彼此給對方打高分。

小博士解說

什麼是「暈輪效應」？

暈輪效應（Hallo Effect）最早是由美國著名心理學家愛德華・桑戴克於1920年代提出。他認為人們對人的認知和判斷往往只從局部出發，擴散而得出整體印象。一個人如果被標明是好的，他就會被一種積極鐵定的光環籠罩，並被賦予一切都好的品質；反之，則完全被否定。這就好像刮風天氣前夜的月亮周圍出現的圓環（月暈），其實圓環不過是月亮光的擴大化。據此，桑戴克為這現象起了一個恰如其分的名稱——暈輪效應，也稱作光環作用。

負責考評4種人員

1.由直屬主管考評

①大多數的評估制度以上級主管來評估，因為這是比較容易。
②包括直屬主管、部門主管或最高主管。

2.自我考評

①缺點是員工自己的評分，通常比上級主管或同事評分為寬鬆。
②優點是員工自己比上級主管或同事，更能區別本身的優點與缺點。

3.人事評核委員會考評

①各主管的評分常有不同，但其總分數常比個別評分較為可信，部分是因為可消除個人評分之偏差及暈輪效應。
②各主管的評分不同，通常是因為各主管從不同的角度去觀察該員工的績效，而評估本來就該反映這些差異。

4.由同事考評

①這已被證實較能預測員工將來的成功。
②缺點是部分同事可能私下勾結，彼此給對方打高分。

誰來考評？

知識補充站

霧裡看花的真相

美國心理學家戴恩·伯恩斯坦曾經做過一項實驗，給參加實驗的人一些人物照片，這些照片被分為有魅力、無魅力和一般魅力三種，讓實驗者評定幾項與外表無關的特徵。結果顯示，實驗者對有魅力的人比對無魅力的，賦予更多理想的人格特徵，如和藹、沉著、好交際等。

暈輪效應不但常表現在以貌取人上，而且還常表現在以服裝定地位、性格，以初次言談定人的才能與品德等方面。在對不太熟悉的人進行評估時，這種效應顯得相當明顯。

從認知角度來說，暈輪效應僅僅抓住並根據事物的個別特徵，而對事物的本質或全部特徵下結論，是很片面的。因而，在人際交往中，我們應該注意告誡自己不要被別人的暈輪效應所影響，而陷入暈輪效應的誤區。

Unit **7-3**
考評時機及評估步驟

　　什麼時候評估績效是最恰當的時機呢？是不是要像股市看盤人員，無時無刻緊盯數字是否達到預設目標，然後決定拋售或再加碼買進嗎？不用想也知道不是。

　　評估考績的時機與步驟，當然也有其一定的步調，急不得，也不能太慢，剛好是最恰當。

一.考評時機

　　(一)定期考評：可能每季、每半年或每年辦理一次。考評太頻繁，則將不勝其煩；相距太長，又失去考績的意義，故須擇定適當的期間辦理考績。通常每半年一次（期中及期終）居多，期中是在每年七月左右，主要是決定是否調薪及調薪多少的參考依據。期終則是在次年一月左右，主要是決定年終獎金及紅利分配多少的參考依據。當然，在業務單位，仍會每月考核其業績的達成度。

　　(二)完成後考評：係指在全部工作完成後，予以成果考評。此種考評方式之缺點，即是對於任務或工作的失敗，在過程中無法及時挽救，只能事後檢討改善。

　　(三)分段考評：係指將一項重要工作或任務，分成幾個步驟，在每一個步驟完成後，即進行考評；如果績效良好，再進行下一步驟的工作。

　　(四)重要時機考評：所謂重要時機，係指在兩個重要階段的銜接處，進行考評。例如：員工要晉升主管級，則此時須進行特別考評，以觀察是否足以擔此重任。總之，一般實務上，員工考績的辦理時機，仍以定期考評居多。

二.績效評估的步驟

　　從管理的本質來看，績效評估是組織達成目標的一種控制程序，包括下列四項基本步驟：

　　(一)確立標準：設立一種目標，隨後根據這些目標評估績效。設定標準的目的在於監督績效表現。值得注意的是，標準必須與組織的核心價值及主要的策略目標互相結合。

　　(二)衡量績效：任何績效衡量如擬發揮效用，必須要求衡量的工作與標準密切相關，對於某樣本的衡量必須足以代表整個母體，且衡量要可靠有效。此外，此一階段尤須注意績效指標的建構。

　　(三)績效監測：主要在比較實際的情況和應該達成的情況兩者之間的偏差程度，唯有找出績效與標準之間的偏差值，管理者才能據以修正、控制。

　　(四)修正偏差：前面三個階段的工作，只能算是控制過程中的「發現階段」，第四個階段才是整個控制程序的關鍵。績效管理的主要功能在於修正組織運作上的偏差，發現偏差而未加以修正，等於組織失去了控制。

考評4時機

1.定期考評
①考評太頻繁,則將不勝其煩;相距太長,又失去考績的意義。故須擇定適當的期間辦理考績。

②通常每半年一次(期中及期終)居多。
- ・期中是在每年七月左右,主要決定是否調薪及調薪多少的參考依據。
- ・期終則是在次年一月左右,主要決定年終獎金及紅利分配多少的參考依據。

2.完成後考評
①指在全部工作完成後,予以成果考評。

②缺點是對於任務或工作的失敗,在過程中無法及時挽救,只能事後檢討改善。

3.分段考評
①指將一項重要工作或任務,分成幾個步驟,在每一個步驟完成後,即進行考評。
②如果績效良好,再進行下一步驟的工作。

4.重要時機考評
①指在兩個重要階段的銜接處,進行考評。
②例如:員工要晉升主管級,則此時須進行特別考評,以觀察是否足以擔此重任。

結論:實務上,員工考績的辦理時機,仍以定期考評居多。

考績評估4步驟

1.確立標準
①設立一種目標,隨後根據這些目標評估績效。
②標準必須與組織的核心價值及主要策略目標相結合。

2.衡量績效
①衡量的工作與標準必須密切相關。
②此一階段尤須注意績效指標的建構。

3.績效監測
①比較實際的情況和應該達成的情況兩者之間的偏差程度。
②必須找出績效與標準之間的偏差值,管理者才能據以修正、控制。

4.修正偏差
①衡量的工作與標準必須密切相關。
②此一階段尤須注意績效指標的建構。

Unit **7-4**
考評的理論工具及優缺點 Part I

企業進行員工的績效評估時，應盡全力滿足每位員工，如果不能，至少公平性原則要掌握到。然而理論上，有哪些考績評估工具可供使用呢？其優缺點又是如何？由於本主題內容豐富，特分兩單元加以探討。

一.評等尺度法

評等尺度法（Graphic Rating Scales）又稱圖尺法，是一般組織或公司裡，應用最普遍的考績制度。此法係將員工所擔任工作職務的各項要求指標作為考評項目，而又將每個考評項目，分別給予不同等級的分數（如5、4、3、2、1分）；或是以不同等級的評語（如極優、優、普通、差、極差），排列於測量尺度上。考核主管只要針對每一個考評項目，認為受評屬員是在哪一種程度，就在適當尺度上做一記號或打入評分，然後再累加所有考評項目的得分，即可得到考績總分數，再賦予考績等級，例如：90分以上，即為特優等，80～90分為甲等，70～80分為乙等，69分以下為丙等。此法有其優缺點所在，茲分述如下：

(一)優點方面：具有1.設計簡便，易於了解；2.評分時有較確定的範圍與明顯界說，不會漫無標準，以及3.亦可供對受評人之教育訓練或改進之參考等三種優點。

(二)缺點方面：即各項評估項目（或因素）之採用，很難完全適合不同工作特性的受評人員，除非能針對不同工作人員，給予不同的考績評估項目。

二.分等法

所謂分等法（Grading），係先行建立不同的價值等類，並予以詳細說明其代表之意義，例如：可將人員分類為極優、優良、尚可、差、極差等五類，然後將員工過去工作績效之表現，而相對性的配置於適當的類別中。

三.強迫分配法

強迫分配法（Forced Distribution Method）係由分等法的變形而來。此法將預先訂好的受評人比例，分配到不同的績效類別上，例如：可按下列方法，分配員工的考績：即15%表極優；20%表優良；30%表普通；20%表差，以及15%表極差。此法也有其優缺點所在，茲分述如下：

(一)優點方面：包括有1.每一等級都有固定人數，雖非合理，但總也是一項基準，以及2.使用簡便易懂。

(二)缺點方面：不同的單位，會有不同的績效表現。有些單位，全部成員都相當優秀；有些單位則少有優秀員工。若硬性規定分配人數，則將出現「假平等」的不公平現象。

年度一般同仁○月考核表

| 監測 | | 職號 | | 姓名 | | 職稱 | | 到職日 | |

每項考核績效水準：績效卓越10-9分／表現良好8-7分／符合要求6-5分／仍有部分需加強4-3分／績效不佳2-0分

	考核項目	表現程度觀察點
1	任務速成度	本月目標任務達成狀況。 10 9 8 7 6 5 4 3 2 1 0 初評 □ □ □ □ □ □ □ □ □ □ □ 複評 □ □ □ □ □ □ □ □ □ □ □
2	工作品質	所交付完成的工作成果，具正確性、全面性與有效性的表現程度。 10 9 8 7 6 5 4 3 2 1 0 初評 □ □ □ □ □ □ □ □ □ □ □ 複評 □ □ □ □ □ □ □ □ □ □ □
3	創新改善	能主動思考及創新改進工作方法、工作流程的表現程度。 10 9 8 7 6 5 4 3 2 1 0 初評 □ □ □ □ □ □ □ □ □ □ □ 複評 □ □ □ □ □ □ □ □ □ □ □
4	溝通協調能力	善於溝通（口頭／書面）積極協調，以提升效率，使工作推展能加速完成的表現程度。 10 9 8 7 6 5 4 3 2 1 0 初評 □ □ □ □ □ □ □ □ □ □ □ 複評 □ □ □ □ □ □ □ □ □ □ □
5	解決問題能力	主動發掘問題，並運用方法解決工作問題的表現程度。 10 9 8 7 6 5 4 3 2 1 0 初評 □ □ □ □ □ □ □ □ □ □ □ 複評 □ □ □ □ □ □ □ □ □ □ □
6	知識技能	具有專業知識、技能，並發揮展現於工作上的表現程度。 10 9 8 7 6 5 4 3 2 1 0 初評 □ □ □ □ □ □ □ □ □ □ □ 複評 □ □ □ □ □ □ □ □ □ □ □
7	團隊合作	與他人共事及支援同仁合作的表現程度。 10 9 8 7 6 5 4 3 2 1 0 初評 □ □ □ □ □ □ □ □ □ □ □ 複評 □ □ □ □ □ □ □ □ □ □ □
8	工作態度	樂於接受指導及服從上級領導，具有積極、熱誠、旺盛企圖心的表現程度。 10 9 8 7 6 5 4 3 2 1 0 初評 □ □ □ □ □ □ □ □ □ □ □ 複評 □ □ □ □ □ □ □ □ □ □ □
9	自我成長	具有隨時吸取新知，有系統計畫性之持續學習，以充實自我專業能力的表現程度。 10 9 8 7 6 5 4 3 2 1 0 初評 □ □ □ □ □ □ □ □ □ □ □ 複評 □ □ □ □ □ □ □ □ □ □ □
10	出勤紀律	能做好自我管理，遵守公司出勤規範，準時出席會議及訓練的表現程度。 10 9 8 7 6 5 4 3 2 1 0 初評 □ □ □ □ □ □ □ □ □ □ □ 複評 □ □ □ □ □ □ □ □ □ □ □

| 填表說明 | 評分核等：特優91分以上、優等86-90分、甲等80-85分、乙等75-79分。
主管人員績等人數限制比例：特優15%、優等15%、甲等35%、乙等35%。 | 本月加分：
（　　　　）分
本月扣分：
（　　　　）分 |

	複評主管	初評主管
績等	總分：　　　　分 □特優　□優等　□甲等　□乙等	總分：　　　　分 □特優　□優等　□甲等　□乙等
簽名		

Unit **7-5**
考評的理論工具及優缺點 Part II

前面單元，我們介紹了評等尺度法、分等法及強迫分配法等三種考評的理論工具，其中的評等尺度法，是一般組織或公司裡，應用最普遍的考績制度。接下來，本單元再介紹其他三種考評的理論工具，我們會發現每一種考評方法都有其優缺點，端賴主管人員如何有智慧的運用了。

四.特殊事蹟法

特殊事蹟法（Critical Incident Method）係指主管就每位屬員記載有關部屬在工作上表現特殊良好或惡劣（即事蹟）的流水帳，然後以這些特殊事蹟為例證，作為考績之基準。其優缺點茲分述如下：

(一)優點方面：本法最大的作用，並非重在考評，而是重在發展，亦即針對某些特定行為與部屬商討，並強調其重要性，建議員工在工作及態度方面予以改進，以獲更進一步發展。

(二)缺點方面：即缺乏客觀數字化的評估指標、方法稍微繁瑣，以及重視特殊事蹟，但對於一般事蹟則未顧及，稍嫌不夠周全。

五.交替排序法

交替排序法（Alternation Ranking Method）係針對某些主要考績項目（要素），然後按最好與最差的員工填入表內，接著再選出次好與次差的員工，如此做交替選擇，直到將所有員工均已排出順序為止。其優缺點茲分述如下：

(一)優點方面：使用簡單。

(二)缺點方面：包括有1.在比較時，很難會同時考慮到所有受考人員之間的差異情況，為了克服此點，才又產生下面所要介紹的配對比較法，以及2.排序可能仍不夠精確。

六.配對比較法

配對比較法（Paired Comparison Method）係主管人員對所屬員工的績效，用成對比較的方式，決定其優劣。假設要對五位員工評等，在本法中，主管就每一特質列出所有的員工對（Pairs），然後指出（以符號＋或－表示）在每一特質上，該對員工中何者較佳。其次，將每一員工所得較佳（＋號）次數加總。例如：右頁下表中，員工乙在工作品質上排第一；而員工甲則在創意上排第一。其優缺點茲分述如下：

(一)優點方面：比交替排序法有更精確的排序。

(二)缺點方面：比較次數太多，過於繁複。

★何種考評工作最優？

1.評等尺度法

①指將員工所擔任工作職務的各項要求指標作為考評項目，而又將每個考評項目，分別給予不同等級的分數或不同等級的評語，排列於測量尺度上。
②考核主管只要針對每一個考評項目，認為受評屬員是在哪一種程度，就在適當尺度上做一記號或打入評分，然後再累加所有考評項目的得分，即可得到考績總分數，再賦予考績等級。
③一般組織或公司裡，應用最普遍的考績制度。

2.分等法

①指先行建立不同的價值等類，並予以詳細說明其代表意義。
②可將人員分類為極優、優良、尚可、差、極差等五類，然後將員工過去工作績效表現，相對性的配置於適當類別中。

3.強迫分配法

①此係由分等法的變形而來。
②指將預先訂好的受評人比例，分配到不同的績效類別上。

4.特殊事蹟法

①指主管就每位屬員記載有關部屬在工作上表現特殊良好或惡劣（即事蹟）的流水帳。
②然後主管就上述流水帳這些特殊事蹟為例證，作為考績之基準。

5.交替排序法

①針對某些主要考績項目（要素），按最好與最差的員工填入表內，接著再選出次好與次差的員工。
②經過上述做如此交替選擇，直到將所有員工均已排出順序為止。

6.配對比較法

①指主管人員對所屬員工的績效，用成對比較的方式，決定其優劣。
②假設要對五位員工評等，在本法中，主管就每一特質列出所有的員工對，然後指出在每一特質上，該對員工中，何者較佳。其次，將每一員工所得較佳次數加總。

配對比較法實例

實例一　「工作品質」特質受評人

相對於	甲	乙	丙	丁	戊
甲		＋	＋	＋	－
乙	－		－	－	－
丙	－	＋		＋	＋
丁	＋	＋	－		＋
戊	＋	＋	＋	＋	

↑乙排第一

實例二「創意」特質受評人

相對於	甲	乙	丙	丁	戊
甲		－	－	－	－
乙	＋		＋	＋	＋
丙	＋	＋		－	＋
丁	＋	－	＋		－
戊	＋	－	－	＋	

↑甲排第一

【註】：＋表「優於」，－表「劣於」；將每圖中每一行中之＋數加總，可找出排第一的員工。

Unit **7-6**
現代 KPI 績效評估法

所謂 KPI 績效評估法，是先要求部屬向主管提出一份未來半年或一年期的個人或部門的 KPI（Key Performance Indicator，關鍵績效指標）及合理目標計畫（其重點和屬員的素質或特質無關，完全著重在工作成果上）；再由主管和部屬進行一次面談，商討這些目標和計畫，並做最後核定。

等到期間到了之後，主管再和部屬進行一次面談，檢討並考評達成計畫的程度如何，以作為考績好壞之基準。

一.與傳統考績法之差異

KPI 績效評估法與傳統考績法最大的差異，就是在於採用民主參與以及行為研究方式，讓部屬與主管共同樹立工作目標與績效指標，並以此目標作為未來績效評核之重心。

二.實施的先決條件

實施 KPI 績效評估法的先決條件如下：1.信任部屬可樹立合理的目標與工作績效指標；2.目標並非原則式的籠統，而是極為明確之標出；3.已建立完善的工作說明書及工作規範，以利於目標的發展範圍，以及4.在實施後的績效討論中，重點是在於解決問題而非批評。

三.實施的優點

實施 KPI 績效評估法的優點如下：1.考評人與受考人都感到較為滿足、一致、愉快與認同；2.以工作績效作為考績要素，是績效考評制度的重心所在，以及3.導入民主與參與的觀念，讓員工自己擔負起自己的責任目標，而非傳統式的由上方指揮，命令下方的模式。

四.實施的限制

實施 KPI 績效評估法雖有其優點所在，但也有其無法完全施展的限制如下：

(一)不適合在控制幅度較大的單位：在訂定績效目標的過程中，主管與部屬經常必須花費很多時間及接觸，所以在控制幅度較大的單位，較難一一來設定績效目標。

(二)不適合進行員工比較：較不適宜做員工與員工間的比較之用。

(三)不適合不能量化的單位：對於目標不能量化的單位員工，亦較難適用。

(四)易引起個人與組織的衝突：個人的績效目標，可能會與整個組織的目標有所差距及衝突，如此又形成了雙方的爭執。

實施先決條件

1. 信任部屬可樹立合理的目標與工作績效指標。
2. 目標並非原則式的籠統，而是極為明確之標出。
3. 已建立完善的工作說明書及工作規範，以利於目標的發展範圍。
4. 在實施後的績效討論中，重點是在於解決問題而非批評。

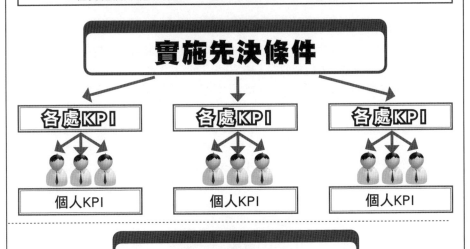

全公司KPI

| 部門KPI | 部門KPI | 部門KPI | 部門KPI | 部門KPI | 部門KPI |

| 訂定部門KPI | → | 量化指標 |
| Key Performance Indicator（關鍵績效指標） | → | 質化指標 |

實施的限制

| 1. 訂定績效目標的過程中，主管與部屬經常必須花費很多時間及接觸，所以不適合在控制幅度較大的單位。 | 2. 不適合做員工與員工間的比較之用。 | 3. 對於目標不能量化的單位員工，亦較難適用。 | 4. 個人績效目標，可能與整個組織目標有所差距及衝突，易形成雙方爭執。 |

Unit 7-7
影響績效評估的因素及改善

評估績效的方法很多，企業在實務運用上，有些覺得很適用，也有企業認為不盡如此。這些適用起來有問題的部分，就是本單元要探討並提供如何改善的方法。

一.影響績效評估因素

(一)標準不明確：績效標準不明確是常見的問題，因為各項特性及其優劣可有不同解釋，例如：不同主管對於績效的「優良」、「可」、「差」等可能有不同的定義。

(二)暈輪效應（Halo Effect）：當員工與主管特別要好（或敵對）時，最容易發生此問題。例如：「不友善」的員工常被評為各方面特性都表現不佳，而非只有「與人相處」這個單一特性不佳。（註：暈輪意指讓某一人格特徵掩蔽其他人格特徵。）

(三)集中趨勢問題（Central Tendency）：很多人在評等或填問卷時，經常有「集中趨勢」的傾向。例如：評等尺度為一到七時，很多人會避免太高或太低，而大半勾選在三到五評等尺度圖上，集中趨勢可能會將全部員工評為「普通」，而扭曲整個評估的意義。

(四)寬嚴不一問題：有主管分數打得寬，有些則否，亦會形成不同單位間寬嚴與考績分數不一的現象。

(五)受評者個人差異：受評者個人之年齡、種族、性別、語言水準、個性、作風等不同時，會影響評等，使其與實際績效不符。

(六)以偏概全：考評人經常會以新近發生的偶然事件或例外事件，作為評分的主要依據。

(七)私心：對於合作時間較長的屬員，或者較合得來的屬員，予以過高評價；反之，對於新進屬員或不合的屬員則評價過低。

(八)考評項目知覺偏差：有些考評人員常以本身認為重要的工作，來誇大屬員的績效。

二.如何改善或增進考績制度

下面有四個途徑，可用來減少及改善考績制度：

(一)考評人應熟悉考評規定：必須使所有考評人員熟悉在考評時，所常犯下的錯失，俾能避免犯錯。

(二)應有合宜的考評工具：組織必須選擇適當合宜的評估工具（或制度），因為各工具、制度均有其優缺點與適用條件及環境，故在應用前，宜深加考慮。

(三)最高負責人重視考評：組織最高負責人必須使考績公正、公平地進行。

(四)適度導入360度考評制度：基於上述論點，各一級主管應該都受過良好與一致性的考評訓練，用360度考評制度，蒐集年度績效評鑑審查所需要的資訊。

影響績效評估的因素及如何改善？

1.影響績效評估的因素

① 標準不明確

② 暈輪效應

③ 集中趨勢問題

④ 寬嚴不一問題

⑤ 受評者個人差異

⑥ 以偏概全

⑦ 私心

⑧ 考評項目知覺偏差

2.如何改善

① 考評人應熟悉考評規定

② 應有合宜的考評工具

③ 最高負責人重視考評

④ 適度導入360度考評制度

Unit **7-8**
360度評量制度

360度評量回饋，讓經理人更了解自己的優缺點及改善方向，提升個人績效。

一.什麼是360度回饋

「360度回饋」有些稱之為「多評量者回饋」（Multirater Feedback）、「多來源回饋」（Multisource Feedback）、「向上回饋」（Upward Feedback）、「全圓回饋」（Full-Circle Feedback）。

有些公司會用360度回饋來蒐集年度績效評鑑審查所需要的資訊，對於領導階層在決定方向或是管理指導計畫時有幫助。事實上，360度回饋可以測量許多領域的看法，像是績效、正直、溝通、團隊合作及客戶服務等。

二.360度回饋的目的

身為經理人，當你發現自己陷入麻煩時，會以何種方法及態度來回應？你會變得難以相處，同時造成工作環境令人窒息嗎？或是你會發揮安撫作用，並且對周遭人員產生對應的漣漪效果？

取得此類資訊的最佳工具之一是「360度回饋」（360-Degree Feedback）報告，這項評量方法是透過全面、多元資料的蒐集與分析過程，協助個人成長、發展或作為評鑑個人績效的一種方法，以便做到公平、公正的評鑑。資料來源包括自己、上級、部屬、同事，以及外部相關人員，例如：客戶。

此一評量的目的是為了解別人眼中的自己，強處及弱點到底在哪裡。例如：經理人可能認為自己是構想的催化劑，為團隊帶來創新發展及珍貴的動力，但是周邊的人卻認為你很傲慢、以自我為中心，常常忽略或看輕別人的意見。在了解別人的看法後，經理人或許可以理解為什麼有些人不願再提供任何意見。不同於你的猜測，他們並不欠缺構想或建議，而是對你不斷的公開批評感到厭倦。

小博士解說

360度評估的高難度

組織要實施360度評估，也不是非常容易。首先，公司需要進行工作分析或發展職能模式，以決定對組織而言，哪些構面是重要的，而必須在360度程序當中加以量測。相關議題包括樣本大小、評等者的訓練、信度及效度、高階的支持、公平性、溝通及機密性。讓評等者參與所有程序會讓他們有自主性、參與感，因此，員工才會提供較真實的評估；不然一些會影響評估的因素，都會讓整個360度評估產生差異或失敗。

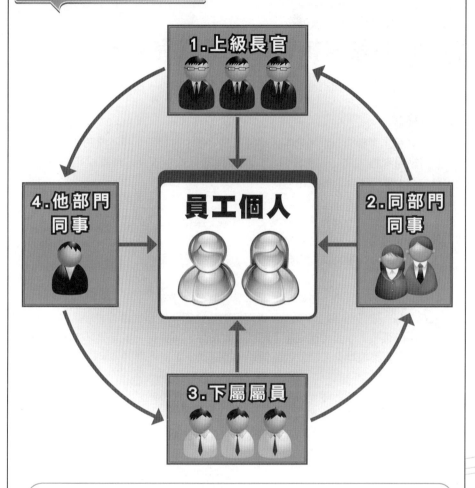

360度考績評量

1.上級長官

4.他部門
同事

員工個人

2.同部門
同事

3.下屬屬員

比較不同來源評估的差異

知識
補充站

360度回饋最重要的觀點之一，是比較不同來源評估的差異，如果從某一個來源的分數較其他來源高很多或低很多，這個訊息便透露很重要的資訊。例如：自我評等可以跟老闆、同儕、下屬的評等比較，若不一致，意味著發展的目的。當無法蒐集所有來源評等，則這項制度的功能便消失了。

許多研究指出，如果組織把360度的評估作為發展目的，而非管理或監督目的，則整個360度評估的結果將會較有正面回饋，而這也是許多企業目前運用360度最廣泛的地方，而員工也會在參與360度回饋過程的感覺較能有正面性，而且也能夠增加員工彼此之間明確的溝通及參與程度。

Unit **7-9**
企業考核管理規章實例 Part I

這是某企業考核管理規章的真實案例，由於內容豐富，特分兩單元介紹。

一.考核種類

本公司員工考核分為試用考核、平時考核、年中考核及年終考核四種：

(一)試用考核：本公司聘任員工，除經理級以上主管外，均應試用。試用期滿前，應由試用部門主管進行試用考核。

(二)平時考核：

1.各級主管對於所屬員工應就其工作效率、操作情形、態度、學習情況，隨時考核。其有特殊功過者，應隨時報請獎懲。

2.主管人事人員對於員工假勤獎懲，應彙整記於紀錄卡上，並提供考核之參考。

(三)年中考核：

1.員工於每年七月時，由部門主管進行期中績效考核。

2.考核時，擔任初考之單位主管應與員工就此期間工作之績效表現，進行考評和討論。考評結束後，填具考核結果予部門主管複評，再轉交人事部門呈核備查。

3.單位主管應追蹤員工績效改善情形，並將員工工作表現列入年終考核。

(四)年終考核：

1.員工於每年十二月時，由單位及部門主管進行總考評。

2.考核時，擔任初考之單位主管應參考平時及年中考核、獎懲紀錄、考勤紀錄，與員工進行考績面談，並填具考績結果，送交部門主管複審。

3.部門主管應就考績面談結果有爭議部分予以了解，並將考核結果送交人事部門呈核。

二.考核期間

年中考核期間為當年一月一日至當年六月三十日。年終考核期間為當年七月一日至當年十二月三十一日。

三.考核之例外

本公司員工非有下列情形，均應參加考核：1.年終或年中考核開始時，仍屬試用人員者，以及2.年終或年中考核開始時，不在職、復職未滿二個月或留職停薪者。

四.考核項目

本公司員工年終考核或年中考核，分工作效率、表現績效、服務態度、工作知識及應用情形、創新主動性、團隊合作、人際關係、忠誠度等項目進行評比。

考核實例——企業考核管理規章

1.考核種類

①試用考核

②平時考核

③年中考核

④年終考核
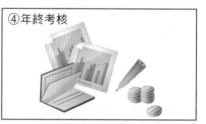

2.考核期間

①年中考核期間為當年一月一日至當年六月三十日。
②年終考核期間為當年七月一日至當年十二月三十一日。

3.考核之例外→不在考核之內

①於年終考核或年中考核開始時，仍屬試用人員者。
②於年終考核或年中考核開始時，不在職、復職未滿二個月或留職停薪者。

4.考核項目

在年終考核或年中考核，對下列項目進行評比：
①工作效率；②表現績效；③服務態度；④工作知識及應用情形；
⑤創新主動性；⑥團隊合作；⑦人際關係；⑧忠誠度。

5.考核評等

6.優等限制

7.甲等限制

8.考核處理

Unit **7-10**
企業考核管理規章實例 Part II

前面單元介紹企業考核管理規章實例中的考核種類、考核期間、考核之例外，以及考核項目等四項規章內容，本單元要繼續介紹評等的設計及考核後處理的相關規章內容，以期讀者能有一完整性的概念。

五.考核評等

年中及年終考核依評分結果，分成下列五等：

(一)優等：服務績效超出工作要求與期望，績效卓著，表現優異。（九十分以上）

(二)甲等：服務績效達到工作要求，且某些項目超出期望，顯見績效。（八十到八十九分）

(三)乙等：服務績效符合也達到工作要求。（七十到七十九分）

(四)丙等：服務績效未達到標準，惟經指導或努力改善，仍可達到標準。（六十到六十九分）

(五)丁等：服務績效完全未達到標準。（五十九分以下）

六.優等限制

員工如有下列各款之一者，不得列入優等：

(一)年中考核期間請事假三日（含）以上或病假五日（含）以上者；年終考核期間請事假五日（含）以上或病假十日（含）以上者。但因重病住院或工作績效特優者例外。

(二)年中考核或年終考核期間受有警告一次（含）以上處分而在同期間未經抵銷者。

(三)年中考核或年終考核期間曠職一日以上者。

七.甲等限制

員工如有下列各款情事之一者，不得列入甲等：

(一)年中考核期間請事假五日（含）以上或病假十日（含）以上者；年終考核期間請事假七日（含）以上或病假十五日（含）以上者。

(二)年中考核或年終考核期間受有記過一次（含）以上處分，而在同期間未經抵銷者。

(三)年中考核或年終考核期間曠職二日以上者。

八.考核處理

本公司員工依考績評定等級，得據此優先辦理升遷、加薪等事項。成績太差列為丁等或不能勝任現職而有具體事實者，應予以免職、降調或資遣。詳細考核獎懲處理辦法另訂。

考核實例──企業考核管理規章

1.考核種類	2.考核期間	3.考核之例外	4.考核項目

5.考核評等

①優等→九十分以上
　服務績效超出工作要求與期望，績效卓著，表現優異。
②甲等→八十到八十九分
　服務績效達到工作要求，且某些項目超出期望，顯見績效。
③乙等→七十到七十九分
　服務績效符合，也達到工作要求。
④丙等→六十到六十九分
　服務績效未達到標準，惟經指導或努力改善，仍可達到標準。
⑤丁等→五十九分以下
　服務績效完全未達到標準。

6.優等限制→不能適用優等

①年中考核期間請事假三日（含）以上或病假五日（含）以上者；年終考核
　期間請事假五日（含）以上或病假十日（含）以上者。
②年中考核或年終考核期間受有警告一次（含）以上處分，而在同期間未經
　抵銷者。
③年中考核或年終考核期間曠職一日以上者。

7.甲等限制→不能適用甲等

①年中考核期間請事假五日（含）以上或病假十日（含）以上者；年終考核
　期間請事假七日（含）以上或病假十五日（含）以上者。
②年中考核或年終考核期間受有記過一次（含）以上處分，而在同期間未經
　抵銷者。
③年中考核或年終考核期間曠職二日以上者。

8.考核處理

①本公司員工依考績評定等級，得據此優先辦理升遷、加薪等事項。
②成績太差列為丁等或不能勝任現職而有具體事實者，應予以免職、降調或
　資遣。
③詳細考核獎懲處理辦法另訂。

第 **8** 章

懲戒與申訴

章節體系架構 ▼

Unit **8-1**
懲戒應考量因素

企業主基於經營管理權上的考量，所衍生出來的「企業懲戒權」，隨著時代的轉變，也有重新檢視的必要。基本上，企業管理者進行懲戒時，應有一定因素的考量。

一.誰來執行懲戒

執行懲戒的意思，包括由誰來調查、提報與發布，這要視不同的組織結構而有不同的作法。通常較常見的是，由各單位主管針對部屬所犯的疏失或舞弊，呈報最高主管裁定懲戒。但有些企業則由人事管理部門或稽核部門負責調查、提報與發布的職掌。目前有向後者發展的趨勢，主要是因為各主管自己常會掩飾或推拖部屬的錯誤。

二.要建立合理的懲戒制度與規範

所謂「不教而殺謂之虐」，懲戒員工必須先建立合理與完整的懲戒制度及規範。此乃是讓員工知道不應該犯何種錯誤，如果犯了，在哪些狀況下，應該會受到何種懲處。這麼一來，即有了一定的標準及規範，員工若知錯而犯錯，則必須受到懲戒，才能建立組織紀律。

三.要有明確客觀的證據

負責執行懲戒單位的人員，在任何斷定應予懲戒之前，應該蒐集廣泛資料，進行實地了解，並與當事人面談，如此三方面的調查後，才可能有明確與客觀的懲戒證據，不可欲加之罪何患無辭，此種態度之建立是相當重要的。

四.為革新而懲戒，不為懲戒而懲戒

懲戒並非目的，而是手段，所以組織的懲戒，必須有下列認知：

(一)無心犯過之懲戒：可酌予減輕，期使當事人不會自尊心喪失，維持其尊嚴。

(二)藉懲戒而煥然一新：希望藉由懲戒能改正工作，而非懲戒人就算了事，否則仍會有不斷的懲戒。

小博士解說

不見得理所當然

對於企業實施懲戒權，以往大部分人認為理所當然由企業自行決定，不容許其他人置喙，但是為什麼企業會有懲戒權，在什麼情況下，可以對員工進行懲戒，而且懲戒的方式是否應該有所限制，從法治的觀點來看，其實倒也不是那麼理所當然。

懲戒考量4因素

189

執行懲戒應考慮哪些呢？

1.由誰來執行懲戒

①包括由誰來調查、提報與發布。
②較常見的是，由各單位主管針對部屬所犯過失，呈報最高主管裁定懲戒。
③目前趨勢傾向由稽核部門負責，主要是因為各主管會為部屬護短。

2.建立合理的懲戒制度及規範

①主要讓員工知道不應該犯何種錯誤，如果犯了，在哪些狀況下，應該會受到何種懲處。
②有明確標準及規範，員工若知錯而犯錯，則必須受到懲戒，才能建立組織紀律。

3.要有明確客觀證據

①在任何斷定應予懲戒之前，應該蒐集廣泛資料，進行實地了解。
②除上述外，並與當事人面談，如此三方面的調查後，才可能有明確與客觀的懲戒證據。

4.不要為懲戒而懲戒

①對於無心之犯過，可酌予減輕懲戒，維持其尊嚴與面子。
②希望藉由懲戒能改正工作，否則仍會有不斷的懲戒。

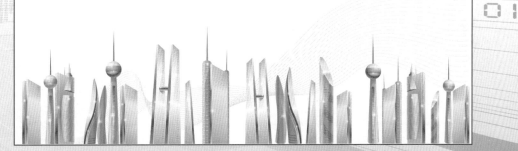

Unit **8-2**
懲戒的方法及原則

　　企業基於領導權及組織權，得對於員工之行為加以考核、制裁，即員工在工作中，違反企業依管理權所作之規定或指示時，企業得對之加以懲戒。然而如何實施懲戒，才能讓企業與員工往更好的方向進展，以下我們將要探討之。

一.懲戒的方法

　　依輕重而排列，懲戒的方法，包括口頭申誡、書面申誡、褫奪權力、罰款、記過（小過大過）、調職（平行調動）、降職（職稱頭銜降低），以及解僱、遣散。

二.懲戒的原則

　　(一)懲戒應採公開或不公開方式：凡部屬明顯而重大之疏失、舞弊或暴力等均採公開為之，以為大家之警惕；但對於部屬無心之過或微小過失，應採不公開之口頭申誡處置即可。

　　(二)懲戒應具建設性：懲戒本身無建設性，應將重點擺在如何防犯以後再產生此類錯誤，才是懲戒的目的。

　　(三)懲戒行動應該快速：部屬在發生過失之後，應立即調查清楚，並施予適當懲戒，應避免間隔過大，導致事實調查難以進行，並失去警惕的示範時效性；此外，可展示公司紀律嚴明之一貫立場。

　　(四)懲戒應公平一致：對於不同部門的員工，只要犯下同樣及同程度的過失，其所採行之懲戒結果，應該公平一致，不可有所差別。

　　(五)絕不應在部屬面前懲戒主管：如此將損及主管的領導威望，並嚴重傷及自尊，而在員工的心理也造成不良的陰影，對組織的氣候是負面結果。

　　(六)懲戒後仍應照往常狀況對待部屬：經懲戒之員工，組織全體仍應按往常平常心對待該部屬，避免歧視或冷落，免於該部屬走上極端，踏上不歸路。這一原則相當重要，全體員工應該鼓勵與安慰他，使他走上正途，避免再犯錯。

小博士解說

雇主可以扣薪作為懲戒手段嗎？

按勞基法規定，雇主自得以罰扣工資作為懲戒手段之一，並於工作規則中予以明文規定。惟雇主之懲戒制度亦應受司法審查。例如：勞工因手機遺忘在機車，而至停放公司門口之機車上取回手機，前後僅約三十秒時間，雇主竟施以大過處分，並扣薪1,000元，如此非重大違紀行為，雇主卻施以過重之懲戒處分，致有違「懲戒處分相當性原則」者，自非妥當。

企業常用的懲戒方法

| 1.口頭申誡 | 2.書面申誡 | 3.褫奪權力 | 4.罰款 | 5.記過 | 6.調職 | 7.降職 | 8.資遣、解僱 |

懲戒5原則

企業進行懲戒應堅守之原則

1.應採公開或不公開

2.懲戒應具建設性

3.懲戒行動應快速

4.懲戒應公平一致

5.懲戒後應正常對待部屬

Unit **8-3**
申訴的效益及應注意事項

很多企業，都逐步地建立了員工的申訴制度，最主要是因為該制度對企業主及員工兩方面，均有其正面效益，當然正面效益的背後是周密與謹慎在使力。

一.申訴制度之效益

(一)將問題顯露，並尋求解決方法：組織有很多的問題通常都潛藏著或已發生但被掩飾，所以員工申訴制度有利於將問題顯露出來，供上級主管參考、了解、分析，進而尋求對策的解決，此對公司有很大的助益。

(二)有助於防微杜漸：根據前面原則，可以使公司提早知道，提早解決，具有防微杜漸之作用，避免問題愈拖愈大，最後不可收拾。

(三)可使員工不滿情緒得到發洩：員工在組織中受到不合理或不平等對待、壓抑和挫敗，可透過申訴管道，使其怨恨與不滿，稍加發洩並尋求補救機會。

(四)可防止主管權力之專橫與腐敗：諺語有道：「絕對的權力，帶來絕對的腐敗」，所以透過申訴制度與管道，可避免各級主管濫用權力、營私舞弊、處事不公，進而使主管能在監督的感受下，正正當當的領導部屬。

二.處理申訴注意事項

(一)確知問題的本質：高階管理人員在處理申訴時，應該仔細傾聽部屬的心聲，並且試圖確知問題的本質，以期在裁決時能得到公正的解決方法，並可避免一犯再犯的出現。

(二)尋求事實真相：申訴是否就是真相，必須進一步求證。因此應該透過書面資料蒐集、面談、會議、現場查訪、觀察等方式，尋找事實真相，然後再處理申訴。

(三)分析與決定：在各種方式尋得相關資料後，高階主管應召集幕僚人員、稽核人員、直線主管等三方面人員共同會商，進行分析及討論，然後對員工之申訴，做出決定。

(四)回答（答覆）：高階管理應該將申訴之查訪與決定之結果，答覆給員工，不管此答覆對員工是支持或否定，都應將結果告訴申訴員工，並且告訴此決定的支持理由及原因為何，才可望使申訴員工得到心服口服。切不可石沈大海，有去無回，而讓員工對此制度喪失其信心與信任，如此一來，公司高階人員將聽不到真實的聲音，對組織整體發展大為不利。

(五)追查結果：申訴給予答覆之後，並不表示問題就完全獲得解決，仍有兩件事待做：1.申訴即使是正確的，但問題是否真的獲得解決了嗎？2.有時高階的申訴答覆未必都是絕對正確無誤，仍有可能是錯誤決定，故必須一段時間之後，再予查核新的事實狀況，然後再做對策。

申訴制度4效益

申訴制度有何益處？

1. 將問題顯露，並尋求解決方法

2. 有助於防微杜漸

3. 可使員工不滿情緒得到發洩

4. 可防止主管權力之腐敗

完整申訴制度，對企業與員工是正面效益。

處理申訴5注意事項

企業處理申訴應有的態度

1. 應仔細傾聽部屬的心聲，確知問題的本質。

2. 進一步求證，尋求事實真相。

3. 應召集幕僚人員、稽核人員、直線主管等三方面人員共同會商後，進行分析與決定。

4. 應將申訴之查訪與決定之結果，答覆給員工，並告知此決定的理由。

5. 追查結果
   ① 申訴即使是正確的，但問題是否真的獲得解決？
   ② 有時高階的申訴答覆未必絕對正確無誤，仍有可能是錯誤決定，故必須一段時間之後，再予查核新的事實狀況，然後再做對策。

Unit **8-4**
企業獎懲管理規章實例 Part I

這是某企業對員工獎懲管理規章的真實案例，茲摘要如下，俾能使讀者有所助益。由於本主題內容豐富，計有十二大項，特分三單元介紹。

一.獎勵種類

本公司對員工服務優良之獎勵，分為嘉獎、記功、記大功、頒發獎金四種。頒發獎金與各項獎勵，可視情況分立或並行。

二.記大功獎勵

(一)有特殊貢獻因而使公司獲重大利益者。
(二)對主辦事務有重大革新，並提出具體方案，經採行確有成效者。
(三)適時消弭意外事件或重大變故，使公司免遭嚴重損失者。
(四)對於重大舞弊或有危害公司重大權益情事，能事先舉發防止者。
(五)其他對公司營運有卓著貢獻行為，足為全體員工表率者。

三.記功獎勵

(一)對於主辦業務有重大推展或改革具有績效者。
(二)改善事務處理流程，降低公司營運成本，且有卓著績效者。
(三)預防或處理公司重大事故，使公司能免於或減輕損失者。
(四)愛惜公物，撙節物料，改良產品，提高生產頗具貢獻者。
(五)領導有方，使業務發展有相當收穫者。
(六)其他對公司營運有卓著貢獻行為，應予獎勵者。

四.嘉獎獎勵

(一)工作勤奮，負責盡職，熱心服務，能適時完成重大或困難任務者。
(二)急公好義，熱心協助同事解決困難者。
(三)維護團體榮譽或公眾有利益之行為，有具體事實者。
(四)操守廉潔，品行端正，足資表揚者。
(五)提高工作效率，增加生產，足資楷模者。
(六)其他功績與事蹟足以激勵員工者。

五.懲罰種類

本公司對員工之懲處，按情節輕重分為解僱（免職）、記大過、記過及申誡等四種。

獎懲實例——企業獎懲管理規章

1.獎勵種類

①包括嘉獎、記功、記大功與頒發獎金等四種。
②頒發獎金與各項獎勵，可視情況分立或並行。

2.記大功獎勵

①有特殊貢獻因而使公司獲重大利益者。
②對主辦事務有重大革新，並提出具體方案，經採行確有成效者。
③適時消弭意外事件或重大變故，使公司免遭嚴重損失者。
④對於重大舞弊或有危害公司重大權益情事，能事先舉發防止者。
⑤其他對公司營運有卓著貢獻行為，足為全體員工表率者。

3.記功獎勵

①對於主辦業務有重大推展或改革具有績效者。
②改善事務處理流程，降低公司營運成本，且有卓著績效者。
③預防或處理公司重大事故，使公司能免於或減輕損失者。
④愛惜公物，撙節物料，改良產品，提高生產頗具貢獻者。
⑤領導有方，使業務發展有相當收穫者。
⑥其他對公司營運有卓著貢獻行為，應予獎勵者。

195

4.嘉獎獎勵

①工作勤奮，負責盡職，熱心服務，能適時完成重大或困難任務者。
②急公好義，熱心協助同事解決困難者。
③維護團體榮譽或公眾有利益之行為，有具體事實者。
④操守廉潔，品行端正，足資表揚者。
⑤提高工作效率，增加生產，足資楷模者。
⑥其他功績與事蹟足以激勵員工者。

5.懲罰種類

①按情節輕重區分。
②解僱（免職）、記大過、記過及申誡等四種。

| 6.解僱（免職）處分 | → | 7.記大過處分 | → | 8.記過處分 | → | 9.申誡處分 | → | 10.獎懲處置與考核 | → | 11.功過相抵 | → | 12.獎懲申請與發布 |

Unit 8-5
企業獎懲管理規章實例 Part II

前面單元介紹企業獎懲管理規章實例中的獎勵種類、記大功獎勵、記功獎勵、嘉獎獎勵，以及懲罰種類等五項規章內容，本單元要繼續介紹解僱與記過處分等相關規章內容。

六.解僱（免職）處分

(一)違反公司規定得不經預告終止勞動契約者。

(二)經累計記大過三次之處分者。

(三)情節重大經一次記大過二次之處分者。

(四)其他依公司規章應予解僱（免職）者。

七.記大過處分

(一)直屬主管對所屬人員明知舞弊有據，而予以隱瞞庇護或不為舉發者。

(二)浪費公司財物或辦事疏忽，致公司受損者。

(三)違抗合理命令，或有威脅侮辱主管之行為，情節較輕者。

(四)洩漏公司機密或虛報事實，致公司受損者。

(五)品行不端，有損公司信譽、影響公司正常秩序者。

(六)在工作場所男女嬉戲，有妨害風化行為者。

(七)工作時，擅往他處睡覺或遊蕩者。

(八)故意撕毀本公司通告文件或遺失經管重要文件物品者。

(九)工作時間內，無故遠離工作崗位，而致貽誤作業發生損害者。

(十)虛報業績、產量或偽造不實工作紀錄者。

(十一)對待客戶及來賓出言不遜，行為無禮，經反應及查證屬實者。

(十二)工作不力，未盡職責或積壓文件，延誤工作時效者。

(十三)遺失重要文件、機具等，致使公司蒙受重大損失者。

(十四)在公司或在工作時間內，製造私人物件者。

(十五)其他未盡職守或違反公司規定，情節重大者。

八.記過處分

(一)違反第○條規定，情節較輕者。

(二)主管未適時調配工作或督導欠周，造成公司損失者。

(三)對上級指示之工作，未申報正當理由而未能如期完成或處理不當而造成公司輕微損失者。

(四)疏忽過失致公物損壞者。

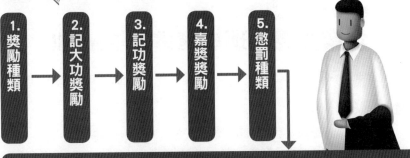

```
┌─────┐   ┌─────┐   ┌─────┐   ┌─────┐   ┌─────┐
│ 1.  │   │ 2.  │   │ 3.  │   │ 4.  │   │ 5.  │
│獎   │   │記   │   │記   │   │嘉   │   │懲   │
│勵   │→  │大   │→  │功   │→  │獎   │→  │罰   │
│種   │   │功   │   │獎   │   │獎   │   │種   │
│類   │   │獎   │   │勵   │   │勵   │   │類   │
│     │   │勵   │   │     │   │     │   │     │
└─────┘   └─────┘   └─────┘   └─────┘   └─────┘
```

6.解僱（免職）處分

①違反公司規定得不經預告終止勞動契約者。
②經累計記大過三次之處分者。
③情節重大經一次記大過二次之處分者。
④其他依公司規章應予解僱（免職）者。

7.記大過處分

①直屬主管對所屬人員明知舞弊有據，而予以隱瞞庇護或不為舉發者。
②浪費公司財物或辦事疏忽，致公司受損者。
③違抗合理命令，或有威脅侮辱主管之行為，情節較輕者。
④洩漏公司機密或虛報事實，致公司受損者。
⑤品行不端，有損公司信譽、影響公司正常秩序者。
⑥在工作場所男女嬉戲，有妨害風化行為者。
⑦工作時，擅往他處睡覺或遊蕩者。
⑧故意撕毀本公司通告文件或遺失經管重要文件物品者。
⑨工作時間內，無故遠離工作崗位，而致貽誤作業發生損害者。
⑩虛報業績、產量或偽造不實工作紀錄者。
⑪對待客戶及來賓出言不遜，行為無禮，經反應及查證屬實者。
⑫工作不力，未盡職責或積壓文件，延誤工作時效者。
⑬遺失重要文件、機具等，致使公司蒙受重大損失者。
⑭在公司或在工作時間內，製造私人物件者。
⑮其他未盡職守或違反公司規定，情節重大者。

8.記過處分

①違反第〇條規定，情節較輕者。
②主管未適時調配工作或督導欠周，造成公司損失者。
③對上級指示之工作，未申報正當理由而未能如期完成或處理不當而造成
　公司輕微損失者。
④疏忽過失致公物損壞者。

```
┌──────────────┐        ┌──────────────────┐
│ 9.申誡處分    │ ────→  │ 10.獎懲處置與考核  │
└──────────────┘        └──────────────────┘
┌──────────────┐        ┌──────────────────┐
│ 11.功過相抵   │ ────→  │ 12.獎懲申請與發布  │
└──────────────┘        └──────────────────┘
```

Unit 8-6
企業獎懲管理規章實例 Part III

本文要繼續介紹處分規章及功過相抵等後續內容，以期讀者能有完整性的概念。

八.記過處分（續）

(五)未經准許或未按規定登記，擅自帶外人進入工作場所參觀者。

(六)在工作場所酗酒滋事，影響秩序，情節輕微者。

(七)對同仁惡意攻訐、誣告、偽證、製造事端者。

(八)為不實之請假、擅改出勤紀錄或擅自將上班卡攜離打卡處者。

(九)在業務實行中，妨礙其他人員進行工作者。

(十)投機取巧，隱瞞矇蔽，謀取非分利益者。

(十一)屢次違反公司規定或行為不檢，經告誡仍不改正者。

(十二)其他未盡職守或違反公司規定，情節較重者。

九.申誡處分

(一)遇有非常事變，故意規避者。

(二)在工作場所內喧譁或口角，不服糾正者。

(三)辦事顢頇，於工作時間內，偷閒怠眠者。

(四)辦公時間內，未經許可，私自外出者。

(五)浪費或破壞公物，情節輕微者。

(六)工作疏忽致影響公司聲譽，情節輕微者。

(七)其他輕忽職守或違反公司規定，情節輕微者。

十.獎懲處置與考核

(一)員工之懲處，申誡三次等於記過乙次，記過三次等於記大過乙次。

(二)員工之獎勵，嘉獎三次等於記功乙次，記功三次等於記大功乙次。

(三)記大過乙次，列入年度考核，延後六個月調薪。

(四)記大過二次，列入年度考核，延後一年調薪，兩年不得升等。

(五)記大功二次以上，列入考核，並給予升等之獎勵。

十一.功過相抵

本章所稱嘉獎、申誡；記功、記過；記大功、記大過，得相互抵銷。功過均於該年度結束時，考核獎懲完畢。

十二.獎懲申請與發布

員工獎懲由部門主管或單位主管提出，經總經理核准，由人事部門統一發布。

獎懲實例——企業獎懲管理規章

```
1. 獎勵種類 → 2. 記大功獎勵 → 3. 記功獎勵 → 4. 嘉獎獎勵 → 5. 懲罰種類 → 6. 功過相抵 → 7. 獎懲申請與發布
```

8.記過處分（續）

⑤未經准許或未按規定登記，擅自帶外人進入工作場所參觀者。
⑥在工作場所酗酒滋事，影響秩序，情節輕微者。
⑦對同仁惡意攻訐、誣告、偽證、製造事端者。
⑧為不實之請假、擅改出勤紀錄或擅自將上班卡攜離打卡處者。
⑨在業務實行中，妨礙其他人員進行工作者。
⑩投機取巧，隱瞞矇蔽，謀取非分利益者。
⑪屢次違反公司規定或行為不檢，經告誡仍不改正者。
⑫其他未盡職守或違反公司規定，情節較重者。

9.申誡處分

①遇有非常事變，故意規避者。
②在工作場所內喧譁或口角，不服糾正者。
③辦事顢頇，於工作時間內，偷閒怠眠者。
④辦公時間內，未經許可，私自外出者。
⑤浪費或破壞公物，情節輕微者。
⑥工作疏忽致影響公司聲譽，情節輕微者。
⑦其他輕忽職守或違反公司規定，情節輕微者。

10.獎懲處置與考核

①員工之懲處，申誡三次等於記過乙次，記過三次等於記大過乙次。
②員工之獎勵，嘉獎三次等於記功乙次，記功三次等於記大功乙次。
③記大過乙次，列入年度考核，延後六個月調薪。
④記大過二次，列入年度考核，延後一年調薪，兩年不得升等。
⑤記大功二次以上，列入考核，並給予升等之獎勵。

11.功過相抵

①本章所稱嘉獎、申誡；記功、記過；記大功、記大過，得相互抵銷。
②功過均於該年度結束時，考核獎懲完畢。

12.獎懲申請與發布

①員工獎懲由部門主管或單位主管提出。
②經總經理核准，由人事部門統一發布。

第 **9** 章

激勵理論

●●●●●●●●●●●●●●●●●●●●●●●●●●● 章節體系架構 ▼

Unit **9-1**
馬斯洛的人性需求理論

美國人本主義心理學家馬斯洛（Maslow）的人性需求層次理論（Human Needs Theory），是研究組織激勵時，應用得最為廣泛的理論。他認為人類具有五個基本需求，從最低層次到最高層次之需求。這五種需求即使在今天，仍有許多人停留在最低層次而無法滿足。

一.生理需求

在馬斯洛的需求層次中，最低層次是對性、食物、水、空氣和住房等需求，都是生理需求（Physiological Needs）。例如：人餓了就想吃飯，累了就想休息一下。

人們在轉向較高層次的需求之前，總是盡力滿足這類需求。即使在今天，還有許多人不能滿足這些基本的生理需求。

二.安全需求

防止危險與被剝奪的需求，就是安全需求（Safety Needs），例如：生命安全、財產安全以及就業安全等。對許多員工來說，安全需求的表現在職場的安全、穩定以及有醫療保險、失業保險和退休福利等。如果管理人員認為對員工來說，安全需求最重要，他們就在管理中強調規章制度、職業保障、福利待遇，並保護員工不致失業。

三.社會需求

一旦人們的生理與安全需求得到滿足後，這些需求再也不能激勵行為了。此時，社會需求（Social Needs）就成為行為積極的激勵因子，這是一種親情、給予與接受關懷友誼的需求。例如：人們需要家庭親情、男女愛情、朋友友誼之情等。

四.自尊需求

此種需求是有關個人的自尊，亦即對自信、自立、成就、信心、知識、地位、尊敬與鑑賞的需求，包括個人有基本的高學歷、在公司的高職位、社會的高地位等自尊需求（Ego Needs）。

五.自我實現需求

最終極的自我實現需求（Self-Actualization Needs）是自我實現，或是發揮潛能，開始支配一個人的行為，每個人都希望成為自己能力所達成的人。達到這樣境界的人，能接受自己，也能接受他人。例如：成為創業成功企業家。

最高層次需求

5.自我實現需求

4.
自尊需求

3.
社會需求

2.
安全需求

1.
生理需求

低層次需求

**知識
補充站**

高低需求的分界點

綜合來看,生理與安全需求屬於較低層次需求,而社會需
求、自尊與自我實現需求,則屬於較高層次的需求。一般來
說,一般基層員工或一般社會大眾,都只能滿足到生理、安
全及社會需求。而社會上較頂尖的中高層人物,包括政治人
物、企業家、名醫生、名律師、個人創業家或專業經理人
等,才易有自我實現機會。

Unit **9-2**
其他常見激勵理論 Part I

　　除前文提到的馬斯洛五種人性需求的激勵理論外，還有其他學者專家提出的激勵理論五種，可資參考運用。由於內容豐富，特分兩單元說明之。

一.雙因子理論或保健理論

　　雙因子理論或保健理論（The Motivator-Hygiene Theory）乃是赫茲伯格（Herzberg）研究出來的，他認為保健因素（例如：較好的工作環境、薪資、督導等）缺少了，則員工會感到不滿。但是，一旦這類因素已獲相當滿足，則一再增加並不能激勵員工，這些因素僅能防止員工的不滿。

　　另一方面，他認為激勵因素（例如：成就、被賞識、被尊重等），卻將使員工在基本滿足後，得到更多與更高層次的滿足。例如：對副總經理級以上高階主管來說，薪水的增加，已沒有太大感受，設若從每月10萬薪水，增加一成到11萬，並不重要。重要的是他們是否有成就感，是否被董事長尊重及賞識，而不是像做牛做馬一樣被壓榨。另外，他們是否有更上一層樓的機會，還是就此退休。

二.成就需求理論

　　心理學家愛金生（Atkinson）認為成就需求理論（Need Achievement Theory）是個人的特色。高成就需求的人，受到極大激勵來努力達到成就工作或目標的滿足，同時這些人喜歡聽到別人對他們工作績效的明確反應與讚賞。

　　此理論有以下幾點發現：

　　(一)不同程度的自我激勵動力：人類有不同程度的自我成就激勵動力因素。

　　(二)訓練成就自我肯定：一個人可經由訓練獲致成就激勵。

　　(三)成就激勵與工作績效有直接關係：即愈有成就動機之員工，其成長績效就愈顯著。

三.公平理論

　　公平理論（Equity Theory）認為每一個人受到強烈的激勵，使他們的投入、貢獻與他們的報酬之間，維持一個平衡；亦即投入與結果之間應有一合理比率，而不會有認知失調的失望。換言之，愈努力工作以及對公司愈有貢獻的員工，其所得到之考績、調薪、年終獎金、紅利分配、升官等，就愈為肯定及更多。因此，這些員工在公平機制激勵下，即會更加努力以獲得代價與收穫。

　　例如：中國信託金控公司在2017年度因盈餘達350億元，因此員工年終獎金，即依個人考績獲得4～10個月薪資的不同激勵。

雙因子理論或保健理論

1.認同感	1.薪資
2.成就感	2.地位
3.責任感	3.工作環境
4.升遷	4.公司政策
5.成長	5.安全
6.工作本身	6.福利
	7.人際關係
	8.工作條件

滿足	沒有滿足	沒有不滿足	不滿足

激勵因子：與工作本身相關的因素

保健因子：與工作周遭的環境或條件相關的因素

成就需求理論

1. 人類有不同程度的自我成就激勵動力因素。
2. 一個人可經由訓練獲致成就激勵。
3. 成就激勵與工作績效有直接關係，即愈有成就動機之員工，其成長績效就愈顯著。

公平理論

1. 每一個人受到強烈的激勵，使他們的投入、貢獻與他們的報酬之間，維持一個平衡。
2. 員工在公平機制激勵下，即會更加努力以獲得代價與收穫。

Unit **9-3**
其他常見激勵理論 Part II

前面單元已介紹了雙因子理論、成就需求理論、公平理論四種激勵理論，接下來要繼續說明其他學者對激勵的看法了。

四.期望理論

期望理論（Expectancy Theory）認為一個人受到激勵努力工作是基於對成功的期望。汝門（Vroom）對此提出三個概念：

(一)預期：表示某種特定結果對人是有報酬回饋價值或重要性，因此員工會重視。

(二)方法：認為自己工作績效與得到激勵之因果關係的認知。

(三)期望：努力和工作績效之間的認知關係，也就是說，我努力工作，必會有好的績效出現。

例如：國內高科技公司因獲利佳，股價高，並且在股票紅利分配制度下，每個人每年都可以分到數十萬、數百萬，甚至上千萬元的股票紅利分配的誘因。因此，更加促進這些高科技公司的全體員工努力以赴。

五.動機作用模式

波特與勞勒（Porter & Lawler）兩位學者，綜合各家理論，形成較完整之動機作用模式。

他們將激勵過程看作外部刺激、個體內部條件、行為表現和行為結果的共同作用過程。他們認為激勵是一個動態變化迴圈的過程，即：獎勵目標→努力→績效→獎勵→滿意→努力，這其中還有個人完成目標的能力，獲得獎勵的期望值，覺察到的公平、消耗力量、能力等一系列因素。只有綜合考慮到各個方面，才能取得滿意的激勵效果。

綜上所述，我們得知此理論的幾個要點：

(一)員工努力乃因回饋高：員工自行努力乃因他感到努力所獲獎金報酬的價值很高與重，以及能夠達成之可能性機率。

(二)對工作本身更了解：除個人努力外，還可能因為工作技能與對工作了解兩種因素所影響。

(三)員工努力可能會得到內外在報酬：員工有績效後，可能會得到內在報酬（如成就感）及外在報酬（如加薪、獎金、晉升）。

(四)員工對報酬的滿足感：這些報酬是否讓員工滿足，則要看心目中公平報酬的標準為何；另外，員工也會與外界公司比較，如果感到比較好，就會達到滿足。

汝門的期望理論

員工付出努力

獲得高工作績效

依高績效能夠晉升、加薪、有獎金

這些對自己很重要,故有強大動機與激勵

所以更加努力付出,獲得好績效

波特與勞勒動機作用模式

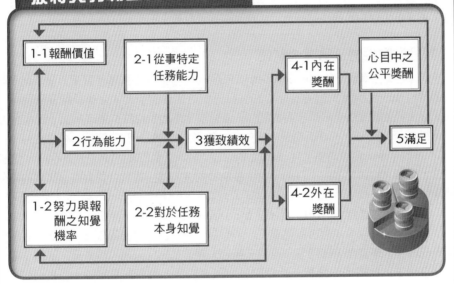

1-1報酬價值

2-1從事特定任務能力

4-1內在獎酬

心目中之公平獎酬

2行為能力

3獲致績效

5滿足

1-2努力與報酬之知覺機率

2-2對於任務本身知覺

4-2外在獎酬

知識補充站

期望理論下的激勵程序

汝門將激勵程序歸納為三個步驟:1.人們認為諸如晉升、加薪、股票紅利分配等激勵對自己是否重要?Yes。2.人們認為高的工作績效是否能導致晉升等激勵?Yes。3.人們是否認為努力工作就會有高的工作績效?Yes。

【關係圖】

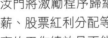

努力→高的工作績效→導致晉升、加薪→對自己很重要

(一)期望　　(二)方法　　(三)預期

$MF=E\times V$;MF=動機作用力($MF=Motivation\ Force$);E=期望機率;V=價值

Unit **9-4**
企業激勵案例——韓國三星電子

韓國三星電子集團以能力及實績作為薪獎的最大依據——有幾分能力，給幾分對待；做多少事，給多少報償。

一.員工基本薪資只占25～60%

三星集團子公司CEO所獲得的年薪當中，職薪的基本支給比重只有15%，其餘75%是股票上漲率和收益性指標EVA，依據預定目標的實績達成率等，每年有不同的決定。一般職員也有一樣情形，年薪所占的基本職薪比重不超過60%，其餘當然也是根據實績而定。這是賞罰分明與成果補償主義——有幾分能力，給幾分對待；做多少事，給多少報償——這個原則是三星電子具備世界競爭力，背後的主因之一。

二.頗具激勵性的三種獎金制度

(一)利潤分享制（Profit Sharing, PS）：一年期間評鑑經營實績，當所創利潤超過當時預設目標時，超過部分的20%將分配給職員的制度。每年於結算後發給一次。每人發放額度的上限是年薪的50%。無線事業部和數位錄影機事業部，就在2002年獲得年薪的50%。人事組相關人士說明，獲得追加PS 50%的職員，相當於每年以5%調整的年薪，連續調整七年後才能得到的年薪。三星PS的引進是在2000年，彌補以個人職等來敘薪的限制，目的是為了要激發動機，讓小組或公司對整個集團的經營成果有所提升。

(二)生產力獎金（Productivity Incentive, PI）：PI所評鑑的是經營目標是否達成，以及改善程度，然後以半季（一、七月）為單位，根據等級支付獎額。評鑑過程分成公司、事業部、部門及小組等三部分。評鑑基準以公司、事業部、部門（組）各自在半季內創造多少營利，計算EVA、現金流轉、每股收益率等，各自訂定A、B、C等級。因此，評鑑等級從AAA（公司、事業部、組）到DDD，共有二十七個等級。依照評鑑結果，最傑出的等級將獲得年度基本給薪的300%；反之，最低等級者一毛也得不到。例如：無線事業部或數位錄影機事業部所屬職員們，於2001年下半季公司（三星電子）A級、事業部及組也同為A級，評定可獲得150%的PI。相對地，記憶體事業部或TFT-LCD事業部，則只能獲得50%。

(三)技術研發獎勵金（Technology Development Incentive）：2002年年初，三星電子半導體、無線事業部所屬課長級六位工程師，各自從公司一次獲得1億5,000萬韓元的現金。這是與年薪不同，而是另外的「技術研發獎勵金」。這是和投資股票、不動產、創投企業一樣，美夢實現的暴利。以前，公司賺再多錢，最多也只能獲得薪資100～200%的特別獎金。

企業激勵案例——韓國三星電子

賞罰分明與成果補償主義——有幾分能力，給幾分對待；做多少事，給多少報償。

1.員工的基本薪資，只占25～60%，其餘為獎金。

①CEO所獲得的年薪當中，職薪的基本支給比重只有15%，其餘75%是股票上漲率和收益性指標EVA，依據預定目標的實績達成率等，每年有不同的決定。

②一般職員也有一樣情形，年薪所占的基本職薪比重不超過60%，其餘當然也是根據實績而定。

2.頗具激勵性的3種獎金制度

①利潤分享制

★一年期間評鑑經營實績，當所創利潤超過當時預設目標時，超過部分的20%將分配給職員的制度。

★每年於結算後發給一次，每人發放額度的上限是年薪的50%。

②生產力獎金

★評鑑的是經營目標是否達成，以及改善程度，然後以半季（一、七月）為單位，根據等級支付獎額。

★評鑑過程分成公司、事業部、部門及小組等三部分。

★評鑑基準以公司、事業部、部門（組）各自在半季內創造多少營利，計算EVA、現金流轉、每股收益率等，各自訂定A、B、C等級。因此，評鑑等級從AAA（公司、事業部、組）到DDD，共有二十七個等級。

★依照評鑑結果，最傑出的等級將獲得年度基本給薪的300%；反之，最低等級者一毛也得不到。

③技術研發獎勵金

★這與年薪不同，而是和投資股票、不動產、創投企業一樣，美夢實現的暴利。

★2002年年初，三星電子半導體、無線事業部所屬課長級六位工程師，各自從公司一次獲得1億5,000萬韓元的現金。

★以前公司賺再多錢，最多也只能獲得薪資100～200%的特別獎金。

第 10 章

薪資、獎酬與福利

● ●章節體系架構 ▼

Unit **10-1**
薪資制度的基本條件

　　員工第一天上班之後，可能心中就會產生我的薪資是多少？以後何時可調薪？能調多少？這些問題如果未能透明化，則有能力的員工，在看不到未來的情況下，就會萌生辭意，最後終於離開公司。

　　因此薪資制度的設計，對任何一家企業來說，都是一個相當重要的制度。但要如何規劃設計，才能讓員工看得見未來呢？

一.公平合理

　　薪資制度必須符合公平合理條件，而所謂公平合理，應從兩個角度來看：

　　(一)絕對薪資額：係指此項薪資是否足以讓員工維持其基本的經濟生活需求，以及跟社會上其他行業的相同職務相比較，是否差距不大。

　　如果這兩項實況都能符合，即可說此薪資制度是公平合理的。

　　(二)相對薪資額：係指此項薪資是否與其他同事的薪資，能因為工作任務的輕重不同、職位職務的不同、工作能力的不同、部門單位的不同、業務與幕僚的不同、貢獻程度的不同，而使組織內各員工的薪資結構能有所適當差異。

　　如果這些都能符合，即可說此薪資制度是公平合理的。

二.具激勵性

　　薪資制度不具激勵性，即將使薪資成為不具控制力的工具。

　　換句話說，如果薪資是固定不變或屬僵硬不夠彈性時，薪資本身並無實質意義。薪資制度最怕的是一種齊頭式的假平等。

　　那麼薪資要如何才算具有激勵性呢？應該要有這樣觀念——薪資應隨員工績效或貢獻之多少，而增減其薪資金額——此績效或貢獻，可表現在以下兩大類評估方式：

　　(一)數量化：即從下列營運上的可計算單位得知其績效狀況：

　　1.產出量：即製造業生產線或服務業生產線的產出量、個人與部門的產出量比例如何。

　　2.銷售額：即業務單位的銷售實績、個人與部門的銷售比例如何。

　　3.淨利盈餘：即個人與部門的獲利績效與比例如何。

　　4.成本節省：即個人與部門對組織成本之節省多少貢獻。

　　(二)非數量化：係指包括管理、規劃、領導、稽核、協調、組織等功能之發揮與制度建立。

　　我們都知道，人才是企業最寶貴的資產，因此企業在設計薪資制度時，至少必須具備公平合理及具激勵性兩個基本條件，畢竟員工的眼睛是雪亮的，企業有無用心，員工心理最清楚，如此才能讓員工信服，進而留住好人才，對組織產生正面效應。

薪資制度2大基本條件

1.公平合理

① 絕對薪資額

★ 指此項薪資是否足以讓員工維持其基本的經濟生活需求，以及跟社會其他行業相同職務相比較，是否差距不大。

★ 如果這兩項實況都能符合，即可說此薪資制度是公平合理的。

② 相對薪資額

★ 指此項薪資是否與其他同事薪資，能因為工作任務輕重不同、職位職務不同、工作能力不同、部門單位不同、業務與幕僚不同、貢獻程度不同，而使組織內各員工的薪資結構能有所適當差異。

★ 如能符合，即可說此薪資制度是公平合理的。

2.具激勵性

① 薪資應隨員工績效或貢獻之多少，而增減其薪資金額。

② 此績效或貢獻，可表現在數量化與非數量化兩方面。

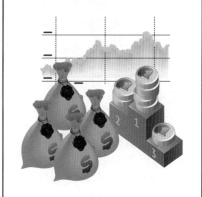

 薪資 = 公平合理  + 具激勵性

213

馬太效應

> **知識補充站**

所謂馬太效應（Matthew Effect），是指好的愈好，壞的愈壞，多的愈多，少的愈少的一種現象。來自於聖經《新約・馬太福音》中的一則寓言。

1968年，美國科學史研究者羅伯特・莫頓（Robert K. Merton）提出這個術語，用以概括一種社會心理現象：「相對於那些不知名的研究者，聲名顯赫的科學家通常得到更多的聲望，即使他們的成就是相似的；同樣地，在同一個項目上，聲譽通常給予那些已經出名的研究者，例如：一個獎項幾乎總是授予最資深的研究者，即使所有工作都是一個研究生完成的。」

此術語後為經濟學界所借用，反映貧者愈貧，富者愈富，贏家通吃的經濟學中，收入分配不公的現象。

這也可套用在組織實施功績薪制，如果沒有建立良好的薪資制度，則會經常造成員工間的競爭，合作不易，無論績效好或績效不好的員工，都易產生一些負面的情緒。

Unit **10-2**
影響薪資的內外在因素 Part I

　　人才是企業最寶貴的資產，怎樣的薪資制度才能留住人才？相信只要企業順應產業環境的需要，做到全方位考量，自然就能建立一套適合組織、員工、外界環境需要的薪資制度，不會因為薪資制度的設計不良，產生許多管理上的窘境。

　　一般來說，影響薪資設計具有相當多的因素，有的是與公司政策相關，有的是外界行業間的比較，如果不多花心思，真的不容易設計一套好的薪資結構。

　　由於本主題內容豐富，特分兩單元介紹。本單元著重在影響薪資的內在因素。

一.內在因素

　　內在因素係指與員工職務特性及狀況有關之因素，大致分為以下七點：

　　(一)職務權責的大小：組織內員工的職務權責（權力與責任）愈大，則應可以得到較高的薪資。因為職務權責愈大，其決策的決定，必對公司產品的創新、產品的品質、產品的銷售，以及公司盈餘等，產生較大的影響，此非一般性員工所能相比。

　　例如：總統（國家元首）的月薪有50多萬元，加上特支費可能突破100萬元，此高薪乃是因為其職責與國家前途發展攸關。再如一家公司的總經理負責公司的成敗，故其薪資也必然比某一個部門副總經理為高才對。

　　(二)技能的高低：所謂技術能力係指對執行工作所達成之效率與效果好壞之展現。員工的技能高，表示工作效率與效果會比技能低的員工表現較好。

　　故技能因素，也會影響員工薪資。例如：有些有幾十年技能的工程師或技師，其薪資比資淺的必然更高些。

　　(三)工作危險性的有無：有些工作具有相當的危險性，例如：建築工人、鍋爐工人、輻射線工作人員、毒物工作人員、塑膠廠工作人員、刀削工作人員等，屬處在危險工作環境中，或因長期性、或因突發性、或因未留意性而導致工作人員受生命肢體之傷殘病者，此亦應獲得較高薪資。此為工作危險津貼，例如：像空軍飛行區或民航機駕駛，其薪資也比較高，此乃其工作具有不特定的危險性存在。

　　(四)工作時間性的不同：有些工作是屬於短期性與暫時性的，一旦工作完成，這些員工可能就不再被僱用。因此，此類員工的薪資也會高些。

　　另外，有些因工作性質需要，故工作時間的長度，比一般八小時還長，此類員工的薪資也會較高些。這些員工稱為約聘人員或人力派遣人員，非公司內部正式員工，故無法享受正式員工的薪資水平及相關福利。兩者是有差異的。

　　(五)福利好壞的不同：有些高科技電子公司因營運績效佳，故在股票分紅制度下，員工整體的薪資獎金所得比一般傳統製造業要好很多。即在同一個產業內，也因營運狀況不同，也有不同的薪資與年終獎金所得。好的公司，年終獎金可能高達六個月，差的公司可能只有一個月而已，一般的則在二至三個月之間。

①職務權責的大小

★組織內員工的權力與責任愈大，則應可得到較高的薪資。
★職務權責愈大，其決策的決定，必對公司產生較大的影響。
例如：總統（國家元首）的月薪有50多萬元，加上特支費可能突破100萬元，此高薪乃是因為其職責與國家前途發展攸關。

②技能的高低

★技術能力係指對執行工作所達成之效率與效果好壞之展現。
★員工的技能高，表示工作效率與效果會比技能低的員工表現較好，也會影響員工薪資。
例如：有些有幾十年技能的工程師或技師，其薪資比資淺的必然更高些。

③工作危險性的有無

★工作具有相當危險性，很容易導致工作人員受生命肢體之傷殘病者，此應獲得較高薪資。
★此為工作危險津貼。
例如：像空軍飛行區或民航機駕駛，其薪資也比較高，此乃其工作具有不特定的危險性存在。

④工作時間性的不同

★工作是屬於短期性與暫時性的，一旦工作完成，這些員工可能就不再被僱用。
★因工作性質需要，故工作時間的長度，比一般八小時還長。
★員工的薪資也會高些。

⑤福利好壞的不同

★有些高科技電子公司因營運績效佳，故在股票分紅制度下，員工整體的薪資獎金所得比一般傳統製造業要好很多。
★同一個產業內，也因營運狀況不同，也有不同的薪資與年終獎金所得。
★好的公司，年終獎金可能高達六個月，差的公司可能只有一個月而已，一般的則在二至三個月之間。

哪些因素影響薪資制度的設計呢？

1. 內在因素

⑥風俗習慣的觀念　⑦學歷的高低

2. 外在因素

①生活費用水準　②當地通行的薪資
③勞力市場供需　④工會力量大小
⑤產品需求的彈性不同

Unit **10-3**
影響薪資的內外在因素 Part II

前面單元介紹了影響薪資的五種內在因素，再來要繼續介紹兩種內在因素及五種影響薪資的外在因素。

一.內在因素（續）

(六)風俗習慣的觀念：很多企業到現在，對於在基層的男性與女性的薪資仍存有差距的觀念。同一職位、同一職務上，女性的薪資就可能比男性少。還有，實習生、工讀生、學徒、非正式聘僱人員的薪資，也比正式編制人員的薪資低，即使他們做的工作是相同的。不過，在中高級主管的男女性薪資差異就不會太大。

(七)學歷的高低：有些大企業內部訂有制度，博士、碩士、學士、專科及高中職等畢業的起始任用薪資，會有數千元到萬元不等的差距。例如：碩士起薪為3萬5,000元，大學畢業生起薪為2萬8,000元等，兩者即差了7,000元。

二.外在因素

(一)生活費用的水準：員工工作有部分原因就是要維持生存。因此，薪資也必須考量在不同物價水準下，以及求取一般生活水準的經濟生活下，所應得到的薪資，以使員工能安定生活。目前根據主計總處的統計調查，臺灣勞工平均每人月薪資額接近4萬元新臺幣。此為平均數據，有更高的，也有低於此數字的。

(二)當地通行的薪資：公司所處地區及所處行業，通常都有近乎一致的傾向，當然若干小的差異仍是存在。因此，公司薪資也必然要考慮到同仁或同地區其他公司薪資行情，否則公司員工會產生較高的流動率。例如：一個電子工程師或研發人員，應該有多少薪資水準，若低於此數字，他就會流動。

(三)勞動市場的供需：物以稀為貴，勞力（人力資源）也不例外。有些人力資源的種類，市場供應很少，需求又很旺盛。故此類人才，將可獲得較一般水平高的薪資；反之，勞力供過於需，薪資必被拉低。例如：高科技業研發（R&D）人員的薪資，就比一般部門人員的薪資高些，因為優秀R&D人員，確實供不應求。

(四)工會的力量大小：勞工的工會組織如果力量大，則談判力量就會增強，也較易於得到資方較為寬大的薪資與紅利發放之改善。而工會的成立，是民主社會必然的產物。例如：台塑企業集團的勞工工會，過去都會找上台塑總公司，求見王永慶董事長，要求調薪比例。在日本地區也會發生勞工所謂的「獨鬥」事件，亦指要求調薪的爭取活動。

(五)產品需求的彈性（服務業）：在服務業的產品，其需求彈性的大小，也會影響其薪資額。當需求彈性小，人們對此項服務的需求，就無法因價格高而不要此項服務，因為找不到其他替代品；反之，如果此項服務的替代方式很多，則此服務項目之收費就不會太高，反映在此行為人員的薪資上，就是薪資不會很高。

影響薪資的內外在因素

哪些因素影響薪資制度的設計呢？

1. 內在因素

①職務權責的大小　　②技能的高低

③工作危險性的有無　　④工作時間性的不同

⑤福利好壞的不同

⑥風俗習慣的觀念

★很多企業到現在，對於在基層的同一職位、同一職務上，仍存有女性薪資要比男性少的觀念。

★實習生、工讀生、學徒、非正式聘僱人員的薪資，也比正式編制人員的薪資低，雖然做的是相同的工作。

★中高級主管的男女性薪資差異就不會太大。

⑦學歷的高低

★有些大企業內部訂有學歷制度的起始任用薪資，會有數千元到萬元不等的差距。

2. 外在因素

①生活費用水準

★薪資必須考量在不同物價水準下，以及求取一般生活水準的經濟生活下，以使員工能安定生活。

★目前根據主計總處的統計調查，臺灣勞工平均每人月薪資額接近4萬元。此為平均數據，有更高的，也有更低的。

②當地通行的薪資

★薪資必須考慮同仁或同地區其他公司薪資行情，否則公司員工會產生較高的流動率。

③勞力市場供需

★有些人力資源的種類，市場供應很少，需求又很旺盛，故能獲得較一般水準高的薪資。

★勞力供過於需，薪資必被拉低。

④工會力量大小

★勞工的工會組織如果力量大，則談判力量就會增強，也較易於得到資方較好的薪資與紅利。

⑤產品需求的彈性不同

★當需求彈性小，人們對此項服務的需求，就無法因價格高而不要此項服務→員工薪資會較高。

★當此項服務的替代方式很多，則收費就不會太高→員工薪資不會很高。

Unit 10-4
完整薪酬政策要素 Part I

薪酬的形式非常複雜，不同的酬賞對於不同的對象，提供了程度不一的滿足能力。一項好的薪酬政策，不但要兼具公平性、競爭性，同時還要能提升員工對組織的貢獻與承諾，以及提高企業的效率。

由於本主題內容豐富，特分兩單元介紹，以期讀者對什麼是完整的薪資政策有一通盤的認識。

一.薪酬內容應具多樣性

一般來說，報酬可分為內在性以及外在性的酬賞。內在性報酬主要是涵蓋工作本身的豐富性、自主性等。例如：個人成長的空間、參與決策的機會。

而外在性報酬，依其性質又可分為直接、間接、非財務性三種：

(一)直接薪酬：即底薪、分紅、入股等直接發放給員工的薪資。

(二)間接薪酬：即休假、保險等附加福利。

(三)非財務性報酬：指頭銜、辦公室裝潢等滿足較高層次需求的薪酬因素。

大多數的企業，將報酬項目著重在直接薪酬與間接薪酬的部分，而忽略了其他能激勵員工的報酬項目。事實上，不同形式的酬賞因素，能滿足員工不同層級的需求，並達到不同的激勵效果。

例如：對自尊或自我成長等方面的需求，不是單憑金錢的給與能滿足的。因此，企業在使用報酬因素激勵員工時，應儘量將多種報酬項目列入考量，或是針對不同需求的員工，做個別性的獎酬，更能達到獎賞、激勵的雙乘效果。

二.合理薪酬政策可提高組織效率

企業制定薪酬制度的基本考量有三：效率、公平、適法性。就效率而言，公司目前訂定的薪酬制度，必須達成企業在人力資源上的目標，甚至是組織的目標。

例如：公司希望企業員工能致力於創新，那麼公司的薪資就不應該以員工的年資來決定。此外，各部門的工作性質不同，競爭優勢亦不同，因此應該避免使用同一種薪酬制度，以免降低部門原有的競爭優勢與能力。

例如：生產、行銷導向的部門，可以選擇低固定薪資，配合高變動薪資的方法；而行政導向的部門，除了薪資的給與外，可配合工作豐富化，以及強調個人成長的內在報酬因素。

其次，公司希望用以激勵員工的因素必須明確，讓員工明白何種行為是公司所鼓勵的。設定的目標必須是可衡量，才能有效區別出員工的貢獻程度。

此外，要讓員工知道，公司如何衡量目標達成度，衡量方法要明確、一致化，可以提高員工的公平認知，對於員工個人、部門，以及企業的效率也能大幅提升。

完整薪酬政策4要素

薪酬的形式非常複雜，不同的酬賞對於不同的對象，提供了程度不一的滿足能力。

什麼是好的薪酬制度？

1.薪酬內容具多樣性

①內在性報酬
★主要涵蓋工作本身的豐富性、自主性等。
★例如：個人成長的空間、參與決策的機會。

②外在性報酬
★直接薪酬：即底薪、分紅、入股等直接發放給員工的薪資。
★間接薪酬：即休假、保險等附加的福利。
★非財務性報酬：主要是指頭銜、辦公室裝潢等滿足較高層次需求的薪酬因素。

③企業忽略的事
★多數企業將報酬項目著重在直接薪酬與間接薪酬的部分，而忽略其他能激勵員工的報酬項目。
★事實上，不同形式的酬賞因素，能滿足員工不同層級的需求，並達到不同的激勵效果。

2.可以提高組織效率

①效率方面
★公司目前訂定的薪酬制度，必須達成企業在人力資源上的目標，甚至是組織目標。

②公平方面
★各部門的工作性質不同，競爭優勢亦不同，應避免使用同一種薪酬制度，以免降低部門原有的競爭優勢與能力。
★要讓員工知道，公司如何衡量目標的達成度，衡量方法要明確、一致化。

③適法性方面
★公司希望用以激勵員工的因素必須明確，讓員工明白何種行為是公司所鼓勵。
★設定的目標是可衡量，才能有效區別出員工的貢獻程度。

3.可以提高員工對組織的承諾

4.合乎法令人情

一項好的薪酬政策，不但要兼具公平性、競爭性，同時還要能提升員工對組織的貢獻與承諾，以及提高企業的效率。

Unit **10-5**
完整薪酬政策要素 Part II

前文提到了完整薪酬政策要素，除了薪酬內容應具多樣性與可提高組織效率等兩種外，本文要繼續介紹薪酬政策的公平性及必須合乎法令人情等兩種要素。

三.薪酬政策的公平性可提高員工對組織的承諾

員工對於企業所給與的薪資，最在意的就是公平性，對於自己所付出的努力，希望能獲得企業主相對等的認同。在公平性的認知上，員工比較在意的是分配公平與程序公平，兩者的差異，茲分述如下：

(一)分配公平：係指在相對的標準下，員工對於所投入與所獲得結果的公平認知，一旦員工察覺到不公平的情況，例如：付出大於所得，便會改變其行為；例如：減少產量或降低工作品質，以達到員工心中的公平標準。

(二)程序公平：係指包含績效評估結果的過程是否具有公平性。研究顯示，使用程序公平原則的組織，其員工對於所獲得的結果接受度較大，組織承諾也相對較高。為了達到公平原則，只有透過雙向溝通，才能讓員工了解到整個制度的程序、內容以及結果，同時讓員工對不公平之處提出建議，作為改善的依據。

四.薪酬制度必須合乎法令人情

薪酬制度的適法性也是企業努力的目標之一，適法不只是政府所公布的相關法令，還包括公司內部規定及願景。在勞動基準法公布後，企業的薪酬制度是否合乎法令，成為相當重要的議題。尤其，目前裁員、減薪的情況頻仍，所引發的勞資糾紛不斷，企業除了考量退休金、資遣費的支付標準和方法，以及合法性的問題之外，同時還要維持及強固企業本身的社會形象。例如：目前有許多企業在進行縮編時，提供員工優惠退休、退職的方案，以優於一般退休、退職的給付條件，鼓勵員工自動提出申請，藉以減少強制資遣所帶來的不必要衝突，達到企業瘦身、維持和諧勞僱關係的目的。

小博士解說

薪資系統的設計是一門學問

對於一個負責設計薪資系統的人，心中一定要有結構圖，薪資應包含哪些項目？每一個項目在整個薪資系統中的意義是什麼？將來要如何變化？大家常聽到與薪資有關的名詞，例如：本俸、伙食津貼、交通津貼、管理加給、績效獎金、年終獎金、分紅等名詞，這些大家似乎都耳熟能詳，但要能找到幾個人來解釋這些項目如何應用，及其結構應如何設計，可能就不多了。

完整薪酬政策4要素

薪酬的形式非常複雜，不同的酬賞對於不同的對象，提供了程度不一的滿足能力。

什麼是好的薪酬制度？

1.薪酬內容具多樣性

2.可以提高組織效率

3.可以提高員工對組織的承諾

①分配公平
★指在相對的標準下，員工對於所投入的與所獲得結果的公平認知。
★一旦員工察覺到不公平的情況，例如：付出大於所得，便會改變其行為；例如：減少產量或降低工作品質，以達到員工心中的公平標準。

②程序公平
★只包含績效評估結果的過程是否具有公平性。
★研究顯示，使用程序公平原則的組織，其員工對於所獲得的結果接受度較大，組織承諾也相對較高。
★只有透過雙向的溝通，才能讓員工了解到整個制度的程序、內容，以及結果，同時讓員工對不公平之處提出建議，作為改善的依據。

4.合乎法令人情

①在勞動基準法公布後，企業的薪酬制度是否合乎法令，成為相當重要的議題。
②適法不只是政府所公布的相關法令，還包括公司內部規定及願景。
③目前裁員、減薪的情況頻仍，所引發的勞資糾紛不斷，企業必須考量退休金、資遣費的支付標準和方法，以及合法性的問題。
④企業還要維持及強固企業本身的社會形象。

一項好的薪酬政策，不但要兼具公平性、競爭性，同時還要能提升員工對組織的貢獻與承諾，以及提高企業的效率。

221

Unit 10-6
薪資制度的類別及優缺點

　　目前較流行的薪資制度有兩種：一為計時制；一為計件制。兩者有何差異及何者為優，以下我們要來探討之。

一.計時制

　　計時制係以工作所費之時間為基準，作為核算工資或薪資之標準。時間之計算，有按小時、按日、按週及按月為基本單位，通常按月薪制的狀況為最常見，也是目前被運用最廣泛的給薪制度。當然，目前有些公司的業務單位或利潤中心專業部門，也很多採行「底薪+獎金」制度，此亦算是一種計時制的改良方法。

　　為方便說明，茲舉例如下：1.按小時計算：如速食店的服務人員，每小時為100元工資；2.按日計算：如建築工人（水泥工），每日工資為2,000元，以及3.按月計算：如一般上班族、軍公教人員等，每月拿固定月薪。

　　至於計時制的適用範圍及其優缺點又是如何呢？茲說明如下：

　　(一)適用範圍：1.工作不便於按件數計算；2.幕僚協助性質的工作；3.工作的品質成果重於工作的產出量成果；4.工廠規模不大，主管可對作業人員嚴密督導者，以及5.工作性質常受外界干擾、延遲而無法連貫作業者。

　　(二)計時制的優點：1.薪資計算較簡便；2.員工可專心提高產品品質，不致於為多領獎金而趕工，導致品質不佳；3.員工工作較無太大壓力，情緒可得穩定，以及4.雇主可大概了解固定的人事費用。

　　(三)計時制的缺點：1.工作與報酬不能一致，缺少激勵；2.努力工作者與偷懶工作者，得到相同待遇；3.形成劣幣驅逐良幣現象，以及4.為保持工作效率，必然增加很多監督管理人員，亦即增加費用支出。

　　上述缺點，可用底薪＋獎金制度，予以彌補缺失。

二.計件工資制

　　計件工資制係以完成工作數量成產品件數，作為計算薪資之標準；也就是說，其工資會隨著生產件數的多寡而有所不同。其適用範圍及優缺點，茲說明如下：

　　(一)適用範圍：1.工作性質便於以件數核算者（例如：工廠生產線之作業員）；2.有鼓勵提高生產速度及產出量之必要時段者，以及3.工廠規模太大，人員太多，管理監督有事實困難者。

　　(二)計件工資制的優點：1.較符合公平原則；2.員工為多增加產出量，常會思考工作方法之簡化與改善，以增進工作效率，以及3.可減少監督管理人員的配置。

　　(三)計件工資制的缺點：1.員工為求高產出、高薪資，導致產品品質粗劣，不良品一堆，以及2.員工心神耗費過大，長時期來看，會影響生理健康。

1.計時制

意義：①計時制係以工作所費之時間為基準，作為核算工資或薪資之標準。
②時間之計算，有按小時、按日、按週及按月為基本單位。
③月薪制是目前被運用最廣泛的給薪制度。
④目前有些公司的業務單位或利潤中心專業部門，多採行「底薪＋獎金」制度，也是一種計時制的改良方法。
適用範圍：①工作不便於按件數計算。
②幕僚協助性質的工作。
③工作的品質成果重於工作的產出量成果。
④工廠規模不大，主管可對作業人員嚴密督導者。
⑤工作性質常受外界干擾、延遲而無法連貫作業者。
優點：①薪資計算較簡便。
②員工可專心提高產品品質，不致於為多領獎金而趕工，導致品質不佳。
③員工工作較無太大壓力，情緒可得穩定。
④雇主可大概了解固定的人事費用。
缺點：①工作與報酬不能一致，缺少激勵。
②努力工作者與偷懶工作者，得到相同待遇。
③形成劣幣驅逐良幣現象。
④為保持工作效率，必然增加很多監督管理人員，亦即增加費用支出。
★計時制缺點，可用「底薪＋獎金」制度，彌補缺失。

2.計件工資制

意義：①以完成工作數量成產品件數，作為計算薪資之標準。
②工資會隨著生產件數的多寡而有所不同。
適用範圍：①工作性質便於以件數核算者。
②有鼓勵提高生產速度及產出量之必要時段者。
③工廠規模太大，人員太多，管理監督有事實困難者。
優點：①按產出件數核薪，較符合公平原則。
②員工為多增加產出量，常會思考工作方法之簡化與改善，以增進工作效率。
③可減少監督管理人員的配置。
缺點：①員工為求高產出、高薪資，導致產品品質粗劣，不良品一堆。
②員工心神耗費過大，長時期來看，會影響生理健康。

目前較流行的薪資制度

Unit 10-7
員工福利制度快速發展原因

自20世紀以來，尤其1970年代後來，員工福利的觀念已廣被接受，並且被視為組織上的一個重要主題。究其能快速發展的原因，可歸納整理以下五點並且探討之。

一.工會力量的增強

工會旨在為員工爭取合理待遇與福利，以避免完全成為資本主的勞動工具。過去，勞工是屬於散亂的團體，其力量遠遜於資本主；而現在工會的概念已被認可，且多付諸行動，形成不可遏阻之趨勢。而以工會集體力量督促及改進資本主政策上的偏誤，已是可行且合理的作法。而在民主選舉國家，政府民意代表及各政黨，為爭取勞工選票支持，也對各種工會予以支持及重視，此更加增添工會的力量。

二.政府的支持

自福利社會及福利主義成為現代政府主要執政目標後，政府的公權力對於一般民眾及廣大勞工之福利權益，就扮演了配合性的立法與執法的角色。正因為政府在態度上及作為上的支持，資本主不得不配合政府法規上的相關規定，如此就形成了一般性作為及習性。因此，政府在勞基法、健保法等法令上也大力配合，重視勞工權益。

三.人性需求的提升

在較早時代，勞工工作目的，大抵僅為了求得溫飽，並不知、也不會要求更多更高層次的滿足。然而，隨著時代的進步及教育普及，勞工智慧的增長，對於需求的層次已不斷改變及提升。勞工工作不再以薪資為滿足，而要求資本主提供更多的福利，諸如退休、保險、住宅、年終分紅、工作環境、食宿提供、緊急貸款、員工認股、醫療檢查、交通、教育訓練等項目。在勞工的想法，既然全體勞工為資本主辛苦賺錢，自應獲得資本主善意之回饋，以維持社會生態的均衡與和平。

四.來自業者競爭的壓力

勞工市場其實跟產品市場是一樣的道理。當其他競爭業者提供更優渥條件給勞工時，勞工即可能移轉工作環境。因此，在自由勞工市場的相互競爭下，企業為求得高素質人力，自必改善及增強其待遇與福利，於是造成了員工福利問題的重視。如果薪資與福利水準，遠低於競爭對手，那麼優秀人才將流失，而使企業競爭力逐步下降。

五.以福利措施代替部分薪資

薪資具有一般市場行情，惟福利就無此準則。有些公司常以福利代替部分薪資的增加，因為福利的整合效果與薪資的個人效果，是不相同且不可互相比較。因此，高科技公司的員工薪資水準，沒有特別高，倒是員工年終股票分紅，則享有大筆好處。

員工福利制度快速發展5原因

自1970年代後來，員工福利的觀念已被視為組織上的一個重要主題

員工福利制度為何發展如此快？

1.工會力量增強
①工會旨在為員工爭取合理待遇與福利，以避免完全成為資本主的勞動工具。
②勞工過去是屬於散亂的團體，力量遠遜於資本主，而現在工會的力量已形成不可阻遏的趨勢。
③工會以集體力量督促及改進資本主政策上的偏誤，已是可行且合理的作法。

2.政府的支持
①自福利社會及福利主義，成為現代政府主要執政目標後，政府的公權力開始配合廣大勞工福利權益之立法與執法的角色。
②政府在態度及作為的支持，資本主不得不配合政府法規相關規定。
③政府在勞基法、健保法等法令上也大力配合，重視勞工權益。

3.人性需求的提升
①早期勞工工作目的，僅為了溫飽，也不會要求更多更高層次的滿足。
②隨著時代進步及教育普及，勞工智慧增長，對於需求層次已不斷提升。
③勞工的想法，既然全體勞工為資本主辛苦賺錢，自應獲得資本主善意回饋，以維持社會生態的均衡與和平。

4.來自業者的競爭壓力
①勞工市場其實跟產品市場是一樣的道理。
②當其他競爭業者提供更優渥條件給勞工時，勞工即可能移轉工作環境。
③在自由勞工市場的相互競爭下，企業為求得高素質人力，自必改善及增強員工待遇與福利措施。

5.以福利措施，替代部分薪資
①薪資具有一般市場行情，但是福利就無此準則。
②有些公司常以福利代替部分薪資的增加，因為福利的整合效果與薪資的個人效果，是不相同且不可互相比較。
③例如：高科技公司的員工薪資水準，沒有特別高，倒是員工年終股票分紅，則享有大筆好處。

現在勞工看重什麼？

勞工工作不再以薪資為滿足，而要求資本主提供更多的福利：

- 退休
- 保險
- 住宅
- 年終分紅
- 工作環境
- 食宿提供
- 緊急貸款
- 員工認股
- 醫療檢查
- 交通
- 教育訓練

Unit **10-8**
福利的三大類

有關福利的範圍，各有不同的定義，但若就其福利的類別來看，大致可區分三大類，以下我們來探討之。

一.經濟性福利

經濟性福利（Economic Welfare）主要強調在金錢與物質方面的福利，包括以下幾點內容：1.退休金給付：企業、政府與勞工三方共同負擔；2.團體保險：壽險、疾病險、意外險；3.員工疾病、傷殘與意外給付；4.互助基金；5.分紅配股；6.低利貸款（如房屋貸款、汽車貸款）；7.子女獎學金；8.產品優待，以及9.其他補助。

該類福利主要目的是希望能消除勞工對基本經濟生活與安全的憂慮與恐懼，期使穩定人事組織，提高其向心力與工作效率。

二.娛樂性福利

娛樂性福利（Recreational Welfare）主要以娛樂健康活動的福利為主，包括以下幾點內容：1.舉辦各類公司內部社團組織；2.舉辦球類競賽；3.舉辦年度旅遊，以及4.舉辦慶生會、尾牙、節日之聚餐與晚會活動。

該類福利主要目的有以下幾點：1.增進員工合作團結意識；2.增進員工身心健康，調劑長期工作之壓力，以及3.使員工確認企業是個值得留下的好地方，視工作為生活的一部分，而能樂在工作。

三.設施性福利

設施性福利（Facilitative Welfare）係指與企業提供方便及服務設施有關的福利，包括以下幾點內容：1.保健醫療服務，如醫務室體檢；2.餐廳；3.福利社；4.閱覽室；5.交通車；6.宿舍供應；7.住宅建築供貸款購買；8.法律及財務諮詢服務，以及9.托兒所（嬰兒保育）。

該類福利主要目的是希望便利員工食、宿、行、知、娛樂之生活必需。例如：新竹園區的聯華電子公司、台積電公司，均設有自己員工專屬使用的休閒娛樂健身中心。

226

小博士解說

社會性福利 VS. 企業內部福利

員工福利也可分為社會性福利與企業內部福利。社會性福利通常指國家政府法律法規所規定的，強制性的基本福利制度，例如：各種保險、帶薪年假、婚喪假等；而企業內部福利是指企業內部自行設定的一些福利內容，例如：旅遊專案、生日禮券、禮物等。

員工福利3大類

1.經濟性福利

★主要強調在金錢與物質方面的福利：
①退休金給付：企業、政府與勞工三方共同負擔。
②團體保險：壽險、疾病險、意外險。
③員工疾病、傷殘與意外給付。
④互助基金。　　　　　　　　　　⑤分紅配股。
⑥低利貸款（如房屋貸款、汽車貸款）。　⑦子女獎學金。
⑧產品優待。　　　　　　　　　　⑨其他補助。
★目的是希望能消除勞工對基本經濟生活與安全的憂慮與恐懼，期
　使穩定人事組織，提高其向心力與工作效率。

2.娛樂性福利

★主要以娛樂健康活動的福利為主：
①舉辦各類公司內部社團組織。　　②舉辦球類競賽。
③舉辦年度旅遊。　　　　　　　　④舉辦慶生會、尾牙、節日之聚
　　　　　　　　　　　　　　　　　餐與晚會活動。

★目的：
　①增進員工合作團結意識。
　②增進員工身心健康，調劑長期工作之壓力。
　③使員工確認企業是個值得留下的好地方，視工作為生活的一部
　　分，而能樂在工作。

3.設施性福利

★指與企業提供方便及服務設施有關的福利：
①保健醫療服務，如醫務室體檢。　②餐廳。
③福利社。　　　　　　　　　　　④閱覽室。
⑤交通車。　　　　　　　　　　　⑥宿舍供應。
⑦住宅建築供貸款購買。　　　　　⑧法律及財務諮詢服務。
⑨托兒所（嬰兒保幼）。
★目的是希望便利員工食、宿、行、知、娛樂之生活必需。

員工福利的類型

227

知識補充站

彈性福利制度
　　目前比較流行一種稱為「彈性福利制度」（Flexible Benefits Programs），就是員工可以從企業所提供的各種福利具體內容打散，在一定範圍與價值內，根據企業與員工的具體情況或達成的協定，由員工自行選擇分配。它有別於傳統固定福利，具有一定的靈活性，使員工更有自主權，故也稱自助餐式福利計畫。

Unit **10-9**
對員工獎酬目的及內容

　　企業為了達成組織目標，乃設計各種獎酬制度，以誘使員工追求的目標與組織的目標達成一致。然而企業對員工獎酬的真正目的何在？如何實施才能有所成效？

一.獎酬目的

　　公司對個人或部門群體的獎酬（Reward）表現，主要在達成對內與對外之目的：

　　(一)對內目的：1.提高員工個人工作績效；2.減少員工流動離職率；3.增加員工對公司的向心力，以及4.培養公司整體組織的素質與能力，以應付公司不斷成長的人力需求。

　　(二)對外目的：1.對外號召吸引更高與更佳素質的人才，加入此團隊，以及2.對外號召公司重視人才的企業形象。

二.獎酬的決定因素

　　現代企業對員工個別獎酬的制度，逐漸採用「能力主義」或「績效主義」，而漸放棄年資主義。換言之，只要有能力、對公司有貢獻看得到，在部門內績效也表現優異者，不論其年資多少，均會有不錯的獎金可得。

　　一般來說，獎酬（含薪資、年終獎金、業績獎金、股票紅利分配等）的決定因素，包括以下幾項：

　　(一)實際績效（Performance）：績效是對工作成果的衡量，應有客觀指標，不管是直接業務部門或幕僚單位均一樣。一般公司均採預算管理及目標管理的指標。

　　(二)其他衡量次要因素：除了實際績效衡量外，可能還有衡量其他次要因素，包括：1.工作年資（在公司多少年以上）；2.努力程度及貢獻比例程度；3.工作的簡易度與難度，以及4.技能水準。

三.獎酬的實施內容

　　就實務而言，公司對員工個人或群體的獎酬，可以從兩種角度說明：

　　(一)內在獎酬：較重視員工的心理及精神層面，包括有成長機會、參與決策、提高職權與職責、提高工作自由度、增加有趣工作、擴大工作範圍，以及提高工作地位與尊榮感等。

　　(二)外在獎酬：較重視外在實際，大致有以下三分類：

　　1.直接薪酬：包括有基本薪資、績效紅利、分配股票、年終獎金，以及不休假獎金等。

　　2.間接薪酬：包括有額外津貼補助、工作保障計畫，以及退休金制度等。

　　3.非財務性報酬：包括有配車及配司機、個人房間（辦公室）、給予停車位、較高職銜、祕書指派，以及其他酬賞等。

員工獎酬的目的、因素及組織行為涵義

獎酬目的

- 對內目的
  - ①提高員工個人工作績效
  - ②降低員工離職流動率
  - ③增加員工對公司向心力
  - ④培養公司整體組織素質與能力
- 對外目的
  - ①對外吸引更多好人才
  - ②對外形成優良企業形象

→

獎酬決定因素

- ①實際績效與貢獻
- ②工作年資
- ③努力投入程度
- ④工作的簡易與難度差別
- ⑤技能水準

→

獎酬對組織行為涵義

- ①獎酬的公平性
- ②獎酬與績效結果的相聯結性
- ③考績應公平、公正、客觀
- ④獎酬愈往高階主管，應注意個別的差異化需求

對員工獎酬2大類

對員工獎酬

- 內在獎酬
  - ①實際績效與貢獻
  - ②參與決策
  - ③提高職權、職責
  - ④提高工作自由度
  - ⑤增加有趣工作
  - ⑥擴大工作範圍
  - ⑦提高工作地位與尊榮感
- 外在獎酬
  - 1.直接薪酬
    - ①基本薪資
    - ②績效紅利
    - ③分配股票
    - ④年終獎金
    - ⑤不休假獎金
  - 2.間接薪酬
    - ①額外津貼補助
    - ②工作保障計畫
    - ③退休金制度
  - 3.非財務性薪酬
    - ①配車、配司機
    - ②個人房間（辦公室）
    - ③給予停車位
    - ④較高職銜
    - ⑤祕書指派
    - ⑥其他酬賞

Unit 10-10
國內勞工福利制度

我國目前勞工福利制度，主要法源是「勞動基準法」。勞基法規範很多勞工與業主之權利、義務與福利。基本上，屬於福利方面有三項，茲整理如下，以利參考。

一.勞工保險（勞保）

勞工保險制度對全體勞工有很大的實質幫助，茲簡單摘要說明如下：

(一)勞保給付種類：1.生育給付（補助金額）；2.傷害給付；3.殘廢給付；4.死亡給付，以及5.老年給付（退休給付）。

上述五種給付，均訂有不同之金額或基數，勞保員工可以獲得補助金。

(二)勞工門診醫療：勞工可獲免費或極低之醫療支付負擔。

(三)勞保費負擔：以投保薪資額之8%計算，其中勞工負擔20%，業主負擔80%。20%的負擔對勞工而言，約數百元到千多元，負擔並不算重。

二.退休金提撥

政府規定企業必須每月自其發薪總額之6%提撥為「勞工退休金準備」，專戶儲存在金融機構，平時不可動用，只有當員工有退休時，才可從專戶中提出使用，發給退休員工。此項退休金之領得，是該員工年滿六十歲且工作滿十五年，在不同公司的年資可累計。

至於其領得金額，係按基數核算，最高為四十五個基數。亦即，假設當時退休前投保的保額薪資額為四萬元，則屆時可領得勞基法上的勞退金，約為一百八十萬元（4萬元×45個基數＝180萬元），雖不算多，但亦不無小補。

除勞基法的勞退金外，還有各上市櫃公司自身法定的員工退休金法中的退休金可以領取。如下段內容所述。

三.職工福利金

企業之職工福利金係按下列標準提撥：

(一)創立時資本額提撥：1%～5%。

(二)每月營業收入總額提撥：0.05%～0.15%。

(三)每月員工薪資內提撥（扣減）：0.5%。

(四)下架廢品變賣提撥：20%～40%。

企業也應依法成立「職工福利委員會」負其責，由下列三種人員五人到二十一人組織成立，但工會代表人員不得少於三分之二：1.企業之業務執行人；2.工會代表，以及3.非工會之員工代表。

國內勞工福利3制度

我國目前勞工福利制度，主要法源是「勞動基準法」

國內勞工有何法定福利呢？

勞工保險（簡稱勞保）

1.勞保給付種類

①生育給付（補助金額）
②傷害給付
③殘廢給付
④死亡給付
⑤老年給付（退休給付）

2.勞工門診醫療

勞工可獲免費或極低之醫療支付負擔。

3.勞保費負擔

勞工負擔20%，業主負擔80%。

退休金提撥

1. 政府規定企業必須每月自其發薪總額6％提撥為「勞工退休金準備」，專戶儲存在金融機構，只有當員工有退休時，才可從專戶提出發給退休員工。

2. 退休金之領得，是該員工年滿六十歲且工作滿十五年，在不同公司的年資可累計。

3. 可領得金額，係按基數核算，最高為四十五個基數。
EX：退休前投保的保額薪資額4萬元×45個基數＝180萬元

職工福利金

1.企業職工福利金提撥標準：

①創立時資本額提撥：1%～5%。
②每月營業收入總額提撥：0.05%～0.15%。
③每月員工薪資內提撥（扣減）：0.5%。
④下架廢品變賣提撥：20%～40%。

2.企業應成立「職工福利委員會」負責，由下列三種人員5～21人組織成立，但工會代表人員不得少於2/3：

①企業之業務執行人　　②工會代表　　③非工會之員工代表

第 11 章
長期人力資源規劃與員工管理發展

●●●●●●●●●●●●●●●●●●●●●●●● 章節體系架構 ▼

Unit **11-1**
長期人力資源規劃的目的

隨著產業的變化與發展,從製造業逐漸走向服務業,「人」已成為企業成功與否的重要關鍵。因此人力資源的規劃在組織發展上,占有舉足輕重的地位,因為找到符合組織需要的「對」的好人才,這樣的人力資源規劃才會有意義。

一.計畫人力之發展

所謂人力發展是指三要項:1.人力預測;2.人力徵補,以及3.人員教育訓練等,此三者是相互關聯而密不可分。

人力之發展,一方面為組織所需求之各種人力進行現況分析、未來預估,以期對人力是否需要徵補予以通盤了解,再施以有計畫性的人員教育訓練,促使人力資源之潛能,得以發展。

二.合理分配人力

合理分配人力是指對各個單位需求的人員數量及素質,能作合理與適當之配置,以減少不均衡或不充分的現象,期使各個組織都能全然的發揮應有之效率。

三.適應業務成長需求

企業的經營策略隨環境而變,而企業的業務則隨策略而擴張及改變,而業務的成長及變化,必然影響到組織結構與組織人力資源的密切配合性問題,所以預先進行人力規劃,可配合企業業務成長之需要。

四.減低用人總成本

影響一個組織用人數量的因素很多,例如:業務量、技術革新、資訊IT應用力、自動化設備、組織結構、策略導向、工作標準化SOP制度、人員的能力水準等。而人力規劃可對現有人力結構進行分析,找出影響有效利用之瓶頸,期使用人總成本能夠下降。

小博士解說

人力資源規劃的流程

一個企業必須根據企業的整體發展戰略目標和任務,制定其本身的人力資源計畫。一般來說,一個企業組織的人力資源規劃要經過四個步驟,即:1.預測和規劃組織未來人力資源的供給狀況;2.對人力資源的需求進行預測;3.進行人力資源供需方面的分析比較,以及4.制定有關人力資源供需方面的政策和措施。

長期人力資源規劃4目的

人力規劃的目的何在？

1.計畫人力之發展

①人力預測　　　②人力徵補　　　③人員教育訓練

★此三者是相互關聯而密不可分。

2.合理分配人力

①指對各個單位需求的人員數量及素質，能作合理與適當之配置，以減少不均衡或不充分的現象。

②期使各個組織都能全然的發揮應有之效率。

3.適應業務成長需求

①企業的經營策略隨環境而變，而企業的業務則隨策略而擴張及改變。

②預先進行人力規劃，配合企業業務成長之需要。

4.減低用人總成本

①影響組織用人數量的因素很多，找出影響有效利用之瓶頸。

②對現有人力結構進行分析，期使用人總成本能夠下降。

Unit 11-2
長期人力結構分析的要項 Part I

　　在人力規劃前，必須先進行人力結構分析。而所謂人力結構分析，就是對組織現有的人力狀況，進行盤點與查核，唯有充分了解組織的人力規劃，才有意義可言。而人力結構分析內容，主要有五要項，但本主題豐富，特分兩單元介紹。

一.人力數量分析

　　人力數量分析包括兩個涵義：1.組織各單位現有人力數量有多少，以及2.各單位的人力數量與現有各單位的工作業務量之搭配，是否符合標準，既不缺人，也無冗員。而在人力配置標準的方法運用上，通常有以下幾種評估方法：

　　(一)動作時間研究（Motion and Time Study）：係指對一項操作動作需要多少時間，這個時間包括正常作業、疲勞、延誤、工作環境配合、努力等因素在內。訂出一個標準時間後，再依據多少業務量，而核算出人力的標準。

　　(二)業務審查（Operation Audit）：

　　1.最佳判斷法：係聯合部門主管以及人事、企劃單位人員之經驗與紀錄，分析出各工作性質所需之工作時間，再判斷出人力標準量。

　　2.以往經驗法：係依完成某項生產、計畫或任務專案時，所耗用之平均時間，再核算出人力標準量。

　　(三)工作抽樣（Work Sampling）：依據統計學，以隨機抽樣方法，測定一個部門在一定工作時間內，實際從事工作所占規定時間百分率，以此百分率測知人力運用的效率，適用在無法以動作時間法（如辦公室人員的工作量）衡量之工作。

　　(四)相關迴歸分析法（Correlation and Regression Analysis）：係利用統計學的相關迴歸分析測量計算，分析各單位的工作負荷與人力數量間之關係。

　　有了標準人力的數據，就可以分析目前現有的人力總數是否合理或不合理？如不合理應調整改進，以消除勞逸不均的現象。

二.人員類別分析

　　人員類別分析可以區分為兩個方向分析：

　　(一)以工作功能別分析：分為業務人員、技術人員、生產人員、管理行政人員，以及企劃及某其他專業幕僚人員。而會影響這些人員結構之可能因素在於：1.企業處在何種產品／市場中；2.企業運用何種技術與工作方法，以及3.勞力市場的供應狀況為何。

　　(二)以工作性質別分析：分為直接人員（生產工廠之作業員）與間接人員（產、銷及管理幕僚人員）。這兩種人員配置，亦會隨企業性質而有所不同。最近的研究發現，組織中的間接人員往往會不合理的膨脹，此人數增加與組織業務量增加並無關聯，此為「帕金森定律」。

人力結構5分析

如何分析人力結構？

1.人力數量分析
①組織各單位現有人力數量有多少？
②各單位的人力數量與現有各單位的工作業務量之搭配，是否符合標準，既不缺人，也無冗員。

2.人員類別分析
①以工作功能別分析
・業務人員　　・技術人員　　・生產人員　　・管理行政人員
・企劃及專業幕僚人員
②以工作性質別分析
・直接人員（生產工廠之作業員）
・間接人員（產、銷及管理幕僚人員）

3.人員素質分析　　**4.年齡結構分析**　　**5.職位結構分析**

人力配置標準4評估方法

1.動作時間研究
①指對一項操作動作需要多少時間，這個時間包括正常作業、疲勞、延誤、工作環境配合、努力等因素在內。
②訂出一個標準時間後，再依據多少業務量，而核算出人力的標準。

2.業務審查
①最佳判斷法
聯合部門主管以及人事、企劃單位人員之經驗與紀錄，分析出各工作性質所需之工作時間，再判斷出人力標準量。
②以往經驗法
依完成某項生產、計畫或任務專案時，所耗用之平均時間，再核算出人力標準量。

3.工作抽樣
①依據統計學，以隨機抽樣方法，測定一個部門在一定工作時間內，實際從事工作所占規定時間百分率，以此百分率測知人力運用的效率。
②適用在無法以動作時間法（如辦公室人員的工作量）衡量之工作。

4. 相關迴歸分析法
利用統計學的相關迴歸分析測量計算，分析各單位的工作負荷與人力數量間之關係。

Unit **11-3**
長期人力結構分析的要項 Part II

前面介紹人力數量與人員類別之兩種長期人力結構分析，現再介紹其他三種。

三.人員素質分析

(一)人員素質之分析重點：1.教育程度為何；2.所受教育訓練為何，以及3.過去實際工作績效成果為何等方面，這些都足以充分檢定組織人員素質的高低。

(二)人員能力不符合需求：組織中不免會有人員不符合工作的需求標準，其解決方法有以下幾種：1.變更職務內容：減少某一職務、職位之某些工作內容及責任，轉由別職務人員承擔；2.改變及強化現職人員：係指運用訓練或協助，強化現職人員的工作能力；3.更動現職人員的職位：如果仍無法符合期望，表示不適任該職，應予調至別種職務職位，以及4.最後仍無改善時，不排除依法資遣。

(三)補救方法的考量：上述處理能力不足的工作人員方式中，應採取何種較適當，考慮因素如下：1.加強訓練能否使當事人有所進步：如果加強訓練可使能力不足之員工有所進步，就沒有必要採取更動人員的激烈措施；2.任該職位尚餘多少時間：如果某員工任該職位已屆退休或輪調期滿或組織架構更迭，則可採微幅對策；3.是否情況緊急，非得立即改善：此牽涉到此職務之重要性程度，若相當重要且影響組織目標甚鉅，則應採立即措施；4.是否影響組織士氣：如果將此員工調職，是否會影響其他員工之認知、情緒與士氣，使員工失去安全感，而損害組織體之穩定；5.有無適當接替人選：如果短期內無法從內部或外部找到理想接替人選，則應採緩進措施，以免損失更大，以及6.此職位與其他職位之相關程度：如果與上、下、平行多個其他職位往來程度很高，則不應採太突然之措施，以避免引起其他職位之效率與工作進展。

238

四.年齡結構分析

了解年齡結構，旨在了解組織人員是否年輕化或日趨老化、組織人員吸收新知識與新技術的能力、組織人員的工作體力負荷、工作職位或職務之性質與年齡大小之可能配當要求，以及前述反應，均將影響組織內人員的工作效率與組織氣候。

企業理想的員工年齡分配，應該呈現三角形金字塔為宜：頂端代表五十歲以上高齡員工；中間部位次多人數，代表三十五歲到五十歲的中齡員工；而底部占最多人數，代表二十歲到三十五歲的低齡員工。

五.職位結構分析

主管與非主管之人數，應有適當比例。一個組織中，主管職位太多，將產生以下不當結果：1.組織結構不合理，管理控制幅度狹窄，部門與層級太多；2.工作程序繁複，浪費時間，增加溝通協調次數，易導致誤會；3.本位主義作崇而相互牽制，降低工作效率，以及4.官僚作風影響組織成員，只會做官，不認真做事。

如何分析人力結構？

1.人力數量分析	①組織各單位現有人力數量有多少？ ②各單位的人力數量與現有各單位的工作業務量之搭配，是否符合標準，既不缺人，也無冗員。
2.人員類別分析	①業務人員 ②技術人員 ③生產人員 ④管理行政人員 ⑤專業幕僚人員 
3.人員素質分析	①教育學歷程度 ②學過哪些內外的訓練 ③過去的工作績效表現如何 
4.年齡結構分析	①年輕化或老化 ②體力負荷 
5.職位結構分析	①組織層級是否太多層，應予扁平化。 ②跨部門溝通協調及公文會辦太冗長。 ③官位太多，主管職位人員太多與否？ 

長期人力結構5分析要項

長期人力結構

1.哪種類別人才，最有需求？

2.哪些人力數量夠不夠？

3.現況人力素質夠不夠？

4.現況員工是否老化？

5.各階層、各職位是否太冗長或太高？

Unit **11-4**
長期人力規劃的特質及內容

　　長期人力規劃具有以下特質：1.屬於長期性的，時間約三至五年；2.屬於全盤性的，包括組織內各種類、各層次之人員；3.具有充分時間以培訓有關人員；4.具有優先順序性，對組織發展與目標有迅速影響及助益的，應先排入優先時程內，以及5.希望能與員工個人生涯計畫相互搭配，既可滿足個人目標，又可符合組織任務需求。而在進行長期人力資源的規劃時，即要針對上述特質擬定規劃內容。

一.應預測未來的組織結構

　　一個組織或企業常隨經營環境而變，例如：生產程序改變、全球市場改變、技術突破、設備改變、新品問世、跨國經營等，均將影響整個組織結構；亦即組織結構必須配合企業經營策略的改變，而策略改變又因環境變化而產生，此為學者錢德勒著名理論：「組織結構追隨策略」。組織結構的變化，必然牽涉到人力資源的支援與配置，故對未來組織結構之預測與評估應列為第一步。例如：國內金控集團成立，從過去單一的銀行、證券、壽險、產險等，如今已朝整合趨勢，對金控集團的組織結構，必然要有所因應。另外，很多製造業也投入下游流通業經營，其組織結構也要調整因應。

二.應制定人力供需平衡計畫

　　此計畫應該考慮下列各點：1.因業務擴展、轉變或技術設備更新所需增加的人員數量及其層次；2.因員工異動所需補充之人員數量及其層次，包括退休、辭職、傷殘、調職、解僱等，以及3.因內部員工升遷而發生之人力結構變化。

三.應制定人力資源徵募補充計畫

　　首先應確立徵補之原則，包括：1.內部擢升或向外徵聘何者為優先；2.外聘之進用方式為何；3.外聘之進用人力，其來源為何、有無困難，又該如何解決，以及4.如果是內部擢升或調動，其方向與層次為何。

四.制定人員訓練計畫

　　接下來的工作，就是必須制定人員訓練之計畫，以培育人才，包括兩方面處理：1.對內：遴選現有員工，對產品專業知識、產品知識及工作技能加強訓練教育，以及2.對外：積極網羅社會上少數且未來極需求之人才種類，避免該類人才匱乏。

　　而人員訓練的方式有以下幾點：1.第二專長訓練：有利企業之彈性人力運用；2.提升素質訓練：協助員工提升理念及做事能力，使其擔當更重大之工作任務；3.在職訓練：可適應進步要求，增進現有工作效率，以及4.高階主管訓練：授與領導統御、管理技術、分析方法、問題解決方法、邏輯觀念、宏觀理念、溝通協調、跨部門資源理念與決策判斷力之訓練。

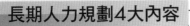
長期人力規劃4大內容

短期人力規劃（1年內）

長期人力規劃（3~5年期）

1.應預測未來的組織結構	2.應制定人力供需平衡計畫	3.應制定人力資源徵補計畫	4.應制定人員訓練計畫

長期人力規劃3特質

長期人力規劃特質

1.長期性	2.全盤性	3.高、中、低層

（3～5年）	（各部門均須納入）	（各階層幹部均須納入）

Unit **11-5**
員工管理發展觀念與本質

管理發展（Management Development）係指透過有系統的訓練，可使員工獲得有效管理的知識、技能、見識與態度，而促使員工邁向成長，從而也使組織成長。

一.管理發展的觀念

管理發展的主要觀念，有如下幾點：

(一)人事管理的主要職責：人事管理的主要責任，就是要從事管理發展，因為這是發揮組織力量與功能之主要因素。

(二)適當工作壓力可讓員工保持戰鬥力：員工在鬆弛條件下，並不易成長，故應施加適當的工作計畫、任務目標、壓力與緊張，才有成長可期待。

(三)員工的參與是成長的基礎：如果只是由組織片面單向的灌輸訓練，並不會導引重大的改進。

(四)勿以年齡及工作性質限制持續學習：人在一生中都可持續不斷地學習及成長，若藉口年齡及工作性質而不持續學習者，則不啻限制了對人力資源作最大程度的運用目標。

(五)多了解自我及他人，將有助於管理：增加自己對他人及對自己的了解，將有助於增進管理績效。

(六)主管與團體的適時反應，可成為改進的動力：經由主管對部屬或團體對個人所作的適時反應，是保持進步之必須。

二.本質的認清

要正確認識管理發展，以下幾點應特別注意：

(一)管理發展即是自我發展：企業或組織無法負責或承擔每個成員的發展責任，組織的責任只是提供一個好的環境，並規劃出適合員工好的引導；接下來則是員工必須自我接受挑戰、自我尋求方向、自我努力與不斷持續投入熱誠。

(二)管理發展不只是上課：上課是管理發展的工具之一而已，何況上什麼課也有不同的價值。

(三)管理發展是發揮潛力：管理發展並不要求改變員工先天的個性，而是發揮潛力。因為個性多已固定，改變並不易，而且也無必要，而是希望好好發揮員工的潛能，讓他們有更卓越的表現。

(四)管理發展不只是晉升計畫：管理發展計畫是一種全面性的計畫，並非只針對少數升遷人員而做。

(五)管理發展並不重短期效果，而是重長期效果：管理發展並不同於工作專長的訓練，希望現學現用，馬上看到功效；而是希望能解決更多、更高層次、更遠程與更策略性方向的工作上問題。

管理發展3意義

· 透過有系統、有計畫、有目標的管理培訓。

· 使員工增強他們的管理技能、態度及知識。

· 最終使每位員工都能成長，組織也跟著成長。

管理發展6觀念

管理發展的基本觀念

1. 管理發展是人事管理的主要責任，因為這是發揮組織力量與功能之主要因素。

2. 適當的工作壓力，可讓員工保持戰鬥力，才有成長可期待。

3. 員工的參與是成長的基礎，只是由組織單向的灌輸訓練，並不會導引重大改進。

4. 不要以年齡及工作性質為藉口而不持續學習，從而限制對人力資源作最大程度的運用目標。

5. 增加自己對他人及對自己的了解，將有助於增進管理績效。

6. 經由主管對部屬或團體對個人所作的適時反應，是保持進步之必須。

員工管理發展5大本質

員工管理發展的本質

1. 管理發展即自我發展

2. 管理發展不只是上課

3. 管理發展是發展潛力

4. 管理發展不只是晉升計畫

5. 管理發展重視長期效果

Unit **11-6**
員工管理發展的方法 Part I

　　管理發展方法，大致可區分為兩類：一是工作中發展，二是工作外發展。由於本主題內容豐富，特分兩單元介紹。

圖解人力資源管理

一.工作中管理發展方法

　　工作中管理發展方法（In-Job Method）是指在工作中，組織直接發展員工的管理才能。其使用方法可以區分如下：

　　(一)授權（Delegation）：即上級主管將職權與決策下授，讓次級主管或屬員負起更多責任及擁有更多權力。授權目的自然是在磨練屬員，但上級主管仍應定期保持溝通，必要時給予問題與對策指導，將其導向正確方向，減少錯誤。

　　(二)教導（Coaching）：教導係指在工作的日常接觸中，經常不斷地由上級主管向屬員進行指點、說明、詢問、分析及建議，使屬員平常即能吸收到主管的知識、作風與思路。

　　(三)輪調（Job Rotation）：職位輪調，可使屬員學到並了解到不同工作性質的工作狀況，增加自己更廣泛的專長工作，並培養成以更廣泛、周全的觀點，評估及分析一些管理上的決定。

244

　　(四)特別指派（Special Assignment）：有時組織有一些重大但非經常性的專案，必須分析、調查、評估或執行。此時，可指派一名屬員擔負起此項任務，專責處理，並呈寫調查報告書。此亦屬一種有價值的管理發展技術，或可稱為「專案式」管理發展，以看出他獨當一面的能力與責任感。

　　(五)工作（任務）小組（Task Force）：工作小組係指承受組織交待之一特別重大事項任務，必須由一群有專長的人執行及完成。參加的小組成員都是各單位的菁英，待任務完成後，再回到原單位。此舉有助於部門之間的協調，以及成員學到如何在有限時間內規劃、組織、領導、執行及考核一項重大事務之整個過程。此乃屬高階管理發展之技術。

　　(六)接替計畫（Under-Study Plan）：又稱接班計畫或副手計畫，係指針對可能的接班人，納為副主管職位，協助主管處理事務。一旦主管他調或晉升時，此副主管即可順利接替上來。

　　(七)研讀管理文獻及文章（Reading Articles）：亦可透過精挑好的管理文獻及管理文章，提供給屬員研讀，使屬員吸收到管理的理論及別人的管理實務經驗，以建立自己的知識寶庫及擴大思考與方案的周全性。

　　(八)複式管理（Multiple Management）：係由組織成立類似「廠務委員會」、「銷售委員會」等群體組織，在形式上具有「影子董事會」的味道功能，針對公司的廠務管理及銷售管理等進行調查、分析、評估及改善對策，呈供上級參考。

員工管理發展2大方法

員工管理發展的方法

工作中管理發展方法

1.授權
①即上級主管將職權與決策下授，讓次級主管或屬員負起更多責任及擁有更多權力。
②授權目的在磨練屬員，但上級主管仍應定期保持溝通，必要時給予問題與對策指導，將其導向正確方向，減少錯誤。

2.指導
①指在工作的日常接觸，經常不斷地由上級主管向屬員進行指點、說明、詢問、分析及建議。
②讓屬員平常即能吸收到主管的知識、作風與思路。

3.輪調
①職位輪調，可使屬員學到並了解到不同工作性質的工作狀況，增加自己更廣泛的專長工作。
②培養屬員以更廣泛、周全的觀點，評估及分析一些管理上的決定。

4.特別指派
①有時組織有一些重大但非經常性的專案，必須分析、調查、評估或執行。
②針對專案指派一名屬員擔負此項任務，專責處理，並呈寫調查報告書。
③屬一種有價值的管理發展技術，或可稱為「專案式」管理發展，可看出屬員獨當一面的能力與責任感。

5.工作（任務）小組
①指承受組織交待之一特別重大事項任務，必須由一群有專長的人執行及完成。
②參加的小組成員都是各單位的菁英，待任務完成後，再回到原單位。
③屬高階管理發展之技術。

6.接替計畫（接班計畫）
①指針對可能的接班人，納為副主管職位，協助主管處理事務。
②一旦主管他調或晉升時，此副主管即可順利接替上來。

7.研讀（讀書會）
①透過精挑好的管理文獻及管理文章，提供給屬員研讀。
②使屬員吸收到管理理論及別人的管理實務經驗，以建立自己的知識寶庫。

8.複式管理
①由組織成立類似「廠務委員會」、「銷售委員會」等群體組織，在形式上具有「影子董事會」的味道功能。
②針對公司的廠務管理及銷售管理等進行調查、分析、評估及改善對策，呈供上級參考。

工作外管理發展方法

1.講解法	2.討論法
3.個案研究	4.角色扮演
5.企業經營模擬	6.感受訓練

Unit **11-7**
員工管理發展的方法 Part II

　　前面已介紹員工管理發展的兩種方法之一，即工作中管理發展的八種方法；現要繼續介紹另一種工作外管理發展方法，可區分為六種使用方法。如此完整的歸納與彙整，無非是希望透過詳細說明，讓讀者對如何進行員工管理發展的方法，有更進一步的認識與了解。

二.工作外管理發展方法

　　工作外管理發展方法（Out-Job Method）之「工作外」的意義，並不一定指要離開公司，公司內外均可以。其使用方法可以區分如下：

　　(一)講解法（Lecture）：係為最基本的教學法，亦即由講師傳授知識與技術給受訓員工。講解法之講師，應事前充分準備教材，才能讓學員學到真正的東西。

　　(二)討論法（Seminar）：係由參加討論會議的成員，各就自己的認知、了解、觀點，分述其內容；然後再經由充分討論，以求得真理所在。

　　此法可吸收別人的經驗與看法，是一種獲得管理發展能力的很好途徑。

　　(三)個案研究（Case Study）：個案研究係由美國哈佛大學首創，係列出一個組織的個案，然後針對個案之內容與問題，進行討論分析，並提出解決的對策及其支持的理由。

　　此法有助培養員工的分析能力，以及解決事情的能力，亦對管理發展上的思考力與決策力，有很大的助益。

　　(四)角色扮演（Role Playing）：係指由員工扮演一些特定人員，處理有關人群關係問題或工作面臨到的實際問題。

　　角色表演完後，扮演者與旁觀者，應共同進行討論分析，檢討在演出過程中，扮演者有哪些演得很適當，哪些不恰當，使其他員工學到技能與經驗。

　　(五)企業經營模擬（Business Game）：企業經營模擬在性質上與軍事演習相似，係發給受訓人員一套有關模擬公司之相關資料，如生產、銷售、客戶、財務等，然後受訓員工再分為各個小組，分別扮演不同功能的管理角色，共同經營公司，並且下達一些環境狀況的變化，要求各小組必須分析後，立即做下決策，採取行動。

　　此種決策之結果所導致之公司市場占有率、獲利能力，作為評估績效好壞之參考依據。

　　(六)感受訓練（Sensitivity Training）：其主要意義是使學員能夠省察自己對他人，以及他人對自己的反應動作，可增進受訓人員對自己與對他人之警覺性與敏感性。其目的並非要改變員工個性，而是希望員工提高自己的言行影響到別人的敏感性，以期加強與別人相互合作，減少衝突。此運用在組織發展上，頗為普遍。

　　至於其訓練方式，實務上，大致可歸納為七項流程，茲整理如右文，以供參考。

246

員工管理發展2大方法

員工管理發展的方法

工作中管理發展方法

1.講解法
①為最基本的教學法，亦即由講師傳授知識與技術給受訓員工。
②講師應事前充分準備教材，才能讓學員學到真正的東西。

2.討論法
①由參加討論會議的成員，各就自己的認知與觀點，分述其內容，經由充分討論，以求得真理所在。
②可吸收別人的經驗與看法，是一種獲得管理發展能力的很好途徑。

3.個案研究
①列出一個組織的個案，針對個案之內容與問題，進行討論分析，並提出解決對策及支持理由。
②有助培養員工的分析能力，以及解決事情的能力，亦對管理發展上的思考力與決策力，有很大的助益。

工作外管理發展方法

4.角色扮演
①由員工扮演一些特定人員，處理有關人群關係問題或工作實際面臨的問題。
②角色表演完後，扮演者與旁觀者，應共同進行討論分析，檢討演出過程中，扮演者有哪些演得很適當與不恰當，使其他員工學到技能與經驗。

5.企業經營模擬
①發給受訓人員一套有關模擬公司之相關資料，然後受訓員再分為各個小組，分別扮演不同功能的管理角色，共同經營公司，並且下達一些環境狀況的變化，要求各小組必須分析後，立即做下決策，採取行動。
②此種決策之結果所導致之公司市場占有率、獲利能力，作為評估績效好壞之依據。

6.感受訓練
①主要意義是使學員能夠省察自己對他人，以及他人對自己的反應動作，可增進受訓人員對自己與對他人之警覺性與敏感性。
②目的並非要改變員工，而是希望員工提高自己的言行影響到別人的敏感性，以期加強與人合作，減少衝突。
③此運用在組織發展上，頗為普遍。

知識補充站

感受訓練的方式

感受訓練有其一定的方式及步驟，茲整理說明如下：1.將受訓人員分為數組；2.每組有訓練督導員；3.每組要舉行會議；4.訓練督導員並不設定會議主題，在討論過程中也不插話，直到結論時，才會總結評論；5.參加之受訓人員常會用自己粗率的方式加以表達，例如：喜歡擺架子的學員，會聽到別人批評他自視甚高又堅持己見時，可能會發現別人對他那種頑強態度很厭惡；6.訓練督導員在做總結時，要針對每一個學員進行正反面的評論，並讓他們知道工作上的效率及成果，不僅是因為自己擁有職權及地位，更應注意人群關係的建立，以及7.現場實地研究（Field Study）：通常是選擇一家具有吸引力及模範性的公司，組團前往考察，並就考察問題向該公司管理人員詢問何以這樣，如何才能這樣。參觀回來後，尚須集體進行討論，研擬研究報告，作為自己公司日後改進之參考方向。

第 **12** 章

勞資關係發展

Unit 12-1
勞資關係發展階段與合作意識

當今員工對自我權益的爭取與追求，已然形成趨勢，即使有短暫性的失業潮發生，也不再是雇主說了就算了。勞資雙方為何能發展至今的可商談空間呢？我們一起來探討這其中的演變。

一.勞資關係發展三階段

(一)18世紀工業革命以前：在這以前，人類過著平靜、安寧、保守的生活，從事農業與手工業的生產者，雖彼此有雇主與雇工之稱謂，但彼此共同操作，甘苦與共，勞資融和。

(二)工業革命之後：在這之後，生產使用機器，生產數量大增、生產成本下降、生產時間節省，雖給人類帶來繁榮，但也為勞工帶來弊害：

1.生產要靠機器，機器要用錢買，勞方無力購買，只能出賣勞力，聽命資方。

2.機器代替人力，勞工就業機會減少，薪資被迫壓低，工時隨雇主延長。

3.從前家庭式生產改為大工廠式生產，雇主與勞工雙方私人關係，日益疏遠而產生隔閡，勞方地位日降，資方態勢日昂。工業革命之初，資本主認為機器重要，勞工次之，要增加利潤，必須延長工時，多生產。另外必須降低成本，故壓低工資、不願改善工人環境，以減少支出。此時，勞工在人性尊嚴、經濟收入、社會地位、勞動條件，均難以忍受，故漸漸運用團體力量，對抗資方，爭取福利，改善生活；而資方也不干示弱，利用解僱、開除、關廠等措施反擊。傳統的勞資對立終於形成。

(三)自20世紀以來：勞資對立，只為勞資雙方帶來兩敗俱傷，並影響國家經濟與社會安定。故大家對勞資關係的本質，逐漸改變，終於從對立意識到合作意識。

二.勞資雙方的合作意識

勞資雙方的合作意識在下面三項演變中，充分展現出來：

(一)進步工會主義：工會不再是以對抗為目的而成立，已轉向進步、合作與理性的工會團體。抗爭只是例外與不得已的手段。因為勞方已認知到資方，唯有增加利潤，才能分配給勞方。一味抗爭，未必有利，反生其害。

(二)人性參與管理與全員經營觀念：資方在管理決策上，已漸揚棄獨裁與專斷的方式，而改為重視人性需求與參與管理的方式執行，期使雙方真正合作，共同創造利潤，共同分享利潤。因此很多高階幹部都能共同參與董事會的陣容，而大股東們更需要仰賴組織團隊幫他們賺錢。而管理團隊的成員們，也能從中分享紅利分配。

(三)政府的管理：隨著社會與經濟發展，勞工已成社會重要支柱的中產階級，故對於勞工政策及勞工福利益加重視，逐步研訂勞資管理法律，作為彼此規範，以減少不必要的糾紛，並保持和諧合作的關係。綜觀來說，勞資關係已漸往良性發展。

勞資關係發展3階段

**21世紀
民主時代**

- 員工權益獲大幅
  保障。

**20世紀逐步
現代化**

- 朝向勞資合作。

工業革命之後

- 資本家占優勢地
  位，勞動者生活
  較辛苦。
- 勞資較為對立。

251

**18世紀工業
革命以前**

- 農業及手工業
  時代，勞資關
  係不明顯。

勞資雙方3合作意識

勞資雙方的合作意識

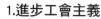

1.進步工會主義	2.人性參與管理與 全員經營觀念	3.政府的管理

Unit **12-2**
勞資衝突的原因與不利影響

「只要有利益衝突的地方，就會有兩難的賽局」，這似乎也可套用在勞資關係上。可是究竟什麼原因會讓勞資關係這麼緊張，值得我們關注。

一.勞資衝突的原因

勞資衝突的原因很多，以下列出五項主要的衝突要因：

(一)私人的慾望：人性是自私的，對於追求財富的更多，擁有相當之慾望，資方（雇主）希望多賺錢，賺到的錢最好能納入自己口袋中；而勞方則認為，資方之利潤，其實是所有勞方整體努力的結果，希望多分到一些薪資及獎金，雙方得不到平衡，故衝突即起。不過，這方面因為現在有年終獎金制度及股票分紅制度，在部分好公司中，員工亦可以得到不錯的薪資與紅利回饋。

(二)心理的不平：資方出資本付薪資，擁有指揮命令勞方的權力，而勞方則只有聽令與被動的地位。一旦遇上資方過於獨裁專制與不合理之時，勞方心理上的不平感，即會隨之而出，而形成反抗的行動。尤其資本主義造成勞資雙方貧富差距日益擴大，導致勞力的更大心理對抗與不滿，同時也形成社會的不安定來源。

(三)分配的不平：資方在分配組織的資源或利潤時，有時會有偏差與不公平現象產生，此時勞方也會有所怨恨。

(四)歷史的偏見：世界上的勞工運動史，實際上就是一部工會與資本主（雇主）對立與互相鬥爭的紀錄。勞方總認為資方是剝削的資本階級，而資方總認為勞方是受僱的受薪階級，此種錯誤的認知一直延續到現代。

(五)實務上的爭執：勞資關係，涉及範圍相當大。例如：工會是否應予成立、工作環境好壞定義，勞工福利界線的認定，童工、女工保護的標準，以及勞動條件的標準等，勞資雙方之間常有不同意見，一旦雙方無法妥協，均會引爆衝突發生。

二.勞資衝突的影響

勞資一旦產生衝突，勢將對各方面都有嚴重不利的影響，茲分述如下：

(一)對資方的影響：1.生產效率低落；2.生產產品品質不良；3.原物料耗損增加；4.人員異動頻繁；5.員工違紀增加，甚至6.怠工、罷工，影響企業產銷活動。

(二)對勞方的影響：1.影響薪水工資收入，對生活安定有不利影響，以及2.企業不能運作，最後受害的，還是勞工大眾。

(三)對整個社會影響：1.罷工、示威、遊行及抗議，均將引致社會的不安，使社會付出很多的社會成本，犧牲全體民眾（勞方、資方）幸福、安定的生活，以及2.生產力低落、生產停工，資方不願再擴大投資，均將導致國家經濟衰退，從而國家力量大幅減退，在國際社會上的地位也漸消失。

勞資衝突5原因

勞資為何發生衝突？

1.私人的
慾望

2.心理的
不平

3.分配的
不平

4.歷史
偏見

5.實務上
爭執

勞資衝突3大不利影響

勞資發生衝突對雙方有何不利影響？

1.對資方不利影響

①生產效率低落。
②生產產品品質不良。
③原物料耗損增加。
④人員異動頻繁。
⑤員工違紀增加。
⑥怠工、罷工,影響企業產銷活動。

2.對勞方不利影響

①影響薪水工資收入,對生活安定有不利影響。
②企業不能運作,最後受害的,還是勞工大眾。

3.對整個社會不利影響

①罷工、示威、遊行及抗議,均將引致社會的不安,犧牲全體民眾幸福、安
  定的生活。
②生產力低落、生產停工,資方不願再擴大投資,均將導致國家經濟衰退,
  國家力量大幅減退,在國際社會上的地位也漸消失。

Unit **12-3**
促進勞資合作之途徑

現在勞資糾紛問題頻仍，資方已不能再像過去那樣的不可一世，所以當勞資問題發生時，企業要以客觀的事實和合理的標準來面對；萬一處理不好，好不容易建立的良好企業形象，可能因此一夕崩盤。

勞資關係既然影響如此重大與廣泛，是以對促進勞資合作應多加重視及努力。以下我們要來探討一些有可能讓勞資關係更好的途徑方法，期使勞資雙方能彼此成就。

一.採行人性管理觀念

過去資方不可一世的權力時代已成過去，勞方在現代社會中日趨扮演重要角色，故資方必須自我調整角色認知，採行人性與民主管理觀念，滿足勞方不同階段的需求，減少勞工對資方的傳統敵視心理。

二.明確合理的勞資雙方權利義務

最高管理者應與勞方代表，坦承研究及溝通勞資雙方的明確與合理的工作規範，以及彼此權利義務（如薪資、獎金、紅利、工作成果、組織目標、工作程序、工作條件 等），讓雙方有所遵循，各盡其能，各取所得，以減少衝突。

三.加強正確勞資關係的觀念教育

過去勞資觀念是一種錯誤的對立，而現代應是一種互利的合作。故企業應多加強有關勞資關係之正確認知的教育訓練工作，徹底從根源改善。

四.建立參與協商管理制度

資本主萬能的時代已經過去，現在勞方的智慧、經驗、知識、教育水準、看法、專業技術與體力，都已超過了資本主很多。

因此，資本主應建立讓公司員工多參與企業經營與管理的各種制度及計畫。

事實上，這一方面企業主已有很大的改善，企業界中高階主管已有很大程度的參與企業經營與管理。

五.建立員工申訴與溝通制度

員工有申訴，表示心中必有委屈、困難或怨恨，故此必須得到適當反應與傾吐之管道與機會，才能化解對抗與暴力的行動。故企業必須建立員工申訴與溝通的良好管道與制度。

例如：設有專人受理員工口頭申訴或在公司設有勞工意見信箱，提供員工建言管道，以加強勞雇合作關係。

勞資衝突的原因／影響／合作途徑

勞資衝突的原因／影響／合作途徑

1.勞資衝突原因

①私人的慾望

②心理的不平

③分配的不平

④歷史的偏見

⑤實務上爭執

2.勞資衝突影響

①對資方影響

②對勞方影響

③對整個社會影響

3.勞資合作途徑

①採行人性管理觀念

②明確合理勞資雙方權利義務

③加強正確勞資觀念教育

④建立參與協商管理制度

⑤建立申訴與溝通管道

第13章

不斷學習年代與教導型組織

●●●●●●●●●●●●●●●●●●●●●●●● 章節體系架構 ▼

Unit 13-1
這是一個不斷學習的年代

台積電公司前董事長張忠謀說：「知識是以很快速度前進，如果無法與時俱進，只有等著失業的分！」

如果我們還未認清學習是這麼迫切且持續，那麼我們離被就業市場遺忘的時間也更近了！以下我們就來分享四大名人對學習的看法。

一.比爾‧蓋茲與彼得‧杜拉克的學習名言

比爾‧蓋茲說：「如果離開學校後，不再持續學習，這個人一定會被淘汰！因為未來的新東西，他全都不會。」

管理學大師彼得‧杜拉克也說：「下一個社會與上一個社會最大的不同是，以前工作的開始是學習的結束，下一個社會則是工作開始就是學習的開始。」

比爾‧蓋茲與彼得‧杜拉克的說法都指向一個重點，也就是我們在學校所學到的知識只占20%，其餘80%的知識是在我們踏出校門之後，才開始學習的。

一旦離開學校，就不再學習，那麼你只擁有20%的知識，在職場競爭叢林中注定要被淘汰。翻遍所有成功人物的攀升軌跡，其中最重要的是他們不斷充電學習，為自己加值。白領階級想要坐穩位子並升遷，不斷充電，就是邁向成功的不二法門。

二.台積電公司前董事長張忠謀的名言

台積電公司前董事長張忠謀在接受《商業周刊》專訪時，明白指出對學習的深入看法。半導體教父張忠謀說：「我發現只有在工作前五年用得到大學與研究所學到的20%到30%，之後的工作生涯，直接用的幾乎等於零。」因此張忠謀強調，在職的任何工作者，都必須養成學習的習慣。

張忠謀坦承，在踏出校園時，根本不認識Transistor（電晶體）這個字，這並非他無知，因為當時很少人了解電晶體；可是不出幾年，很多人都知道電晶體的存在，「可見知識是以很快速度前進，如果無法與時俱進，只有等著失業的分！」「無論身處何種產業，都要跟得上潮流。」

三.奇異公司前任總裁傑克‧威爾許的作法

「我最厭惡的是陳舊的管理者，因為這些人是工作的殺手；而領導者則是企業的領袖人物，這與他們開放的思維有直接關係。」奇異（GE）公司前任總裁傑克‧威爾許渴望透過自己的領導理念，清除大企業內部官僚體制之弊，試圖透過一系統強有利的領導措施，清除那些陳舊、保守的管理陋習。

他要求幹部每年固定淘汰10%的員工，以維持公司高競爭力，如果幹部無法達成10%的淘汰率，就會先遭開除。

傑出經營者與管理學者的學習名言

比爾·蓋茲

★如果離開學校後，不再持續學習，這個人一定會被淘汰！因為未來的新東西，他全都不會。

彼得·杜拉克

★下一個社會與上一個社會最大的不同是，以前工作的開始是學習的結束，下一個社會則是工作開始就是學習的開始。

★我們在學校所學到的知識只占20%，其餘80%的知識是在我們踏出校門之後，才開始學習的。

這是一個不斷學習的年代！

★我發現只有在工作前五年用得到大學與研究所學到的20%到30%，之後的工作生涯，直接用的幾乎等於零。

★知識是以很快速度前進，如果無法與時俱進，只有等著失業的分！

★無論身處何種產業，都要跟得上潮流。

張忠謀

★我最厭惡的是陳舊的管理者，因為這些人是工作的殺手；而領導者則是企業的領袖人物，這與他們開放的思維有直接關係。

★他要求幹部每年固定淘汰10%的員工，以維持公司高競爭力，如果幹部無法達成10%的淘汰率，就會先遭開除。

傑克·威爾許

知識補充站

終身學習

終身學習（Lifelong Learning）即是指「一輩子的學習」。在近代世界，知識和科技急劇發展，經濟結構急促轉型，知識型經濟成為主流，就業需要相當知識，由於知識更替急促，舊知識很快就被新知識取代，人們察覺到讀一門學科絕不能一世無憂，因而衍生出終身學習這個概念。

終身學習的存在，與人類歷史一樣久遠，例如：我國自古以來即有「活到老，學到老」、「學海無涯，學無止境」的說法；日本亦早有「修業一生」的觀念；而20世紀初，美國學者杜威（J. Dewey）也提出教育和學習是終身歷程的說法；到了20世紀後，這些早已存在的觀念進而發展形成理論，並成為21世紀最重要、最具影響力的一種教育思潮。

Unit **13-2**
統一企業高清愿創辦人的學習觀

　　高清愿領導的兩家公司——統一企業和統一超商，都做到業界龍頭，在臺灣實在無人能出其右。是怎樣的心量，讓他開創這般事業？為什麼手下總經理個個風格鮮明，整個集團卻貫穿高清愿濃濃、純樸勤勉的文化？其實無不與他本身的好學有關。

　　高清愿在接受《經濟日報》專訪時，指出他個人對學習的看法，茲摘述如下，希望對讀者們的學習之路，能有所助益。

一.用心學習新知才能適應時代的遞嬗

　　在社會上，大家都知道一個道理，時時得充實自己，吸取新觀念，以因應變遷中的大環境。不過，這個道理，知易行難，真正能夠身體力行的人並不多。

　　這種現象，在企業界也很普遍。有些人甚至流於地位愈高，愈不知上進。尤有甚者，少數人自恃年長，倚老賣老，認為求新知、學習新事物，只是年輕人的事，與他無關。

　　這些都是很落後的觀念。一個公司的決策階層，如果凡事都是抱持這類看法，這個公司不可能有前途。

　　我在統一企業集團最近一次舉行的經營發展促進會上，就曾告訴集團內各企業的總經理，面對日新月異的經營環境，希望他們能夠用心學習新知，並隨時改進，這樣才能適應時代的遞嬗。

二.一字一句的苦學中日語

　　談到學日語，六十多年前，我在小學，也曾念了六年日本書，可是那個時候，我從來沒有機會與日本人交談。後來，因為工作的關係，必須與日人接觸，在這樣的情況下，只有強迫自己，邊學邊說，不斷利用時間，一字一句的苦學。我的日文基礎，就是這樣建立的。

　　學國語，也是一樣的路。最初我是一個字一個字學，等到家境較為寬裕，請了一位年輕人幫忙家務，照顧家母。那時，我在下班後，經常練習國語會話，遇有不懂的地方，就請教這位年輕人，我常開玩笑的稱她是我的祕書，這位「祕書」，雖然國語也不算頂高明，可是我仍受益匪淺。

三.從來不敢把學習這兩個字放下

　　而今，在經營企業這個領域中，我也是邊走邊學，從來不敢把學習這兩個字放下。透過讀書、閱報、看雜誌、聽簡報、赴國外考察等途徑，隨時隨地做筆記，再融會貫通，把外界最新的資訊、觀念，或他人的好東西，化為己有，往往是我吸收新知的不二法門，同時，也是我人生的一大樂趣。

統一企業高清愿創辦人的學習觀

1.用心學習新知，才能適應時代的遞嬗

①認為求新知、學習新事物，只是年輕人的事，這個觀念已經落伍。
②公司的決策階層，面對日新月異的經營環境，要用心學習並隨時改進，才能適應時代的遞嬗。

2.一字一句的苦學中日語

①日文基礎的建立：強迫自己，邊學邊說，不斷利用時間，一字一句的苦學。
②學國語，也是一樣的路，經常在下班後，向年輕人請教練習國語會話。

3.從來不敢把學習這兩個字放下

①在經營企業這個領域中，也是邊走邊學。
②透過讀書、閱報、看雜誌、聽簡報、赴國外考察等途徑，隨時隨地做筆記，再融會貫通，把外界最新資訊、觀念，化為己有。

知識
補充站

高清愿的生平事蹟

高清愿於1929年5月24日出生，一手打造統一企業王國，國立中山大學名譽管理學博士。

1. **少年時代**：1929年，高清愿生於臺南縣學甲鎮。小時候生活困苦，沒受過正規教育。1942年，十三歲的高清愿喪父。於是，母子倆到臺南市投靠舅舅，當時，他們僅有一個皮箱和一床棉被。

2. **工作時期**：他在草鞋工廠工作時，薪資僅有15元。後來，他改到兵工廠做工，才有50元的薪資。1945年，第二次世界大戰結束，他又到福利社工作。後來，他又去布行工作，他從學徒做到師傅，由於他年輕又有見識，深得其他人的讚賞。1947年，由於老闆要去上海拓展生意，十八歲的他開始獨當一面。1955年左右，他到臺南紡織公司做事，成為經理。他從1955年一直工作到1967年。

3. **大老闆時代**：1967年，三十八歲的他創立了統一企業，後來，他又陸續創立了統一超商股份有限公司，以及在臺灣與康是美藥妝店、星巴克咖啡等等聯盟。

Unit 13-3
台積電前董事長張忠謀的學習觀

台積電前董事長張忠謀在2003年接受《天下》雜誌專訪時，提出要負責任的終身學習觀，並引用五十年前，他與父親的一段小故事作為見證，讀來令人動容。

圖解人力資源管理

一.要負責任的終身學習

張忠謀在自傳裡提到他在學半導體的故事。半導體界有一本夏客雷的經典《半導體之電子與洞》，這本書到現在還是經典之作。1955年他剛進半導體業時，他每晚總要看這本書二、三個鐘頭，當時他服務的公司剛在一個小城設立實驗室，大家都先住在小旅館裡。有一位專家是個愛喝酒的人，每天下班就喝酒到晚上十點鐘，有時他跟專家吃飯，專家就一邊喝酒，一邊回答他在書中不懂的地方。他那時年輕，物理底子也不錯，又有專家能解釋他的問題，有時專家一句話就能讓他茅塞頓開。

他提到學習這事情時，跟他父親有關。那時，父親剛到美國去時，他還在麻省理工學院念書。他禮拜天習慣看《紐約時報》，父親看到他禮拜天在看《紐約時報》就說：「你明天不是有考試嗎？要溫習要考試的東西。」他回說看《紐約時報》也很有幫助。父親說這是「不負責任的學習」。五十幾年了，這句話，他到現在還記得。「要負責的學習」跟「不需要負責的學習」比起來，通常不需要負責的學習，大家樂意為之；而他現在終身學習的部分，是他認為他應該要負責的。

二.觀察力要建立在終身學習上

《天下》雜誌訪問張忠謀是怎麼努力讓自己一直往前進？張忠謀以就是終身學習，來回應這個問題。他說自己是終身學習非常勤奮的人。他會邊吃邊閱讀。現在有太太，吃晚餐看書不太好。他吃早餐時看報；吃中餐看枯燥的東西，像美國思科、微軟的年報、資產負債表，這能增加他對產業的知識。此外，要跟有學問、有見地的人談話，例如：梭羅、波特。《天下》雜誌也發現到他的觀察力好像很透徹？張忠謀則作如此回答——觀察力要建立在終身學習的基礎上。

> ### 小博士解說
>
> **國際上對終身學習的定義**
>
> 歐洲終身學習創協（European Lifelong Learning Initiative, ELLI）認為終身學習的定義，包括人類生命經驗的完整歷程，而非現在不太完整的教育與訓練模式，其定義如下：「終身學習是人類潛能的發展，透過一個持續不斷的支持過程，以激勵並使個體能夠獲得生命全程需要的所有知識、價值、技巧與了解，並在所有角色扮演、各種情形與環境中，具備自信心、創造力與喜悅以應用這些能力。」

台積電前董事長張忠謀的學習觀

1.要負責任的終身學習

①學習這事情，跟他父親有關：

父問：明天不是有考試嗎？要溫習要考試的東西。

子回：看《紐約時報》也很有幫助。

父說：這是「不負責任的學習」。

★五十幾年了，這句話，他到現在還記得。

②
要負責的學習	vs.	不需要負責的學習
↓		↓
少數人願意		大家樂意為之

③現在終身學習的部分，是他認為他應該要負責的。

2.觀察力要建立在終身學習上

①他吃早餐時看報。

②吃中餐看枯燥的東西，像美國思科、微軟的年報、資產負債表，這能增加他對產業的知識。

③要跟有學問、有見地的人談話，例如：梭羅、波特。

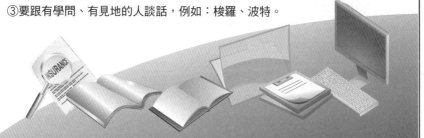

知識補充站

我工作，所以我存在

對張忠謀來說，工作就是人生。他的人生的意義就是工作，假如沒有工作，他的人生也就沒有什麼意義。對於退休，他認為只是代表一個工作的改變，不一定是賺錢的工作。張忠謀對工作的定義是花腦力、體力、精力的一種活動，它是有目的的，有近期的目的，也有長期的目的，這就是工作，不一定有報酬。

他現在的工作當然是有報酬的工作，但是退休以後，他表示還會繼續工作，即使是沒有報酬，但是只要花腦力、精力、時間，而且有目的，他會一直做下去，做到他死的時候，或者到他的健康限制為止。

笛卡兒有一句名言「我思故我在」，這樣一句話也可套用在他身上——「我工作，所以我存在」。

Unit 13-4
教導型組織的緣起與意義

　　自管理大師彼得・聖吉於《第五項修練》一書提出「學習型組織」的概念，掀起全球企業組織的學習熱潮，企業界及公私立機關都努力打造自己成為一持續性學習的學習型組織。但是諾爾・提區與南西・卡德威，卻有不同的看法。

一.教導型組織崛起

　　隨著美國密西根大學商學院教授諾爾・提區（Noel M. Tichy）與南西・卡德威（Nancy Cardwell）《教導型組織》一書問世，針對其所提出的「領導的本質是教導而非發號施令」的觀點，企業界、管理學界乃至於教育界，紛紛開始深入思考與研究教導（Coaching）技巧之於組織成長的重要性。

　　對於管理大師彼得・聖吉（Peter Senge）於《第五項修練》一書提出「學習型組織」的概念，提區與卡德威卻認為，光是學習型組織並不足以應對未來所有的變局，組織必須充分發揮教導的功能，良性教導循環（Virtuous Teaching Cycle）是致勝組織的DNA。好的領導人應是一位良師，領導人複製領導人是最高的境界，領導人必須與員工維持教學相長關係，主管應親自教導部屬，也向部屬學習，成為一個「人人教導、個個學習」的教導型組織。

　　教導型組織的概念也引發企業的認同與實踐，教導技巧逐漸被企業重視並採用。

二.何謂教導型組織

　　在1980年代，提區協助奇異公司執行長威爾許整頓奇異主管訓練中心，從而對威爾許的領導方法與奇異公司的成功經驗有極深入的研究，在本書中可以看到他研究威爾許所得的結晶。提區指出，領導人應將親自教導部屬列為核心任務，同時應向部屬學習，虛心聆聽部屬的意見。親自教導部屬，有利於貫徹經營理念，提升團隊凝聚力；而向部屬學習，亦即雙向教導，尤其重要。因為組織內層級愈低者，接觸顧客與市場機會愈多，意見層層向上反映，領導者才不致與現實脫節。提區把這種雙向交互學習的組織，稱為「教導型組織」。

　　提區也指出，成功致勝的領導人都是良師，成功致勝的組織也確實會鼓勵教導。除此之外，成功致勝的組織也都是被刻意設計成教導型組織，所有經營流程、組織結構及日常營運機制，全都基於促進教導而建立。

　　成功組織的教導模式獨具特色。那是一種交互、雙向，甚至多向的教導模式。整個組織裡，各層級的「教師」與「學生」彼此教導與學習，構成一種良性教導模式。整個組織裡，各層級的「教師」與「學生」彼此教導與學習，構成一種良性教導循環，不斷激發更多學習和教導機會，也創造更多新知識。良性教導循環讓成功企業的員工，日復一日，更加睿智，更有凝聚力和活力。教導型組織讓這一切成為可能。

教導型組織的緣起與意義

教導型組織的緣起與意義

管理大師彼得‧聖吉提出「學習型組織」的概念，掀起全球企業組織的學習熱潮，企業界及公私立機關都努力打造自己成為一持續性學習的學習型組織，但後來有學者提出不同的看法。

教導型組織崛起

密西根大學商學院教授諾爾‧提區（Noel M. Tichy）與和南西‧卡德威（Nancy Cardwell）合著《教導型組織》中，提出「領導的本質是教導而非發號施令」的觀點，企業界、管理學界乃至於教育界，紛紛開始深入思考與研究教導（Coaching）技巧之於組織成長的重要性。

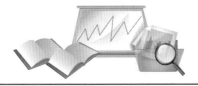

265

何謂教導型組織？

①領導人應將親自教導部屬列為核心任務，同時應向部屬學習，虛心聆聽部屬的意見。

②親自教導部屬，有利於貫徹經營理念，提升團隊凝聚力。

③而向部屬學習，尤其重要。因為組織內層級愈低者，接觸顧客與市場機會愈多，意見層層向上反映，領導者才不致與現實脫節。

④這種雙向交互學習的組織，稱為「教導型組織」。

學習型組織 VS. 教導型組織

知識補充站

學習型組織與教導型組織都主張，企業成功必須仰賴員工持續不斷吸收新知識、新想法及新技能；教導型組織的不同之處，在於要求學員不僅是學習者，也是教導者，教導者要鼓勵並聆聽學習者提出的意見，要坦誠討論而不是服從命令。如此教與學雙方都能增廣見識、提升視野並創造新知，提區把這種雙向學習稱為「良性教導循環」。

Unit **13-5**
IBM公司教導型案例

IBM公司的研發部門曾得過三次諾貝爾獎，之能如此傑出，想必是企業教導學習的奏效，以下我們來一一探討。

一.學長姐制

對於新進人員，該部門主管會指派一位同部門的資深同仁，協助新人解決各項疑難雜症，讓新人儘快進入狀況，熟悉環境；同時這對於擔任輔導的學長姊們，也是一個自我訓練的機會。主管可從中觀察他（她）是否對人有熱誠？是否盡心幫助新人解決問題？是否有領導潛能？如果學長姐做得好，對未來升遷及成長有加分效果。

二.良師益友制

除同部門學長姐外，IBM鼓勵員工自己找尋良師益友（Mentor），可以是專業技術上，也可以是與個人生涯規劃有關。在組織中找尋景仰的、可以作為學習標竿的同事或主管，主動討教：技術、專案、生涯規劃、待人處世，皆可向Mentor學習。會不會有人覺得麻煩或沒時間而婉拒當Mentor？當Mentor是一種榮譽，別人肯定你，才會找你，在IBM如果沒有人找你當Mentor，可能要自我檢討。

三.女性成長團體

目前IBM女性員工比例34%至35%，為讓女性員工及主管人數能夠成長更快，IBM規劃女性成長團體，彼此提攜，共同成長。此外，部門主管平時會特別觀察有潛力的女性員工，在有升遷機會時，不因家庭、小孩等而封閉其升遷管道。

四.傾聽高階主管

高階主管會定期與員工Interview，傾聽彼此的想法，面對面溝通。此外，高階主管課程錄影，藉由影帶可以沒有時間與地點的限制，進行教導與經驗承傳。

五.特別助理

對於有潛能的明日之星，有機會可以獲得總經理特別助理的培訓機會，擔任臺灣區總經理或亞太區總經理的特別助理，三個月的貼身接觸，近距離學習、觀察總經理的思考與決策模式，有機會接受總經理的直接教導。

六.高階主管的教導

高階主管在教導（Coaching）屬下之際，本身面臨壓力更沉重，也更需要別人的教導，因此，會請IBM的退休高階主管教導高階主管，蓄積自我突破的能量。

IBM公司教導型案例

1.學長姐制

①對於新進人員，該部門主管會指派一位同部門的資深同仁，協助新人儘快進入狀況。
②對於擔任輔導的學長姊們，也是一個自我訓練的機會。
③主管可從中觀察他（她）：
　・是否對人有熱誠？
　・是否盡心幫助新人解決問題？
　・是否有領導潛能？

> 如果學長姐做得好
> ↓
> 對未來升遷及成長有加分效果

2.良師益友制

①鼓勵員工在組織中，找尋在專業技術或個人生涯規劃有關的良師益友。
②當良師益友是一種榮譽，別人肯定你才會找你；如果沒人找，就要自我檢討。

3.女性成長團體

①目前女性員工比例34%至35%。
②規劃女性成長團體，彼此提攜成長，讓女性員工及主管人數能夠成長更快。
③部門主管平時會特別觀察有潛力的女性員工，在有升遷機會時，不因家庭、小孩而封閉升遷管道。

4.傾聽高階主管

①高階主管會定期與員工Interview，傾聽彼此的想法，面對面溝通。
②高階主管課程錄影，藉由影帶可以沒有時間與地點的限制，進行教導與經驗承傳。

5.特別助理

①對於有潛能的明日之星，可以獲得總經理特別助理的培訓機會。
②擔任臺灣區總經理或亞太區總經理的特別助理，三個月的貼身接觸，近距離學習、觀察總經理的思考與決策模式，有機會接受總經理的直接教導。

6.高階主管的教導

> ①高階主管在教導屬下壓力大時，怎麼辦？
> ↓
> ②IBM退休高階主管
> ↓
> 教導
> ↓
> 高階主管
> ↓
> ③蓄積高階主管自我突破的能量

Unit **13-6**
奇異公司——全球最大教導型組織架構

在教導型組織中，良性教導循環並非只見於高層，而是遍及整個組織各個角落。奇異（GE）擁有全世界規模最大的教導型基礎結構，本文摘錄如下，以供參考。

一.定期舉辦研習

高層團隊每季在可羅頓維爾中心舉辦研習活動，分享最佳實務作法，思考如何讓公司旗下所有事業部門，都成為全球佼佼者。高階主管會議是如假包換的良性教導循環，因為其中的每個人既是教導者，也是學習者。

二.黑帶高手傳授六標準差方案

指定超過一萬五千名有潛力的中階主管，以整整兩年時間專任六標準差的「黑帶級」教師。他們必須教導超過三十萬人的全體員工，帶領超過二萬個的六標準差行動計畫。六標準差方案本身就是一個良性教導循環，先由黑帶級教師傳授品管工具給員工，員工再利用這些方法發展新構想，再回頭教導黑帶級教師。

三.除舊布新

從1988年開始，CEO威爾許要求產品經理召開全員大會，作為兼具教導與學習功能的問題解決機制。這個會議為期三天，目的在解決員工認為在組織和工作生活上，需要改善的實質問題，主管必須即席回應。1980年代晚期和1990年代初，至少參加過五次「除舊布新」會議的員工超過三十萬人。1999年，威爾許下令全公司展開新一波「除舊布新」會議，好對付正在悄悄死灰復燃的官僚作風。

四.改革促進計畫

公司排名屬於前一萬名的領導幹部必須接受訓練，以便在內部負責教導和領導變革計畫。計畫重點在於培養公司高層的教導能力。

五.專業的主管訓練中心

可羅頓維爾主管訓練中心，每年培訓超過五千名公司領導幹部，層級從新科主管到資深高階主管。這是一個創造知識、傳授想法和價值，以及領導人相互教導學習的園地。1980年代中期，中心從傳統單向教導結構，轉型為行動學習的良性教導循環。

六.教導與學習的會議

奇異公司的營運機制，也就是藉以管理旗下事業部、接班規劃、財務及策略的種種流程，全都設計成為有教導和學習作用的會議，而非官僚作風的檢討會議。

全球最大的教導型組織架構——奇異公司

1.定期舉辦研習

①高層團隊每季舉辦研習活動，分享最佳實務作法，思考如何讓公司旗下所有事業部門，都成為全球佼佼者。

②高階主管會議是如假包換的良性教導循環，因為每個人既是教導者，也是學習者。

2.黑帶高手傳授六標準差方案

①指定超過一萬五千名有潛力的中階主管，以整整兩年時間專任六標準差的「黑帶級」教師。

②六標準差方案本身就是一個良性教導循環，先由黑帶級教師傳授品管工具給員工，員工再利用這些方法發展新構想，再回頭教導黑帶級教師。

3.除舊布新

①從1988年開始，產品經理要定期召開為期三天的全員大會，作為兼具教導與學習功能的問題解決機制。

②1999年，全公司展開新一波「除舊布新」會議，好對付正在悄悄死灰復燃的官僚作風。

4.改革促進計畫

①公司排名屬於前一萬名的領導幹部必須接受訓練，以便在內部負責教導和領導變革計畫。

②計畫重點在於培養公司高層的教導能力。

5.專業的主管訓練中心

①可羅頓維爾主管訓練中心，每年培訓超過五千名公司領導幹部，層級從新科主管到資深高階主管。

②這是一個創造知識、傳授想法和價值，以及領導人相互教導和學習的園地。

③在1980年代中期，中心從傳統的單向教導結構，轉型成為行動學習（Action Learning）的良性教導循環。

6.教導與學習的會議

①所有管理旗下事業部、接班規劃、財務及策略的種種流程，全都設計成為有教導和學習作用的會議。

②目的在抵制官僚作風的檢討會議。

269

第 14 章

卓越企業人才培育案例篇

●●●●●●●●●●●●●●●●●●●●● 章節體系架構 ▼

Unit **14-1**
世界第一大製造業，GE公司領導人才育成術 Part I

年營收額達1,300億美元，全球員工高達31萬人，事業範疇橫跨飛機發電機、金融、媒體、汽車、精密醫療器材、塑化、工業、照明及國防工業等巨大複合式企業集團的奇異（GE）公司，多年來的經營績效、領導才能及企業文化，均受到相當的推崇。大家都好奇GE公司是如何長期維繫成功於不墜。

一.GE全球人才育成四階段

GE公司全球人才育成制度，大制可以區分為四個階段：

(一)第一階段

係屬基層幹部儲備培訓，主要是針對新進基層人員進行為期二年的工作績效考核計畫。以每六個月為一個循環，由被選拔出來的基層人員，自己訂出這六個月要做的某一項主題目標，然後再看六個月後是否完成此一主題目標。依此循環，二年內要完成四次的主題目標研究，其中一次，必須在海外國家完成，大部分人則選擇到美國GE總公司。至於這一些主題目標，可以是與自己工作相關或不完全相關。大部分仍是以基層的專長為導向，例如：財務、資訊情報、營業、人事、顧客提案、商品行銷、通路結構等為主。此階段培訓計畫稱為CLP（Commercial Leadership Program），每年從全球各公司中，選拔出2,000人接受此計畫，由各國公司負責執行。

(二)第二階段

稱為MDC計畫（Manager Development Course），即中階幹部經理人發展培訓課程計畫。每年從全球各公司的基層幹部中，挑選500人作為未來晉升為中階幹部的培訓計畫。培訓內容以財務、經營策略等共通的重要知識為主。

(三)第三階段

稱為BMC計畫（Business Management Course），即高階幹部事業經營課程培訓計畫。每年從全球各公司的中階幹部中，選拔150人作為未來晉升為高階幹部的培訓作業計畫。這150人可以說是能力極強的各國菁英。

(四)第四階段

稱為EDC計畫（Executive Development Course），即高階幹部戰略執行發展培訓計畫。每年從各國公司中，僅僅選拔出35人，作為未來各國公司最高負責人或是亞洲、歐洲、美洲等地區最高負責人之精英中的菁英之培訓計畫。

此四階段可以說是有計畫的、循序漸進的、全球各國公司一體通用的，而且是全球化人力資源的宏觀培訓人才制度。

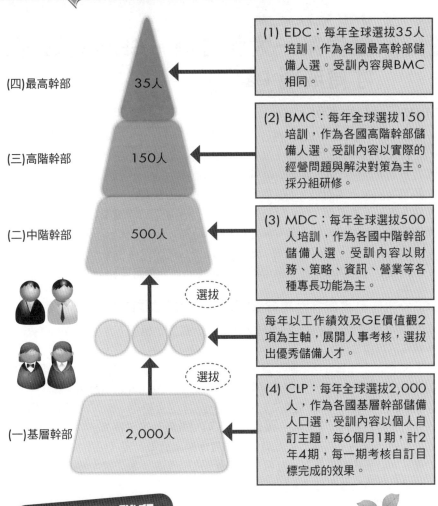

GE公司全球領導人才育成4階段

(四)最高幹部　35人

(三)高階幹部　150人

(二)中階幹部　500人

(一)基層幹部　2,000人

選拔

選拔

(1) EDC：每年全球選拔35人培訓，作為各國最高幹部儲備人選。受訓內容與BMC相同。

(2) BMC：每年全球選拔150培訓，作為各國高階幹部儲備人選。受訓內容以實際的經營問題與解決對策為主。採分組研修。

(3) MDC：每年全球選拔500人培訓，作為各國中階幹部儲備人選。受訓內容以財務、策略、資訊、營業等各種專長功能為主。

每年以工作績效及GE價值觀2項為主軸，展開人事考核，選拔出優秀儲備人才。

(4) CLP：每年全球選拔2,000人，作為各國基層幹部儲備人口選，受訓內容以個人自訂主題，每6個月1期，計2年4期，每一期考核自訂目標完成的效果。

人才育成4階段

(四)EDC (executive-development-course)

↑

(三)BMC (business-management-course)

↑

(二)MDC (manager-development-course)

↑

(一)CLP (commercial-leadership-course)

Unit **14-2**
世界第一大製造業，GE公司領導人才育成術 Part II

二.BMC研修課程案例

　　GE培訓各國公司副總經理級以上的高階主管所進行的儲備幹部研修課程，每年舉行三次，在不同的國家舉行。2017年底最後一次的BMC研修課程，即選在日本東京舉行。此次儲備計畫，計有全球51位獲選出席參加，為期二週。行程可以說非常緊湊，不僅是被動上課而已，而且還有GE美國公司總裁親自出席，下達這次研修課程的主題為何，然後進行六個小組的分組，由各小組展開資料蒐集、顧客緊急拜訪、簡報撰寫與討論等過程，最後還要轉赴美國GE公司，向30位總公司高階經營團隊做最後完整的主題簡報，並接受答詢。最後由GE總公司總裁傑佛瑞・伊梅特做裁示與評論。右頁圖是2003年底在日本東京舉行的BMC研修課程安排。

三.GE公司極為重視各階層幹部領導人才的培訓計畫、培訓特色

　　1. 每年都花費10億美元在全球人才育成計畫上，稱得上是世界第一投資經費在人才養成的跨國公司。

　　2. 高階以上領導幹部培訓計畫，採取現今所面臨的經營與管理上的實際問題及解決對策、提案等為培訓主軸，是一種「行動訓練」（Action Learning）導向。

　　3. 在培訓過程中，經常採取跨國各公司人才混合編組。亦即，不區分哪一國、性別為何或專長為何，必須混合編成一組。其目的是為了培養每一名幹部的跨國團隊在經營與合作溝通上的能力，且更能客觀看待提案簡報人容。例如：某次的BMC培訓計畫，即有日本某位具金融財務專長的幹部被分配在「最先進尖端技術動向」這組中，希望以財務金融觀點來看待科技議題。

　　4. 在一開始的基層幹部選拔人才上，最重視的是二項考核項目，一是「工作績效表現」，另一項則是「GE價值觀的實踐」。

　　5. 培訓計畫，係以向極限挑戰，讓各國人才潛能得以完全發揮。

　　6. 希望從每一次各國的研修主題中，產生出GE公司的全球化經營戰略與各國地區化經營戰術。

四.結語──培育人才，是領導者的首要之務

　　GE公司總裁伊梅特語重心長的表示：「GE全球31萬名員工中，不乏臥虎藏龍的優秀人才，但重要的是，必須有系統、有計畫的引導出來，然後給予適當的四個階段育才培訓計畫，就可以培養出各國公司優秀卓越的領導人才。然後GE全球化成長發展就可以生生不息。」發掘人才，育成領導人才，GE成為全球第一大製造公司，正是一個最成功的典範實例。

GE公司高階幹部研習營回程表

11/4	51位受訓幹部在東京六本木GE日本總公司集合,由美國GE總裁傑佛瑞‧伊梅特揭示此次研修主題——日本市場的成長戰略及作法,以及將51位受訓幹部予以分成六個小組,並確定各小組的研究主題。
11/5~11/7	邀請日本東芝等大公司及大商社高階主管來演講
11/8	赴京都、奈良、箱根觀光
11/10	工廠見習
11/11~11/14	各分組展開訪問顧客企業、蒐集資料情報及小組內部討論
11/15	各分組撰寫提案計畫內容
11/16	週日休息
11/17~11/19	各分組持續撰寫提案及討論
11/20~11/21	各分組向GE日本公司各相關主題最高主管,進行第一階段的提案簡報發表大會、互動討論及修正
11/23~11/30	51人先回到各國去
12/1~12/2	51人再赴美國紐約州GE公司研修中心,各小組先向GE亞太區總裁作第二階段提案簡報發表大會及修正
12/3	正式向GE美國總公司總裁及30人高階團隊作提案發表,並由傑佛瑞‧伊梅特總裁裁示

GE公司領導人才培訓特色

1. 每年花費10億美元在人才育成計畫上。

2. 採取「行動訓練」導向。

3. 培養跨國團隊的合作與溝通能力。

4. GE價值觀的實踐。

培育人才是領導者的首要之務!

5. 讓各國人才潛力得以發揮。

6. 從訓練中,發展出GE公司的全球化經營戰略及各地區經營戰術。

Unit **14-3**
人才資本是決勝關鍵 Part I

　　日本豐田汽車現任最高顧問指出：「企業盛衰，決定於人才」。人才資本的概念與重要性，早已受到各大企業的重視，尤其人才甄選、任用、晉升、訓練、教育等，更影響著企業世世代代人才的養成。人才資本、決勝經營，在這方面有幾家優秀日本企業的作法，值得吾人借鏡參考。

一.豐田汽車（TOYOTA）公司

　　豐田是世界第一大汽車廠，在全球各地僱用的員工人數已超過25萬人，全球海外子公司也超過100家。該公司設立一個非常有名的幹部育成中心，稱為「豐田學院」，由該公司全球人事部人才開發處負責規劃與執行。

　　豐田針對各種不同等級幹部，推出一系列EDP（Executive Development Program）計畫，係針對未來晉升為各部門領導者的育成研修課程。豐田學院的經營，擁有二項特色：

　　1. 培訓課程內容均必須與公司實際業務具有相關性，是一種實踐性課程。

　　2. 公司幾位最高經營主管，均會深入參與，親自授課。

　　以最近一期為例，儲備為副社長級的事業本部部長培訓計畫課程中，即安排張富士夫社長及6名副社長、常務董事長及外國子公社長等親自授課。授課的內容，包括了豐田的全球化、經營策略、生產方式、技術研發、國內行銷、北美銷售、經營績效分析、公司治理等。此外，也聘請大學教授及大公司幹部前來授課。

　　最近一期豐田高階主管研習班，計有20位成員，區分為每5人一組，每一組除了上課之外，還必須針對豐田公司的經營問題及解決對策，撰寫詳細的報告。最後1天的課程，還安排每一小組向張富士夫社長及經營決策委員會副社長級以上最高主管群做簡報，並接受詢問及回答。每一組安排2小時時間，包括了來自日本國人及國外子公司的幹部，並依其功能別加以分組。例如：有行銷業務組、生產組、海外市場組、技術開發組等。

　　張富士夫社長表示：「人才育成是百年的計畫，每年都要持續做下去，而現有公的副社長以上最高經營團隊，亦須負起培育下一個世代幹部的重責大任。」

全球豐田人才團隊！

才有全球化豐田的成功！

企業盛衰，決定於人才！

豐田學院的特色

1. 培訓課程均與公司實行業務具有相關性；是一種實性課程。

2. 公司高階經營主管，均須參與，親自授課。

人才育成，是百年計畫

最高經營團隊

必須負起培育下一個世代幹部的重責大任！

Unit **14-4**
人才資本是決勝關鍵 Part II

二.Olympus光學工業公司

　　Olympus光學工業公司近幾年來，在營收及獲利方面，也都有不錯的表現。該公司人事部門最近提出「次世代幹部育成計畫」，並由該公司菊川剛社長指示，應於十年後，務必以培育出30歲世代的事業部長（即事業部副總經理）及40歲世代的社長（即總經理）人才為目標。因此，人事部門制定了以十年為期的標準研習計畫，將選拔目前30歲左右的青年人才，作為儲備幹部。此外，還有一種以五年為期的高階幹部短期研習計畫。此即針對43歲左右的事業部長人才，經過五～六年的培訓及歷練完成，希望在50歲之前，可以擔任公司社長或副社長的高階職位。

　　除了研修課程之外，還必須給予三種方式的必要歷練，包括調至海外子公司歷練、給予重要專案任務歷練，以及調至關係企業擔任高階主管歷練等方式。換言之，在Olympus公司人才的選拔、教育及晉升，均有一條非常明確的路徑，只要是對公司有貢獻、自己願意力爭上游的優秀人才，都可以如願的達成晉升目標。2003年度該公司人事部門從4,300名員工中，挑選出下一世代接班幹部群計13人的少數精英型人才，給予每年一次固定三天二夜的集體研修，最後還要向董事會決策成員提出個人對公司事業經營與改革的主題報告，通過者才算是當年度的合格者，否則被要求再重來一次。這是一種對人才嚴格的要求過程。

　　該公司社長菊川剛即表示：「現在日本已有不少中大型公司，出現40歲世代社長，這是時代趨勢，不應違逆。」菊川剛社長現年62歲，他自己也認為老了些。因此，最近嚴令人事部門必須加速人才育成的速度。希望十年後，不要再有60歲以上的老社長了，因為那無法為Olympus公司的整體形象及企業發展加分。

三.結語——選拔、研修、歷練、考核四位一體

　　對於公司各世代高階人才的養成，必須有系統、有計畫以及有專責單位去規劃及推動，而公司董事長及總經理的親自參與及重視，則更為必要。對公司接班人才的育成，必須包括下列四項重要工作：

　　1. 每年一個梯次選拔有潛力的人才。
　　2. 施以定期的擴大知識與專長的研修課程。
　　3. 在不同的工作階段中，賦予重要單位、職務或專案的工作實戰歷練。
　　4. 考核他們的績效表現成果，是否值得納入長期培養及晉升的候選人。

　　日本第一大汽車豐田公司的社長（總裁）張富士夫針對人才議題，語重心長的下過一個結論：「人才育成，是公司董事長及總經理必須負起的首要責任。因為，人才資本的厚實壯大與否，將會影響公司經營的成敗。而豐田汽車今天能躍居世界第一大汽車廠的最大關鍵，是因為它在全球各地區都能擁有非常優秀、進步與團結的豐田人才團隊。因此，有豐田的人才，才有豐田的成功。

豐田育才的4個面向

1. 選拔優人才

4. 考核歷練績效如何

人才培育
4要素

2. 施予專長訓練

3. 給予重要單位歷練
及實踐

豐田汽車授課內容

| 1. 豐田的全球化 | 2. 經營策略 | 3. 生產方式 | 4. 技術研發 |
| 5. 國內行銷 | 6. 北美銷售 | 7. 經營績效分析與公司治理 |

Unit **14-5**
三星人才，國際化成功祕訣

圖解人力資源管理

一.南韓三星電子成為全球品牌

　　南韓最大企業三星電子，近年來可說是亞洲最亮眼的一顆新星。三星2017年營收額796億美元，幾乎是五年前的二倍。三星的品牌價值從2002年的80億美元，到2017年倍增為200億美元，躋身全球前二十大品牌之內，超越日本索尼。以品牌價值來看，是近年來全球成長速度最快的品牌。

二.研發費用從3.58%，提升到6.82%

　　三星集團掌握液晶面板、半導體等關鍵元件，是三星重要的競爭力所在。近年來，三星電子在設計與研發的投入更是驚人，研發費用從2003年占營收額的3.58%，大幅提高到2017年的6.82%，三星有近四分之一的員工都是從事研發相關工作。三星的設計大軍也有近500人，近年來在美歐地區重要獎項如IDEA、iF獎，三星都是獲獎最多的品牌。研發、設計、行銷都是三星攀登巔峰的關鍵要素，然而，進一步了解三星近年來在人才國際化、系統化管理上的努力，堪稱是三星打好基礎的內功心法。

280

三.積極尋求及延攬研發、設計及行銷一流的國際人才

　　三星從數年前體會到，需要引進更多國際化人才以打開全球市場，於是積極尋求國際專業人才，出身英國、擁有物理博士學位與十年美國管理經驗的大衛・斯蒂爾是最佳的例證。他從1997年被延攬到三星，五年之後被調升為三星數位媒體事業部門常務副總裁，是三星高階主管中的首位外籍人士。

　　三星在行銷、研發等方面都積極尋求國際人才，更提出一套補助就讀韓國大學MBA的計畫。提供外國人才二年的韓國頂尖MBA就學與生活補助，而後進入三星總公司服務三年，之後可以再派回當地分公司，這項計畫每年吸引世界各地精英競逐。「這些人才將對於三星的理念有非常深入的了解，對該市場的扎根將有莫大幫助。」斯蒂爾表示。過去三星以韓國為最大市場，但現在海外的銷售不斷增加，2017年光是三星數位媒體部門已有85%的營收額來自韓國以外的市場。

四.培育國際人才，推出「地域專家」計畫

　　三星對於培育員工的國際化也有獨特的計畫，名為「地域專家」（Regional Specialist），派遣員工到全球各地市場或潛力市場做長達一整年的市場與文化觀察。三星每年派出約200名員工參與這項計畫，平均每個人投資至少10萬美元。韓國籍的臺灣三星協理權聖植就曾被派往緬甸一整年，期間沒有一般工作壓力，但須每週繳交心得報告，一年之後也要通過公司的語言評鑑才算合格。一旦三星未來要投入緬甸市場時，他就是最具資格的緬甸專家。

三星國際人才成功3要素

1. 研發 （占1/4員工）	2. 行銷	3. 設計 （近500人）
・占營業額6.8%。		

全球三星人才團隊！

 培育國際人才，推出地域專家

三星全球化、國際化

A 地域專家	B 地域專家	C 地域專家	D 地域專家

Unit **14-6**
三星集團每年投入500億韓元培育人才

一.韓國最大人才庫

　　三星電子（韓國三星電子集團，是韓國第一大民營製造業）擁有5,500名博士、碩士人力。其中，博士級就占了1,500名。2017年新進的149名人員當中，擁有碩士以上學位的有61名，約占40%。其中28名擁有喬治亞大學、哈佛等海外名校的學位，更幾乎占了一半的比例。全體48,000名職員當中，除了生產機能職位（25,000名）外，另23,000名，共25%擁有博、碩士學位。另外，還逐年以百為單位持續增加中。規模超越漢城大學，成為韓國最大的「人力庫」。

二.占地7,200坪的電子尖端技術研究所

　　位於京畿道水原市，占地7,200坪的電子尖端技術研究所（以下簡稱尖技所），是從新進職員到總理，學習最新技術動向的再教育機關。三星電子只為了R&D技術的教育而設立研習機關，在韓國國內是絕無僅有的。

　　1999年在李健熙董事長發表第二創業宣言的同時，創立了尖技所，其主要目的是配合公司長期策略，執行教育訓練課程。約有400頁的電子入門課程教材《行銷主導、市場取向企業的解決對策》（*Solution of MDC*），就是以新進職員為對象。

　　MDC（行銷主導、市場取向）是三星電子的企業目標。自2001年設立以來，光是教育課程就有97種、單一年度的教育職員更高達3,000位。三星電子確定的軟體專業人力總共有5,300名。集團整體超過13,000名，為總人力的12%。三星更計畫到2017年為止，要增加到20,000名。三星電子朝著內容、軟體化目標前進的未來策略，也反映在教育課程中。

三.與多所大學建教合作

　　三星電子的建教合作課程，已經發展到和韓國國內知名大學，共同開設博、碩士班課程階段的地步。建教合作課程，就如同其所號稱的「1加1，2加2」。三星電子和延世大學（數位化）、高麗大學（通訊）、成均館大學（半導體）、漢陽大學（軟體）、慶北大學（電子工學）等，共同合作碩士學位課程，也就是在研究所讀1年之後，剩下的1年到三星電子實際從事相關業務，這就是所謂的1加1。

　　2加2是博士課程。各大學與三星電子共同開發課程，每個課程的智慧財產權由雙方共同擁有。到2017年底為止，研修此課程而成為三星職員的人才共有400位。2017年新登記的，則有95位。

四.每年投入500億韓元（約15億新臺幣）於再教育課程

　　為了提高個人的生產效能，三星電子投資於再教育的課程，每年就花費500億韓元，每人平均超過100萬韓元。

三星是韓國最大人才庫！

擁有5,500名博士、碩士人力！

來自國內外名校的理工科的博、碩士人才！

占地7,200坪的電子尖端技術研究所

三星電子尖端技術研究所！

占地7,200坪

Unit 14-7

P&G積極培養領導人才，維持創新及競爭力

一.雷富禮前任執行長花費近二分之一時間在培育領導人才上

　　寶僑（P&G），一個產品網路遍及全球160個國家的企業，2009年獲選全球前20大領導人企業第一名，原因是其管理具延續性，並拔擢內部人才。寶僑前任執行長雷富禮（Alan G. Lafley）曾說：「在對寶僑的長期成功上，我所做的事，沒有一件比協助培育出其他領導人更具長遠的影響力。」現年69歲的雷富禮表示，他的時間有三分之一到二分之一都用在培育領導人才上，而寶僑花在這上面錢，雖無法準確計算，但金額肯定很大。

二.P&G人，每踏出一步都會受到評估

　　寶僑所做的就是讓領導能力培育變成全面性，並且深入寶僑文化之中。雷富禮認為，最大要點就在於寶僑是一部不停做挑選的機器，從大學畢業生進到寶僑就展開了。寶僑有流程、有評估工具，寶僑依據價值、才智、創造力、領導能力和成就進行拔擢。一個寶僑人在寶僑的生涯中，每踏出一步都會受到評估，這個應該就是寶僑人成長的最大動力。

三.培育方式為短期訓練

　　在培育領導人才的方法上，寶僑不同於奇異電器、摩托羅拉等企業，寶僑並未興建大學校園式培訓機構，而是著重為期一或二天的密集式訓練課程，然後就要受訓主管返回工作崗位。此位，寶僑會從外部聘請企管教練來上課，也採用過由顧問或大學設計的教學課程。

四.儲存3,000名頂尖主管的人才系統

　　寶僑各產品線經理級員工的評分和給薪，不只依據他們的業務表現，他們發展組織的績效也被納入考量。此外，寶僑建立了一個名為「人才培育系統」的電腦資料庫，裡面儲存了寶僑3,000名頂尖主管的名字以及他們個人的詳細背景資料，此一系統被用來協助確認寶僑內部哪個人最適合填補哪個職缺。

在對P&G的長期成功上！

沒有一件比協助培育出其他領導人才更具長遠影響力！

每年花費1/2時間在人才上！

建立3,000名頂尖主管人才系統

人才培育系統的電腦資料庫

↓

儲存P&G全球3,000名頂尖各級主管的詳細資料！

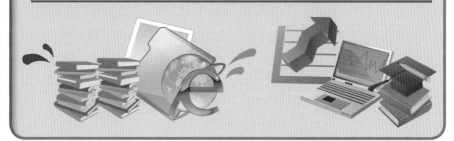

Unit 14-8
世界精銳人才，集中在東京的三菱商事 Part I

一.連續四年高獲利

　　2016年度日本最大的三菱商事公司合併獲利額高達4,000億日圓（約1,200億新臺幣），相較2015年3,500億獲利，創下三菱商事公司史上的最高峰。這也是連續四年來的高獲利表現。

二.人才是三菱商事獲利的根基

　　三菱商事公司前任社長（總經理）小島順彥認為，「人才育成」是非常重要的戰略課題及經營課題。三菱商事的員工總人數，到2016年底時，日本總公司約有6,000人，海外各國約有200個據點，總計聘用3,000名外國員工，而包括整個三菱商事集團的子公司，數量達550家之多，整個集團的員工人數則高達5萬4,000人之多。小島順彥表示，這好幾萬人才正是三菱商事公司高獲利的根基所在，因此，要有中長期計畫性的加以培育才行。

三.成立HRD（人力資源發展中心）

　　小島社長在2006年4月時，鑑於全球各地人才養成與培訓的重要性，指示人資部門擴大成立一個跨各公司，隸屬集團性的重要新組織單位，稱為HRD（Human Resource Development Center：三菱商事集團人力資源發展中心），把過去各公司自行培育或海外據點自行辦理的情況，加一統一。另外，還有三個重點工作：

　　1. 三菱商事總公司在HRD中，以對新人的育成工作為主。

　　2. 對日本國內的事業投資單位，HRD則對他們的高階經營者、財務長及各功能的中堅幹部的育成工作為主。

　　3. 對海外單位，HRD則免費對外派的日本員工之事前培訓及支援為主；另外，海外外國人的優秀各級幹部及經營層亦必須回到日本東京的HRD培訓及育成。

　　小島社長指示HRD的負責主管，必須「把人當成能夠活用的人才來教育培訓及養成他們；而海內外人才，不分本國人或外國人，都要一起提升水準。」

人才，是三菱商事獲利根基

人才，
是三菱商事獲利根基！

人才育成，是非常重要的戰
略課題及經營課題！

日本總公司6,000人！

海外各國3,000人！

成立跨公司HRD（人力資源發展中心）

HRD

1. 把人當成能夠活用的人，
   來教育培訓及養成他們。

2. 不分本國人或外國人，都
   要一起提升水準。

Unit 14-9
世界精銳人才，集中在東京的三菱商事 Part II

四.整個環境在改變，人才變得更重要

　　三菱商事公司近幾年來愈來愈重視人力資源的主題，有二點原因：1. 三菱商事過去是靠商品及原物料的單純進出口買賣即可獲大利，但現在卻不是如此。例如：在1991年時，三菱商事靠單純全球貿易即可賺上3,000億日圓，但到2016年時，靠貿易僅能賺1,900億日圓而已，減少了快一半。而另外一半賺的是，靠集團在日本國內500多家公司及海外各據點公司的獲利賺來的。換言之，整個獲利模式及事業經營模式已有大變化了，亦即，三菱商事對各轉投資公司的經營必須更加謹慎及用心經營才可以，因為這數百家公司是獲利的一半來源。2. 就是三菱商事也必須面對整個事業環境的全球化趨勢，不可能只銷售日本而已。因此，對於外派日本人到海外去，以及如何運用培育當地國家的重要外國人為三菱商事效命，也是一件大事。這些都是全球化人力資源管理的主軸及著力方向。因此，必須有計畫、有專賣機構去統籌負責才行。

五.錢不是價值，人才才是真正的價值

　　小島社長在內部重要會議，很多次均指出：「三菱商事不缺錢，不缺設備，不缺物品，但仍然缺乏更好、更棒的全球化人才及具有卓越經營力的中高階人才。我們公司在全球有5.4萬人，不管日本人或外國人都要一視同仁，都要看成是三菱商事人，都要選拔、培養、歷練，及教育訓練他們成為未來三菱商事最優秀的人才。而且要把海外各國員工中，最優秀的人才集中到東京總公司。我們是一個高度開放的人才寶庫，非常歡迎美國員工、歐洲員工、亞洲員工、紐澳員工、中東員工、非洲員工，及中國或臺灣員工到東京總部來。如果能夠這樣子，我相信三菱商事會更強大、會更優秀的永續經營及高獲利。在面對時代快速變化及世界商機、新經營模式不斷改變時，我們也要快速跟著改變。但光改變沒有用，重要的是，要靠有一大群來自全球最優秀、頂尖與勤奮的全球化員工來做好這些準備及執行的事。」

六.要培養出卓越的綜合型總經理級人才

　　小島社長接著表示：「過去是以錢賺錢，以此大賺錢，但現在卻不是這樣了，現在是靠人才的智慧、內涵、水準、人脈、經驗及知識來賺錢。因此，三菱商事公司面對的戰局是人才戰；面對的最佳布局是人才布局；面對的是全球化戰。而這些優良人才，除了已有的各種專業知識外，還必須培訓他們成為一個能為公司賺錢獲利的綜合型高階經營管理與卓越的領導人才才行。三菱商事在全球5萬4,000人的網路中，不乏100種以上的專業人才，但卻缺乏能夠有效能、有效率及正確領導出一個卓越公司的總經理人才或高階人才。這就是HRD的首要及最大任務，也是維繫三菱商事公司是否能夠繼續經營一百年下去的最核心關鍵因素。」

錢，不是價值！
人才，才是真正價值！

日本三菱公司不缺錢、不缺設備；
但缺更棒的中高階經營管理人才！

要培養出卓越的綜合型總經理人才

過去是以錢賺錢！

→ 現在則要靠人才的智慧、水準、人脈、經驗、知識、情報來賺錢！

→ 一定要培養出卓越的綜合型總經理人才！

Unit 14-10
韓國三星的人才經營 Part I

一.創辦人「人才第一」的經營理念

　　全球前三大之一的電子集團韓國三星電子公司，歷年來經營理念的第一條就是「人才第一」，這是已故的創業榮譽董事長李秉喆親手書寫下來，並指示要永遠當作三星電子公司的最神聖指標。後繼董事長，亦即他的兒子李健熙日後也堅持此方針。

　　三星電子副董事長兼執行長尹鐘龍也表示：「人才的確是最重要的，一是要採用最高素質的人才，給他們最好的福利待遇、培訓及成長機會，這樣公司才會有卓越優秀的人才，代代接棒，企業就能永續經營與基業長青。」

　　三星電子公司2017年度整體獲利總額達4,300億新臺幣，創下三星歷史新高紀錄。三星電子集團近十多年來急速成長的原因何在？除了在1993年由當時李健熙董事長提出「高品質」與「創新」兩個「新經營」主張的重大方針之外，主要還是三星電子匯聚了全韓國優秀的理工電子人才及海外經營管理人才。此外，三星的企業文化也很正派經營，在組織中很少有派系存在，如果有，馬上就會被徹底排除。對於每個員工的考核評價也非常明確，並且與個人報酬所得緊密相連結，其公正、客觀與公開的制度化作法，讓每個員工都心服口服。

二.海外市場人才派遣非常重要

　　韓國三星電子公司營收額85%來自海外市場，獲利90%也來自海外市場，韓國本身4,500萬人口的市場規模還是小得很。因此，出口經營及布局全球的當地化經營，就顯得很重要了。到2017年底止，三星電子派遣赴海外市場的韓國員工，已高達4,600名之多，在亞洲各國僅次於日本。其中，在中國的派遣人數達3,000人，是最多的地區；日本有600人，美國地區有500多人，歐洲有450多人，東南亞有350多人，中南美有250人，東歐100多人，中東60多人，俄羅斯也有180多人等。

　　三星員工以被派遣赴美國、歐洲、日本及中國等四個地區較受到喜歡，尤其希望到中國地區的，甚至超過日本。因為三星電子設在中國有高達32個大工廠，每個工廠出口外銷到海外的電子產品，為三星公司創造出很大的獲利貢獻。因此，現在不少韓國三星人都積極學習中國話，爭取赴中國地區就任發展。韓國三星電子對海外市場國家的重要性歸類為三種：

　　第一種是日本、美國及歐洲等先進國家。

　　第二種是四個「戰略國家」，包括中國、印度、俄羅斯及巴西等四個極多人口的急成長市場。

　　第三種是七個「重心國家」，包括也在迅速成長的法國、義大利等國家。

人才第一的經營理念

優秀人才團隊

↓

三星企業永續經營與基業長青！

新經營主張：高品質＋創新

新經營主張

→ 1. 高品質

→ 2. 創新

海外市場人才派遣非常重要

| 1. 歐、美、日先進國家！ | 2. 重心國家（法國、義大利） | 3. 戰略國家（中國、印度、俄羅斯、巴西） |

Unit 14-11
韓國三星的人才經營 Part II

三.成立「人力開發院」，統籌人才培育

　　三星電子公司在韓國首爾市市郊外不遠的靠山邊處，建設了一座宏偉的人力開發院。大樓入門處有四根巨大的石柱支撐，而正面玄關入口處也非常莊嚴，目前此設有可以容納500名員工夜晚住宿的空間設備。

　　「人力開發院」的申泰均副院長表示，此院已成為「二十一世紀全球三星人才養成大學」之所在。目前，這裡是三星集團25家大公司，及全球20萬名員工的共同教育訓練集中場所。任何新進員工都要在這裡度過26天的集中住宿研修。包括上各種課程、分研討活動、戶外參觀活動、體驗活動……等，以完全了解三星的歷史、傳統、經營哲學、全球事業版圖、各據點公司及未來前景……等。

　　此外，在這裡，還有各種專業課程，包括：

1. 派駐海外專業課程。
2. 晉升高層主管培訓課程。
3. 海外當地外國人回韓國總部受訓課程。
4. 各專長功能精進課程。
5. 晉升基層主管培訓課程。
6. 其他多達50種以上課程。
7. 晉升中層主管培訓課程。

四.學習中國話，蔚為潮流

　　三星電子公司在中國設有32個大型工廠，44個銷售公司及6個技術開發研究所。在海外的7萬名員工中，就有5萬名員工集中在中國地區。因此，學習中國話及被派赴中國地區，是三星電子公司當前最積極培養儲備幹部的重點所在。此外，三星電子公司在中國也與北京大學進行各種EMBA課程及主題講座的產學合作，成效良好。

五.一個非凡的天才，可以養幾萬人

　　過去李健熙董事長曾經講過：「二十一世紀一個非凡的研發人才，如果開發出一個創新的產品，那將可以養好幾萬名工廠人員。」由此可知人才的重要性。三星集團中的幾個公司重要負責人，也對人才有如下的詮釋：

　　1. 三星電子公司副董事長兼CEO尹鐘龍表示：「變化，是人才創造出來的。」

　　2. 三星半導體公司總經理表示：「人才員工若能動起來，市場績效就能動起來。」

　　3. 三星電子技術副理表示：「人才要朝創意型大轉換。」

　　4. 三星LCD公司總經理表示：「技術與人才是三星公司的生命。」

　　三星「人力開發院」的每一間上課教室內，都懸掛著創辦人「人才第一」的宣傳板，時刻提醒著每一個受訓的三星人。另外，在「人力開發院」裡，也有一座特別設立的「創新館」，代表著三星電子公司對技術創新及產品創新的高度重視。

三星電子公司及其整個集團自1993年以來，花費不過十多年時間，即成為全球非常知名的手機、半導體、液晶電視機、液晶面板……等電子產品之知名品牌經營公司，其核心因素之所在，即在：「人才、技術與創新」。而「人才經營」又是這三者核心中的核心，三星電子副董事長尹鐘龍做出這樣的總結論。

成立人力開發院，統籌人才培育

人力開發院 → 21世紀全球三星人才養成大學！

→ 三星集團20萬人的教育訓練場所！

一個非凡的天才，可以養幾萬人

一個非凡的研發人才

可以研發創新產品並大賣！

可以養活好幾萬人！

技術與人才，是三星公司的生命！

知識補充站

申泰均副院長表示，在三星全球化發展中，人才的國際觀與國際化經營能力的培養是最重要的，也是今日三星電子成功勝利的根本原因。他又表示，3,600多名派赴全球40多個國家的三星人，都曾在這裡訓練，而40多個國家的當地外國受聘主管人員，也都曾回到這裡接受三星文化的訓練。申副院長也表示，在三星公司要晉升為課長、副理、經理、協理、副總經理，甚至是總經理的各層級主管，也都要經過在此的培訓課程結業才可以正式晉升。這裡可以說是具有最多文化、最國際化及最多層級化的培訓各專業人才之核心所在。

Unit **14- 12**
揭開台積電不敗祕密招人術 Part I

一.台積電企業市值已逐漸逼近英特爾

巨人的較量，比的是持續增長的實力。十年前，台積電市值僅接近1.5兆臺幣，與半導體巨擘英特爾高達4.7兆臺幣的市值（1,477億美元），差距三倍以上，根本難望其項背。2016年5月13日，台積電股價為為145元，市值已超過3.73兆臺幣，與英特爾的市值4.59兆臺幣（1,401億美元），差距大幅縮小。尤其在3月底時，台積電市值更一度達到4,18兆臺幣；短短十年，台積電市值快速拉近與英特爾的差距。相較於英特爾過去十年幾乎毫無成長的窘境，外界估計，未來台積電擠下英特爾，登上全球半導體龍頭寶座，只是時間早晚的問題。

二.尖端技術已超越三星及英特爾競爭對手

台積電與英特爾實力的消長，不僅反映在表面的市值變化，半導體業賴以競爭的核心——人力，也出現了彼消此長的形勢。英特爾於2017年中，全球裁員1萬2,000人，是近十年來最大規模的裁員計畫，裁員數將高達員工總數的11%。反觀2012～2015年，台積電員工人數增加1萬多人，全球員工數達4萬5,000人。2016年3月，台積電在臺大舉辦校園徵才活動上，喊出2016年增加3,000～4,000位工程師等職缺，而2016年員工人數上看5萬人。

時任中華電信董事長、台積電前執行長蔡力行曾對媒體說，1990年代末期，當時台積電的奈米製程技術還遠遠落後英特爾，但張忠謀在會議上卻問研發部門負責人：「我們的技術路徑圖，什麼時候可以和英特爾一樣？」這句話令他相當震撼。在當時，這是台積電員工連想都不敢想的念頭；但時至今日，台積電憑藉著深蹲馬步累積的十多年功力，不僅領先業界投產16奈米FinFET（鰭式場效電晶體）製程，還從三星手中搶回流失的高通訂單，並吃下蘋果2017年在iPhone 7裡搭載的A10處理器全部訂單。目前台積電占全球晶圓代工產業的營收市占率55%。

巨人的較量，比的是更持之以恆的耐力。十年來，台積電戰戰兢兢走來，未來也不認為自己能高枕無憂。接下來，10奈米製程將左右蘋果訂單流向與配比，無論英特爾、三星，都奮力搶在競爭對手之前量產，以優先取得蘋果訂單。

三.提出「夜鷹計畫」，深植台積電研發部門的血液中

張忠謀在2016年第一季法說會時表示，2017年10奈米製程量產後，一開始就可拿下高市占率，在全球市場居領先地位。對照英特爾將10奈米延後至2017年下半年投產，台積電在10奈米製程至少領先英特爾兩個季度。據了解，台積電早有團隊在研發7奈米及5奈米的製程，並開始小規模的試做。

就是為了在投產時間上領先群雄，前董事長張忠謀在2014年提出「夜鷹計畫」，要以24小時不間斷的研發，加速10奈米製程進度。作為台積電先進奈米製程研發基地，夜鷹部隊挑燈夜戰、追趕更新製程研發進度的精神，早已深植台積電研發部門的血液中。就像位於台積電新竹總部的12B晶圓廠10樓，也經常燈火通明。

資料來源：郭子苓（2016），〈揭開台積電不敗祕密的招人術〉，《商業周刊》，第1392期，2016年7月，頁28~35。

Unit **14-13**
揭開台積電不敗祕密招人術 Part II

四.台積電最重要的資產：員工

　　人才，絕對是台積電在短短十年內，可以超越競爭對手的最大祕密武器。張忠謀多年來對內、對外談話時都不斷強調，台積電的成功關鍵是「領先技術、卓越製程、客戶信任」。而建立起這三項競爭優勢的，都需要張忠謀口中台積電最重要的資產——員工，他期望員工能在工作上全力以赴，成為公司成長的堅實後盾。

　　業界都知道，全臺灣最優秀的工程師，幾乎都被台積電給網羅。「台積電一年要招募至少4,000位工程師，臺、成、清、交畢業生都被找走了……。」矽品董事長林文伯道出其他公司在招募人才的無奈。

　　為了建立精銳兵團，台積電人資部門每年都耗費龐大的時間與心力，在全球積極幫公司找出一流人才，為台積電締造更大的成長與價值。「台積電人力招募部門多達40幾人，但經常要加班到11～12點才能下班。」一位台積電前人資職員對於人資團隊的工作時間描述，令人大感意外。

五.吸取優秀人才的作法

　　原來，除了每年3～4月校園巡迴徵才之外，6月畢業潮、10月到年底的轉職潮、11月研發替代役的前後時間，全都是台積電人資部門最忙碌的時期，其目的就是大舉網羅全臺各大名校的頂尖學生。除了校園巡迴徵才外，為了搶先吸納一流人才，台積電更以重金資助臺大、成大、清華及交大等特定實驗室，以建立綿密的徵才網路。例如：臺大無線整合系統實驗室、臺大DSP/IC設計實驗室、清大工業工程管理系教授簡禎富教授領軍的決策分析研究室等，從中挑選出頂尖人才後，主動談年薪與紅利。「台積電對特定實驗室的招募，會有特別的Contract（合約）、Package（薪酬組合），一年比同職等員工多幾十萬元。」一位畢業於清大資工所的台積電前工程師指出。

　　台積電還把眼光瞄向海外，以厚植其全球的競爭人才。例如：每年4、5、10月之前，台積電人資部門還要忙著在人力銀行搜尋全球百大名校的學生，從中挑選出台積電想要的人才，以電子郵件密集聯絡，由部門與人資主管遠赴哈佛、麻省理工學院、史丹佛、普林斯頓等台積電有合作的全球百大名校，親自面試這些優秀學子，談定優渥的年薪、紅利與職務，提前預約這些全球頂尖人才。

　　在台積電，碩士學歷人數達1萬7,837人，比重高達39.4%；而頂著博士學歷的也有近2,000人，可謂人才濟濟。「我剛來台積電的時候，沒有信心可以出類拔萃。我是碩士畢業的，裡面一堆海歸派，且博士非常多，現在裡面主要的研發人員總共有4,000人，約一半都是博士。」一位台積電內部研發工程師道出內部高學歷的頂尖人才眾多，要熬出頭大不易的內心想法。

1.領先技術！

3.客戶信任！

競爭優勢

2.卓越製程！

吸取優秀人才作法

1. 校園巡迴徵才（3～4月）	3. 年底（12月轉職潮）
2. 畢業季（6月）	4. 研發替代役（12月）
5. 美國及全球百大名校徵才（哈佛、麻省理工、史丹佛……）	

台積電最重要資產：員工

台積電最重要資產！

員工！	員工！	員工！	員工！	員工！

Unit **14-14**
聯合利華公司的人事培訓晉升

名列美國《財富》第68大企業，橫跨食品業與家庭個人用品業，旗下擁有康寶、立頓、多芬、旁氏等知名品牌的聯合利華公司，一直是國內新鮮人最嚮往的外商公司之一。

一.經理級幹部二個來源

以聯合利華的經理級管理職位來說，人才主要來自二個管道，一是每年5、6月大規模的儲備幹部招募計畫，另一是公司內部表現優異，具有擔任主管潛能的員工。從比例來看，目前聯合利華的經理級幹部，出身儲備幹部者與普通員工晉升者各占一半。每年畢業季，聯合利華的財務部門、客戶發展中心、行銷部門、研發部門、供應鏈部門、人力資源管理部門，都會針對社會新鮮人展開大規模的儲備幹部徵選，進行為期三年的經理級幹部培育計畫。

二.輪調制度

一個專業經理人的養成，三年是較理想的期限。在儲備幹部培訓過程中，不但要到各部門輪調，還要接受內部與海外的各種訓練。在輪調方面，聯合利華會請部門主管寫一份明確的計畫，內容包括了讓這名儲備幹部做什麼、學什麼？是與客戶談判的技巧，或是企劃的技巧？派去某個部門的考量是什麼？

三.內部訓練與海外訓練

以內部訓練來說，聯合利華設有訓練經理（Training Manager），針對各部門需求，安排包括行銷等專業技能課程，或是溝通等一般技能課程，聘請國外顧問來上課。而海外訓練則提供給未來可能的經理人選，主要有二個訓練重點，一是專業技能，另一為領導能力培養。聯合利華針對全球的經理幹部，每年都有專屬的訓練課，由各地分公司提名參加，受訓的地點可能在亞洲，也可能在英國總部，通常儲備幹部錄用後，大約二年有機會出國受訓。

四.「諮詢長」協助新人發展

此外，聯合利華還有「諮詢長」的制度，由高階主管定期與新的經理人面談，解決工作上遇到的問題與瓶頸。每一年人資還會與部門高階主管，共同與儲備幹部、有潛力的員工們，談談他們的生涯規劃安排，以及公司對他們的看法與期望。

五.升遷考核

除了儲備幹部外，一般的員工如果表現優異，同樣有晉升的機會。不同的是，儲備幹部每六個月評估一次，一般員工則是在每年年底，由公司中高層主管開會評量績效表現，列出有潛力的人選。聯合利華提供一套潛能（Competency）的評定標準，作為主管考核的依據，其中包含十一個項目，分別如右頁所示。

聯合利華：經理級幹部2個來源

經理級幹部 2個來源

→ 1.內部員工晉升！

→ 2.外部招聘！

聯合利華：輪調制度

儲備幹部 個人發展計畫 → 輪調相關 部門歷練！

聯合利華：內部與海外訓練

有潛力之人才幹部之培訓！

↓ 內部訓練（臺灣） ↓ 海外訓練（亞洲、英國總部）

知識 補充站

聯合利華升遷考核11項依據
1. 洞察力（clarity purpose）。
2. 實創力（practical creativity）。
3. 分析力（objective analytical）。
4. 市場導向（market orientation）。
5. 自信正直（self confidence integrity）。
6. 團隊意識（team commitment）。
7. 經驗學習（learning from experience）。
8. 驅動力（development others）。
9. 領導力（entrepreneurial drive）。
10. 發展他人的能力（development others）。
11. 影響力（influencing others）。

Unit 14-15
福特六和汽車人事培訓晉升

一.外派跨國訓練

　　作為跨國企業，福特汽車擁有比本土企業更多元化的培育管道。「外派」是跨國企業常見的訓練方式，福特六和也不例外。以外派美國總公司來說，為期至少一年，每個人的外派成本，一年高達500萬，可說是意義非凡，許多福特人都渴望爭取到這個機會。由於外商公司重視績效的特質，只要能力受到賞識，即使年資不長，仍有機會出國受訓。福特的另一種主管在職訓練，則是與其他分公司交換人才，例如：跟日本、澳洲等國交換主管，未來還將包括中國大陸地區。

二.內部輪調

　　除了往外送，企業內部輪調也是培養主管在職訓練的途徑，通常工作二～三年就需要輪調。若有職缺，福特也會先透過網路告知所有員工，有意願者，可隨時申請輪調。

三.導師制度

　　至於在培育領導人才的方式中，排名第二的「教練」，除了有主管對員工的直接教導，還有特殊的「導師制度」，協助員工職涯發展。打從進入福特開始，每個員工都有一位「導師」，由非直屬主管的經理或資深員工擔任，雙方以夥伴關係為基礎。導師會持續與員工會談，除傳承與分享經驗，還可進一步協助員工了解未來的發展。資深經理與副總經理階層都是導師的一員，「跨部門配對」和「公司高層的參與」，則是導師制的特色所在。每個福特人，都有一份基本資料在主管那裡，除學經歷外，還包括未來的興趣、發展方向、是否願意主動找員工討論。若有職缺符合員工所需，主管會主動詢問員工有無興趣，若所寫的內容與公司發展不太一樣，也會建議員工做調整。

四.教育訓練課程

　　福特的培育制度，與其說在培養經理人，不如說在培養全方位領導人才。針對不同的管理位階，提供不同的教育培訓。例如：新升任的經理人須先上8小時的基礎課程，內容涵蓋領導管理、時間管理、衝突管理、談判技巧等。而協理級的訓練課程，則是根據年度營運目標，針對須補強能力量身設計。至於協理級以上的高階管理課程，福特六和更與國外頂尖學府，如密西根（Michigan）、杜克（Duke）等大學合作，一個月學費就要新臺幣20萬元左右。此外，美國福特總部也會時提供最新的管理與領導課程，例如：2011年來臺開設的NBL（New Business Leadership Training）課程，為期五天四夜，課程包含領導力、職業敏感度、消費行為、職場政治敏感度、多元化、全人領導等。上過NBL短短幾天課程，就好像修完MBA一樣。NBL最大特色是上課期間要和不同國籍的經理人才訂定專案目標，結訓半年內，協力完成專案，

才能審慎過關。

五.十二項指標遴選人才

　　福特不僅培育人才很有系統，也有全球一致的選才評量標準，主要針對十二項領導行為進行考核。這套標準歸納起來，可分成三大類：

　　1. Heart（心）：評量其有無勇氣、操守、耐心、追求結果的心態。

　　2. Service（服務）：包括團隊精神、協助部屬發展、熱忱、溝通。

　　3. Know-how（技能）：包括業務敏感度、系統性思考、創新、品質。

六.破格升遷

　　升遷方面，福特有各層級的「人事發展培育委員會」（PDC）。為了客觀、公平，委員會成員由跨部門組成，一個人是否具有潛力，由各單位主管的共識所決定。福特六和每年會從新進人員中，挑選最好的10%加以接受訓練，而破格升遷也早已是慣例。

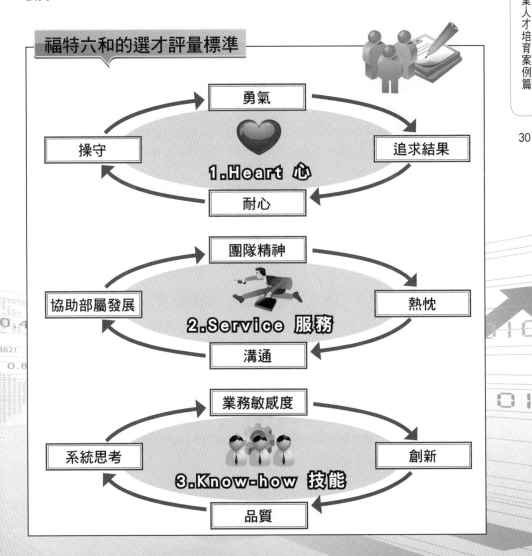

福特六和的選才評量標準

勇氣

操守　　追求結果

1.Heart 心

耐心

團隊精神

協助部屬發展　　熱忱

2.Service 服務

溝通

業務敏感度

系統思考　　創新

3.Know-how 技能

品質

Unit **14-16**
日本日立、豐田領先，僱用大變革

一.日立董事長廢除終身僱用年資制

2020年4月，約600位進入日立製作所的新進員工，即將成為「後終身僱用」的第一代。一直以來，按照年資升遷的「年功序列制」及「終身僱用制」，奠定日本企業的僱用模式。但日立董事長中西宏明表示「終身僱用制度已到極限」。

年功序列制已顯示出員工缺乏自主學習，以提升職業生涯的意願，尤其是在40歲後半到50幾歲的中年階層，薪資雖然愈來愈高，但對公司的貢獻度卻不成正比例。中西宏明董事長表示「年資制度絕對要廢除」，要從過去的「通才型」轉向為「專才型」。人資長也表示，歐美的主流僱用模式屬於「專才型」，依據職務說明書明確界定每個職務內容；公司也依據勞動市場上的薪資水準，來聘用相對應的人才，完全不考慮年資長短與終身僱用。

二.豐田汽車提薪資制改革，依考績加給，用能力做評鑑

如同日立集團一樣，豐田汽車同樣要求每一位員工，主動建立自己的職業生涯。2020年4月，豐田改變體制，廢除目前共六位副社長，改為在社長之下設置平行的執行董事職位。廢除副社長是為了讓習於依附於組織的員工，包含幹部在內，都能夠改變意識。

因為傳統的年功序列的人事制度是以年資為升遷的依據，讓為數不少的員工只想依附於公司，因而缺乏危機意識。2023年春天，豐田也提出薪資制度的改革，即廢除均一加薪制，改由依據考績來提高加給。此外，缺乏意願開創自我職涯的人，也將不再被公司需要。以上述日立及豐田為代表，象徵廢除日式終身僱用制及年功序列制，其他企業也開始效法。

三.提前退休破萬人，日本上市企業加速「盈餘裁員」

實際上，不少日本企業雖然有賺錢，但仍加速進行「盈餘裁員」。2019年，日本就有家上市企業募集提前退休者，募集人數超過一萬一千人之多，其中八成都是「盈餘裁員」。這些企業的人資長都表示：

1.在公司變遷的當下，應該要讓員工思考，是否有決心願意持續自我改變、自我革新、自我進步；2.要讓員工思考，他們能為公司做出重要貢獻；3.資方已做出宣告：長期僱用制將逐步廢除；4.在企業迫使員工求新、求變的當下，員工個人為了自己，也要建構起專才價值的職業生涯；5.人事新機制，將給更努力的人更多的回報；6.往後，對全體員工都不可能再一視同仁了。

日本豐田、日立：僱用大變革

```
  ┌─────────┐       ┌─────────┐       ┌─────────┐
  │   1.    │       │   2.    │       │   3.    │
  │  廢除   │   +   │  廢除   │   +   │  廢除   │
  │ 終身僱用制 │       │ 年功序列制 │       │  通才制  │
  └─────────┘       └─────────┘       └─────────┘
```

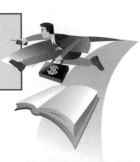

- ・轉向專才制
- ・轉向能力貢獻制
- ・轉向自我生涯進步制

日立企業：盈餘裁員

盈餘裁員（即使公司有賺錢仍要裁員）

・提前退休 一年破一 萬人	・45歲～60歲的員工，如果不再成長、不再有貢獻，就要求提前退休！

 題研討

1. 請討論日本豐田汽車及日立公司有哪些人事僱用的大變革。為何要有這些大變革？Why？
2. 請討論何謂「盈餘裁員」？為何要有此作法？
3. 總結來說，從此個案中，您學到了什麼？

Unit **14-17**
聚陽紡織公司人力資源培育實例

聚陽公司是臺灣前三大紡織公司，全球員工人數3～4萬人，專做各種流行及運動休閒服務之代工業務，其海外大品牌客戶有：GAP、GU、Sketchers、NET、H&M、Walmart……等。

一.建立企業文化，推動新人活力營

該公司周理平董事長對企業文化極為重視，強調「團隊、誠信、分享」的企業文化，搭配人才培育管理機制，成為聚陽公司的核心競爭力。

為了讓企業文化深植同仁心中，聚陽有一套獨特作法，首先是新進同仁的養成。凡是新進同仁都要參加「新人活力營」，在二天活動當中，除了介紹紡織產業的生態及公司的組織架構外，有一半時間都在談企業文化，傳達「團隊、誠信、分享」的企業理念。

一開始加入這個大家庭，聚陽就會告訴每一個新進人員這個家的家訓及價值是什麼。聚陽活力營不只針對新人，還會持續延伸，進公司三個月後，每二週的週五中午，舉辦第二階段活力營，為期長達半年，進行方式及活動主題非常多元，重點是持續深化企業文化的認同。

二.中高階主管讀書會

基層同仁有活力營，中高階主管則參加讀書會。讀書會也是每二週一次，固定週二中午舉行，內容分為三段：

第一段是專業分享，可能是研發進度、新產品的拓展等。

第二段是跨部門成果分享，像是推動人才培育及組織傳承等。

第三段則較為多元，有時邀請外部來賓講述近期產業動態、國際經濟局勢、或讓中高階主管分享自己的求學、工作經驗，以及過程中的所學所獲。

聚陽為什麼這麼重視企業文化？因為該公司相信同仁一定要喜歡這份工作、喜歡這家公司，才會產生認同感。

三.永續成長：啟動接班計畫

企業的經營必須永續，接班計畫不可少。周董事長已年屆70歲以上，早在十年前就開始推動傳承計畫。

1.為了讓優秀人才脫穎而出，周董事長要求所有主管尋找接班人，白紙黑字寫下來，並訂定具體的養成計畫，確保這些人員堪大任。以一個中階的課級主管為例，這個職務對於接班人的要求可能是事業的深度，以及跨單位溝通的廣度。因此，公司就會派給接班人，像是成本改善、新產品開發的專案，透過專案的執行，把原來的工作

範疇推得再廣一些，思考得再深刻一些。

2.再來，針對這些有潛力人才，公司會再指派導師（Mentor），一對一指導接班人怎麼帶領團隊，怎麼設定目標、怎麼分配資源及跨部門溝通協調等。

3.每半年一次考評機制，查考接班人的成長進度，什麼地方需要再加強，確認他們是否在正確軌道上穩健行進。

4.當然，有時候也會發現部分潛力人才並不適合擔任主管職務，反而比較適合專業職，可能就要調整名單，另覓合適的接班人。

5.周董事長就是把舞臺放大，讓部屬承擔更多事。他會花很多時間談他做某一項決策背後的思考邏輯，而不是只談決策的結果，重點是傳授Why，而不是教What或是How。

6.目前，聚陽公司三位有潛力的接班人均已進入該公司董事會。現在聚陽有很多決策已交給新團隊執行，周董事長盡可能把自己認為最重要、最有價值的東西傳承下去，期望三到六年內完成交棒。

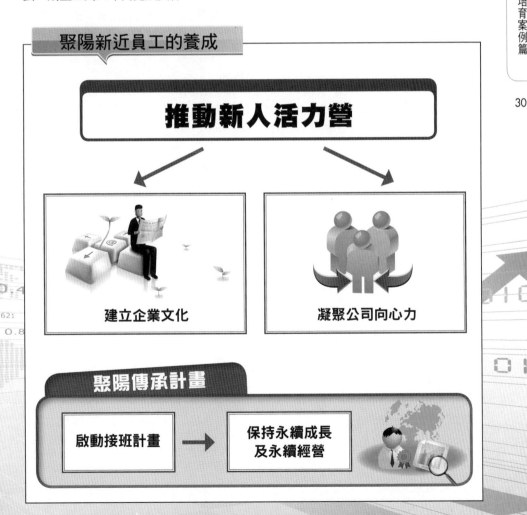

Unit 14-18
致伸科技——創辦人親自授課，培育接班團隊

致伸科技公司成立於1984年，創辦人為梁立省，現年72歲2024年營收605億，EPS5.5元；創辦人親寫112頁接班筆記，為國內外100位協理級以上主管授課。致伸公司十年以上資歷員工占35％，員工離職率僅8％，優於同業。梁立省創辦人退休前五年，就正式啟動接班團隊計畫，如下四步驟：

一.第一步驟：高階主管的「貼身特助」

梁立省挑選45～50歲，高潛力的中高階主管，分成五個梯次，每次2至3人，輪流擔任他的特助，在6～12個月期間，貼身參與董事長的所有重要會議。在董事長身邊歷練，他比較會看到整個公司的未來，而且他們的眼界高度不一樣，碰到部門間矛盾及衝突時，都知道找出最適當方法化解。

二.第二步驟：傳承工作坊

即創辦人親自開班授課講故事。梁立省故事的內容，不是吹噓自己的豐功偉業，而是挖出自己的跌坑與曾經經歷的難題，透過一個又一個故事與案例，來連結團隊情感與認同。

課程內容不只是致伸過去的成功經驗，還有創辦人親身的案例，包括用過、相信過「錯的人」，這些都是外頭學不到的企業實戰課。

另外，創辦人也提到做B2B生意，不可以仰賴單一大客戶，這樣風險會很高，因為目前，占營收10％以上的大客戶已經很少了。

此外，梁立省創辦人也提到做不了行業的領頭羊，就要尋求轉型，才可以存活下去。

再者，梁立省也認為，經營企業要以質為優先，不求量擴大，也就是要能以賺錢為優先，而不必求營收額最大，但獲利卻很小。

三.第三步驟：KPI與薪酬相一致

業界對致伸公司的評價，就是一家「幸福企業」。

2024年，致伸員工的薪資、分紅、福利、獎金總費用將近98億元，占總營收12.3％，台積電占約10％；致伸非主管職員工平均年薪176萬元之高，這數字比電子五哥的平均值高出35％。

幸福企業是讓貢獻與薪酬相一致，梁立省創辦人從不認為「沒有功勞，也有苦勞」這句話；他認為公司是要營利的，要給有能力的人才，提供舞臺，但不能成為無能力人的庇護所。

　　致伸公司在年初談定的KPI指標目標，到年中與年底時，即會嚴格審核有無達標。員工在年初就會知道年底可以領多少年終及分紅。意即，只要努力，就一定會有好的回報。

四.第四步驟：職務輪調

　　如果你是致伸員工，在進公司第一天，就會被告知，公司內部的職缺會隨時公告，只要符合條件，你都可以申請輪調。

　　一開始，致伸也遇到原主管不願放人的狀況，但後來，公司把輪調制度化：只要員工本身的工作表現是在中等以上，且在原職位待滿一年半，公司內部有職缺，就可申請；只要新部門主管同意，就可順利轉調，且原單位主管三個月內必須放人；期間，公司內部會對這類的員工轉調需求進行保密，以免造成不必要困擾。

問題研討

1. 請討論致伸公司創辦人對接班團隊的培訓四個步驟為何？
2. 總結來說，從此個案中，您學到了什麼？

全球第一大汽車廠──豐田(TOYOTA)
豐田章男社長閃電交棒的啟示

圖解人力資源管理

一.創辦人孫子豐田章男閃電交棒

2023年1月26日，全球第一大汽車廠，年銷量超過1,000萬輛汽車的豐田（TOYOTA）公司的社長豐田章男，在主掌豐田總公司社長職位十四年之後，以67歲年齡宣布，社長職位將交棒給54歲、工程師出身、在豐田工作三十年的佐藤恆治接替。自己則轉任為會長（董事長），只負責董事會決策事宜，一般營運事宜則交給接棒的佐藤新社長。

豐田章男新會長，是豐田汽車創辦人的孫子，此次交棒，正式宣告豐田家族將不再擔任總公司社長職務，而交棒給優秀的專業經理人晉升。

二.豐田章男的交棒演講詞

豐田章男在官方YouTube頻道中說：「我就是一個造車的人，正因為如此，才能推動豐田這二十多年來的變革，並成為全球銷量第一大汽車廠。但，造車也是我的極限，下一任社長團隊的任務，就是將豐田完全轉換為一家移動服務公司（Mobility Company）。

雖然我對汽車的熱愛很重要，但就電動化、數位化、車聯網、自駕化等面向，我已經是一個老派人了。包括佐藤新社長在內，以及不到40歲年輕人，對未來移動的追求，將進入新的篇章。為此，也是我應該抽身的時候了。」

三.電動車及氫能車是未來發展重中之重

豐田章男會長表示，到2023年止，全球電動車銷量已占全部的15％，未來十年仍將持續上升到40％，電動車時代已經來臨了，必須交棒給優秀的40、50歲代的壯年團隊去應戰，他已經不適合了。

新任佐藤恆治社長，目前才54歲，已在豐田工作三十年了，目前是豐田總公司「品牌長」，兼「Lexus」高端車輛公司的總裁，是專業工程師出身，畢業於名校，早稻田大學理工學院。未來的豐田汽車，將是由專業工程師出身背景的人，來領導這家全球最大汽車廠。

但，豐田目前最大的問題是，它在電動車發展及全球銷售上仍有很大不足；它在目前全球銷售量已超過1,000萬車量，但電動車占比卻只占5％，非常的低，這也是豐田汽車未來十年、二十年最大的挑戰及潛在危機。比起美國的特斯拉、中國比亞迪、及歐洲電動車的快速發展，豐田必須加速腳步，全力開發及上市電動車，否則，它的

傳統燃油車全球銷量恐將被電動車大幅取代。這也是為何豐田章男在2023年1月26日宣布要交棒給更年輕世代的團隊來擔任社長的領導大責。

四.豐田汽車面對諸多挑戰

日本豐田汽車公司，如今已面臨諸多挑戰，包括：

(一)公司內部組織扁平化改革仍待努力。

(二)電動車的研發、設計、上市、行銷、策略方向等，仍待更努力投入。

(三)中美關係日趨緊張及亞太地緣政治風險高升之局勢。

(四)疫情期間供應鏈的混亂。

(五)美國、中國及歐洲汽車廠在電動車上市銷售的大幅領先。

(六)全日本境內有550萬人的汽車廠上班勞工的未來工作就業保障。

全日本媒體都稱此次豐田章男是「提早交棒」，也是「正確明智交棒」，因為未來十～二十年，必是全球電動車、自駕車引領風潮、拉高需求的時代必然趨勢；傳統燃油車雖仍會存在，但預估其市占率將會從過去的100％，下降到只剩50％一半市場。因此，如果跟不上電動車趨勢的大車廠，必會被時代潮流淹沒。

豐田總公司社長在2023年閃電交棒，全球正對豐田這個全球第一大汽車廠的未來造化及演變，拭目以待。

Unit 14-20
李長榮化工公司的人力資源成功祕訣

一.獵才（招聘人才）

李長榮化工公司的研發及技術人才來源，主要是從自家公司培養，並且從國立大學化工系的學士、碩士、博士班「產學合作」及「專案合作」做起。很多李長榮化工公司的40歲代年輕主管，就是從國立、私立大學的化工碩士班、博士班產學合作而得到優秀人才。

此外，李長榮化工公司對這些有潛力學生，還有兩個措施：

(一)給獎學金
使學生學費足夠。

(二)辦動腦營隊
即李長榮化工公司與各大學有潛力學生，舉辦兩天一夜的動腦營隊，讓公司主管與學生們面對面，針對研究主題進行動腦研究。

二.養才

李長榮化工還有一個「創意發想平臺」，每位員工都可以提出「新事業」及「新產品」的創意發想，透過可行性、商業性、市場機會評比後，即由公司投入資金下去繼續做，並由提案人、年輕人來組隊負責，承擔大任，重用年輕人。

三.留才

李長榮化工的留才，主要有幾個途徑：

(一)薪資水準
維持在該產業（化工業）的前25％之內。

(二)職務輪調
針對有潛力年輕員工，透過快速且定期的職務輪調，讓他（她）們歷練更多工作技能及管理與領導能力。

(三)一對一導師
針對重點提拔人才，還配備一對一導師制，培養成未來的明日之星幹部。

四.總結：李長榮化工的人才策略

茲圖示整理李長榮的人資重點，如右頁圖示。

李長榮化工的人資4重點

1.組織目標

確認組織未來發展策略及事業重點

2.規劃

未來十年人才發展策略

3.計畫

關鍵人才3力	關鍵3工具
① 具國際觀領導力（高EQ、團隊合作、溝通） ② 具好奇心與成長心態 ③ 對專業精益求精	① 2～3年輪調、外派 ② 能帶領團隊 ③ 參與年度重點專案

4.成長

① 一對一導師、教練指導
② 內外部培訓與發展課程

Unit **14-21**
486團購公司創辦人陳延昶──人資管理理念

國內知名的網路直播團購公司創辦人陳延昶，在接受媒體專訪時，提出他對人力資源管理的理念，如下摘要：

一.一個老闆的成就，不是企業有多大，而是誰能讓自己的同仁薪資高、能快樂工作、過有生活的品質，這才是人資王道。

二.給員工低薪又高度壓力，誰會替公司賣力？能讓同仁能無後顧之憂的上班，是雇主（老闆）最基本要想到的事，如此，員工才會心甘情願的讓公司更好、更賺錢。

三.486團購的員工福利，還會延伸到員工的父母及小孩。公司除了照顧員工外，也會照顧員工的家庭。人是互相的，父母開心，也會幫助公司督促員工的小孩，要對公司付出貢獻。

四.486團購公司每個月薪水發出400多萬，以全部員工52人來算，每人平均月薪超過7.6萬元，乘上14個月，等於每個人年薪破100萬元。

五.組織跟員工是在同一艘船上的，因為公司有賺錢，會回饋給員工，有獲利，公司就會照顧同仁。公司及老闆給同仁什麼關心及薪獎福利，員工就會用什麼回饋給公司及老闆。

六.486團購公司開業十多年來，只有3個員工是自發性離職，離職率不到1％，99％都是留職在公司。

Unit 14-22
南亞科技公司──關鍵人才留住率100%

一.菁英人才培育計畫

南亞科技公司人資處長謝章志表示：「與其用高薪搶人才，不如內部自行培訓」，自2019年起，該公司與知名企管顧問公司合作，推出「南亞菁英人才培育計畫」，課程包含核心職能、領導力、溝通力、時間管理、策略力、ESG……等，訓練期長達九個月，受試者還有課後作業，必須與團隊分享學到的觀念，確保學以致用。

三年來，南亞科技從3,600名員工中，培訓出200位關鍵人才，多數為中、高階人才，而且這些人當中，只有1位離職，達到「關鍵人才留住率100％」的目標，也凸顯南亞科技公司的留才效果不錯。

二.新人訓練

除了上述培育中、高階人才外，在新鮮人及基層員工方面，南亞科技也有一系列培訓及輔導專案。

例如：剛到職者，會參加五天的「新人營」訓練，迅速讓新人掌握公司及工作狀況。

接下來二年，會接受「結構化在職訓練」（OJT），包含專業知識及通識課程（例如：營業祕密），每位新人還會有學長姐陪伴。

三.對的事情，就要繼續做

人資處長謝章志表示：「人資做的事情，不一定能立竿見影，但只要是對的事情，就要繼續做下去，最終，都會看到人資成果。」

謝章志處長又表示：「只要能好好從內部育才，就不用到外部去搶才。」

Unit 14-23
台達電子公司──人資作法介紹

一.建立「知識管理系統」（KMS）

台達電子公司人資長陳啟禎表示，已建立全體員工適用的「知識管理系統」（Knowledge Management System）」，全體員工都可以在上面查詢及輸入工作上的重要知識、技能及經驗，成為新人及同事可參考的工作資源。

二.提高人才吸引力

台達電子公司在臉書（Meta）成立「台達Delta Career」粉絲專頁，專門發布學習及訓練發展、員工福利、海內外招募等消息；其目的在於讓潛在人才及還沒進公司的大學生就能知道，台達電子員工工作及生活樣貌，以吸引外面的優秀人才。

三.推動產學合作、產碩專班、體驗營

此外，台達電子公司也與國內各國立、私立大學理工學院的大學部及碩博士班等，推動長期的產學合作及產學碩士專班等專案活動。也會舉辦工程師體驗營，並針對各期滿意度調查，作為下次活動參考。

四.聘書接受率達82%

台達電子公司近幾年來，新進人員聘書接受率高達82%，顯示台達電子是一家被肯定的優質科技公司。

五.學習、成長及發展機會

除了福利薪資之外，求職者也很重視一家公司的學習、人才的成長／發展、晉升機會。

為了滿足這項需求，台達電子分析了各種職位必備的KSA能力（Knowledge、Skill、Attitude）（知識、技能、態度），並根據不同職等及年資，提供相應學習資源，推動學習地圖，以及未來每個職位的發展與晉升路線圖，涵蓋九成以上員工。

Unit 14-24
日本唐吉訶德折扣連鎖店——放手、放權給第一線

一.放下權限，提升第一線員工成就感及自我認同

　　日本唐吉訶德是日本最大折扣連鎖店，到2024年為止，該公司已經連續三十四年在營收及獲利上雙成長，以營收規模來說，已位居日本第四大零售業。該公司創辦人安田隆夫表示：「我們已建立放下權限的制度，提供第一線員工最大程度的成就感及自我認同，各個夥伴員工的積極度及水準，都是世界第一。」

二.打造自己的店

　　在日本唐吉訶德門市店裡，不分正職或兼職，都享有相等的「權限」。每個人都有自己負責的類別，例如：家電和食品，從採購商品、價格設定、陳列、到廣宣，都由一人一條龍擔綱。

　　而店長，則身為管理職，店長工作主要是：「設定數字目標和方針，並貫徹支援的角色。」在日本埼玉縣的與野門市店店長飯田里志表示：「雖然店長要設定預算和銷售目標，但如何實現，則全權委託各個專職、兼職的各個夥伴同事。」

　　在唐吉訶德所有的店裡，其所有的員工都可以自行設計賣場的陳列及廣宣，對「自己的店」有深厚的感情，在投入度與參與度也隨之提升。

　　門市店每個員工都會自動思考並採取行動，讓店面的陳列及廣宣每天不斷變化。而為了維持部屬們的投入度，飯田里志時時都在店內走動，即使變化再小，也會對負責部屬給予鼓勵及回饋。正是部屬們的努力及創意受到了認可，才變得更積極主動。飯田里志店長強調：「店長不應該待在辦公室裡，而是要儘量延長在現場的時間。」

三.要大膽放權給員工，才能迅速對應變化

　　飯田里志店長表示：「從POS（銷售資訊系統）及商圈數據得不到的資訊，都可以從門市現場的失敗中學到經驗。例如：營收未能成長，代表門市店內產品不符合顧客需求，只要立即調整就好。正因為我們大膽將權力下放給員工，使他們更能迅速靈活的對應每天的變化。」

四.小結

　　總結來說，日本唐吉訶德折扣連鎖店的營運強調：「權限下放」及「對應變化」，使每個店面都能磨練出「店面競爭力」，更長期在零售業實現了成長。

臺灣好市多（COSTCO）的自動加薪機制＋暢通內部晉升管道

圖解人力資源管理

現任COSTCO亞洲區總裁張嗣漢表示下列幾點人資作法及觀點：

一.好市多沒有昂貴的裝潢、精緻的櫃位，我們把這些成本省下來，是為了讓薪資待遇能夠好一點。好市多的時薪至少從200元起跳，工作時數一旦滿了1,040小時，薪資系統就會自動加薪4.5％～5％。

以每天工作八小時，週休二日的速度來算，大約每六到七個月就會加薪一次，有時候一年會碰到加薪二次。

二.並且，全球的好市多儘可能暢通內部晉升管道，主管都是從內部擢升；也就是說，從初階、中階、到高階主管，大家都是從基層做起，這個比率在美國是80％，在臺灣將近100％。

三.總之，好市多員工的自動加薪機制＋暢通內部晉升管道，讓員工離職率很低，願意一起同公司打拼。

第 15 章

美國優良最大製造業：奇異 (GE)公司人力資源管理介紹

章節體系架構 ▼

Unit **15-1**

領導力，不是職位權力，而是全體員工的「必備能力」

一.處處有領導人

　　在奇異(GE)公司，領導力指的不是權力職位，而是全體員工的「必備能力」。一般人對領導力的想法大概就是一位領導者帶著很多跟隨者，只有居首位的才是領導者。但奇異公司要的不是這種領導力，奇異要每一位員工都用領導力工作，如果所有的員工都能夠發揮領導力，才是最理想的，這是奇異對領導力的概念，也是奇異追求的目標。

　　奇異公司認為：沒有人可以一開始就是領導者，只要每位員工自己不斷努力、持續學習、勇於改變自己的行為，並不斷成長進步，任何人都可以成為領導者。奇異公司希望所有的人都要發揮影響力，組織內部各階層的人，都能自動自發的解決問題。

　　奇異要讓每個階層都能提出好的決策，因此，每一位員工的領導力都很重要，若能做到這樣，公司就會十分強大。這也是為什麼奇異要求全體員工都必須具備領導力。不是由一位領導人帶著一群人，而是「處處有領導人」，進而帶動整個公司。在奇異，領導者是無所不在的，而且任何人都可以做得到。

二.應具備四種能力

　　奇異公司要求全體員工都必須具有四種能力，如下：

　　(一)領導技能：泛指制訂及進行戰略、深入了解顧客、做決策、進行溝通協調，以及推動營運必備的能力。

　　(二)商業知識及能力：能解讀商品、市場、競爭、業界動向、變化的應對能力等，以及對商業的通盤能力。

　　(三)專業知識及能力：即財會、業務、法務、企劃、製造、品管、技術研發、採購……等各種職位所必須具備的專門性與能力。

　　(四)成長價值：也就是奇異員工的行為規範與規劃，成長價值由六個要素組成，1.包容力（傾聽不同意見）；2.思路清晰（判斷能力、思考力）；3.專門知識（專業知識）；4.想像力與勇氣（創意、創新，勇於說出）；5.外部導向（掌握外部變化）；6.不可動搖的誠信。這六項要素就是奇異的根基。

　　奇異在全球人才培養的理念，就是：不問國籍、宗教、性別、階級、年齡，一律給予所有員工公平、公正的機會，而成長價值及業績是唯二的考核基準。業績等於績效表現，如果業績是What的話，成長價值就是How；亦即公司要告訴員工，請這樣工作，有很多領導者就是靠著這樣工作，而讓事業部成長。

圖解人力資源管理

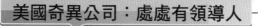

美國奇異公司：處處有領導人

1. 各階層都有領導人	＋	2. 公司處處都有領導人	＋	3. 領導人無所不在

- ・公司就可以成為強大公司
- ・公司就可以不斷成長

奇異：全體員工應具備4項能力

1. 領導技能

2. 商業知識及能力

3. 專業知識及能力

4. 成長價值

奇異：人才核心根基（成長價值的6項要素）

奇異的人才成長價值

- 1.傾聽不同意見力
- 2.判斷力、思考力
- 3.專業知識力
- 4.創意、創新力
- 5.掌握外部環境、市場變化力
- 6.不可動搖的誠信

Unit 15-2
考績不能只看業績，更要有成長價值

　　大多數的企業考核人才時，最常用到的指標就是「業績」，對講求能力主義、成果主義的外商公司而言，業績更是具有重大的意義。但是，奇異公司考核的基準並不是只有業績，還更重視成長價值。成長價值加上業績，是唯一的考核基準，這就是奇異考核人才的哲學。而且，成長價值與業績的比例是50：50，兩者各占一半。

　　兩者比例相同的理由，是因奇異公司希望本身是能夠永續經營的公司；追求短期的業績固然重要，但是絕對不能因為要配合追求業績，而做出有損公司信譽的事情。

一.「外部導向」的六個細項

　　在考核成長價值的面向中，都會有更細的項目，例如：在「外部導向」中，就有六個細項，即1.全球化知識；2.連結市場；3.預測未來、看準未來；4.給予顧客附加價值；5.建構網路；6.顧客關係管理及客戶應對。

　　然後，每項考核都有三項評比，即「超出預期」、「符合預期」、「需要改善」等三種。

二.人才素質「九宮格」

　　奇異公司把人才素質，設為九宮格，透過九宮格，每位員工被放在哪一個位置都一目了然。此九宮格的區分方法，如右頁圖所示，即把業績當成縱軸，並區分為超出預期、符合預期、未達預期三個等級，另以成長價值為橫軸，也是區分三個等級。

　　奇異的考核，並不是要貶低一個人，而是要評量一個人，讓這個人變得更好。公司的整體人才配置，如右頁圖所示。在右上角為最優人才，其次為優秀人才，再次為組織的支柱人才，其他則為要改善人才，以及放錯位置人才。在奇異公司，如果有人業績評價很高，但成長價值評價很低的人，這種人在公司內部就不可能有晉升的機會。

　　在奇異公司，人事考核全部是用內部網路的EMS系統（Employee Management System，績效管理系統）填寫、提出、核閱，自我考核為第一步，收到部屬的自我考核表之後，主管就再進一步把部屬具體的業績及自己平日觀察的結果，填入系統中，然後再呈給更高一階主管。

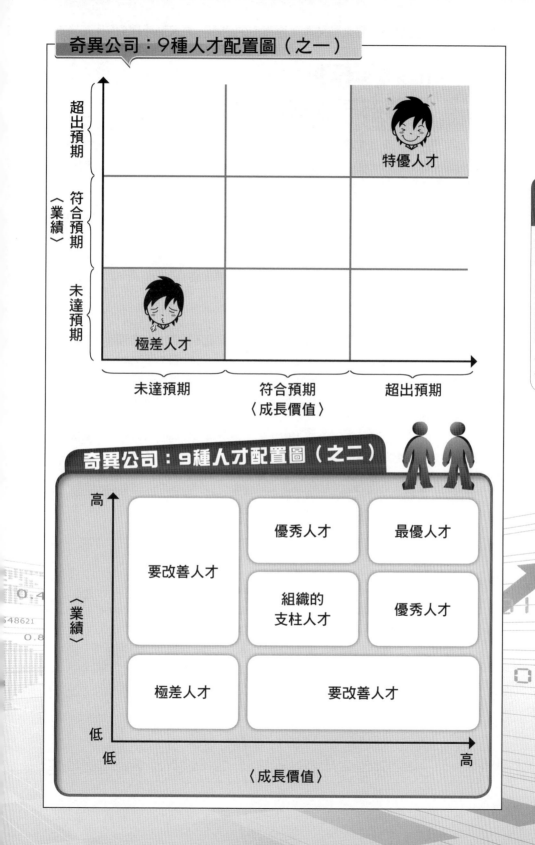

Unit 15-3
人事部門是育才專家

一般人都認為，人事部門只做一些事務性的工作，但在奇異公司，此部門被稱為人力資源管理部（以下簡稱：人資部門），卻非常重要且功能強大，存在感十足，主要有七項工作任務：

　　1.發崛人才。

　　2.招募新人。

　　3.教育訓練。

　　4.績效管理。

　　5.菁英人才管理。

　　6.人事異動。

　　7.組織及人力盤點。

這些都是奇異人資部門的工作項目，他們的工作範圍很廣。人資部門還會和公司中所有層級的人密切交流；有時也會視狀況和總經理一起商量解決方法。

另外，有些單位組織運作看似順暢，其實還是有不少問題，此時，人資部門也會介入，並和各種人晤談。換言之，在人資部門工作必須非常主動積極，並發揮人力資源管理最大的功能。

奇異公司的人資部門，除了上述工作之外，還會積極參與組織的考核及接班人計畫。在奇異，人資部門是各個事業部的好夥伴，他們會和執行長及財務長一起思考戰略議題。人資部門擁有強大的功能，也是奇異強大的原因之一。

綜言之，奇異的人資部門確是育才專家，凡事都是從培育人才為著眼，為公司找出、培育出最優秀的人才為至高目標。

奇異公司：人資部門的7大工作

奇異公司：
人資部門的7大工作

1. 發崛人才

2. 招募新人

3. 教育訓練

4. 績效管理

5. 菁英人才管理

6. 人事異動

7. 組織及人力盤點

奇異公司：育才專家

人資部門最大功能

培育出各種
優秀人才

打造出各種
將才

讓全公司都有
強大的人才庫

Unit **15-4**
培訓不是被迫，而是獲選者的至高榮譽

奇異除了上司栽培下屬的意識非常強烈之外，整個公司對於人才的培訓更是執著。它藉著培訓人才讓公司更加強大，也就是貫通整個奇異公司的中心思想。最具代表性象徵，就是在公司內部被稱為克羅頓威爾管理學院（Crotonville）的威爾許培訓中心。這所位在紐約郊外，宏大的威爾許培訓中心，是1956年第一個由美國民間企業所創辦的大學。

在早期傑克・威爾許時代，此中心被定位為「培訓領導力」的中心，也是讓奇異公司轉變為學習型組織。這裡就是將奇異的成長力及競爭力提升到世界級水準的地方。

奇異公司的培訓，大致可區分為三大課程，即：
1. 克羅頓維爾領導力（Crotonville Leadership）。
2. 功能技巧（Function Skills）。
3. 商業知識（Business Knowledge）。

第一項的「領導力」，又可區分為主管級及員工級的領導力培訓，因為未來的領導者將影響未來的成長，因此，奇異透過此課程，提供下一個世代的領導者必須的學習及經驗。

第二項的「功能技巧」，是按各種職務專長所提供的訓練，也就是磨練人資、財務、會計、資訊、法務、行銷、業務、製造、品管、採購、金融、投資……等各領域的專業人才，所必須擁有的功能專業知識。

第三項的「商業知識」，則是讓在奇異各事業部門工作的員工，深入了解各事業部、各商品、各服務等實務知識為目的課程。

事實上，受過培訓之後，工作責任範圍變大，甚至晉級升職的個案還真的不少。因此，受培訓員工都會帶著喜悅的心及強烈的企圖心，挑戰培訓的課程。

前述第一項高階領導力培訓課程，會出具體的商業專題課程，然後受訓人員會以小組團隊方式進行思考、蒐集資訊、加以分析，並形成簡報，提出口頭報告。而出題的人，正就是總公司最高階主管執行長，他也會到現場聽取報告並講評。

奇異為此培訓中心的教育訓練課程費用，每年高達300億臺幣之多，而講師的來源，則為公司的中高階主管、外面商學院的教授，以及外部專家等三類。

奇異公司：培訓3大課程

1.領導力課程

2.商業知識課程

3.各功能專長課程

奇異公司：學習型組織

奇異：培訓中心

1. 轉變為學習型組織

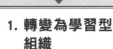

2. 大幅提升競爭力

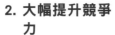

3. 大量培育各類優秀人才

促進公司不斷成長！ 不斷進步！

Unit **15-5**
為什麼奇異不會有權力鬥爭

　　奇異是一個擁有30萬名員工的龐大組織，難道不會發生權力鬥爭嗎？是的，在奇異，真的幾乎沒有爭權奪位、派系之爭之類的事情。理由很簡單，因為搞派系的人，絕對會被認為是「成長價值」很低的人。

　　在奇異的考核中，「成長價值」及「績效表現」各占一半，所以，沒有人會希望自己是別人眼中成長價值很低的人。當然，只要是人，就會很在乎自己的升遷，這一類的事並不是不能說，但是，在奇異真的很少看到有人會為了升遷而使出手段或四處奔走。

　　奇異公司有從各種角度檢核人的完善制度，所以沒有人可以靠搞派系而扶搖直上，就是因為大家都明白這一點，所以很少有人會搞派系鬥爭。奇異之所以少有派系鬥爭，能夠擁有積極、正向、開朗的氣氛，還有一個很大的原因，就是奇異一直在成長，因此會有很多的位置，給予員工升遷的機會。反過來說，如果企業無法成長的話，或許就會出現很多問題。

　　奇異就是有這種正面的思維，讓奇異成長，讓奇異擁有積極、實事求是的企業文化。綜言之，奇異公司少有派系鬥爭的主因，有幾項：

　　1.公司不斷成長，員工晉升空間大。

　　2.公司績效考核項目，不允許有派系鬥爭。

　　3.公司企業文化不存在派系鬥爭。

　　4.各級長官都能以身作則，終止派系鬥爭。

奇異公司：不允許、不存在派系鬥爭

全球30萬名員工

不允許、不存在派系鬥爭

奇異公司：沒有派系鬥爭的4大因素

1. 公司不斷成長、員工晉升空間大

2. 公司績效考核項目中，禁止有派系鬥爭

3. 公司企業文化不存在派系鬥爭

4. 各級長官都能以身作則，終止派系鬥爭

Unit **15-6**
執行長的工作應該是什麼

在奇異集團裡，全球有數十個子公司，每個公司都有一位執行長，負責該公司的營運責任，主要有五大項工作職責及任務：

1.「戰略」→決定未來的大方向、分配資源並管理整個公司。

2.「執行」→靈活運用所有的經營資源（人力、資訊、知識、資金、情報），以達到經營目標。

3.「基礎」→讓奇異的企業文化、成長價值、誠信，優先滲入組織裡的每一個角落。

4.「人才」→錄用優秀人才、教育人才、訓練人才、考核人才，給他們活力，幫助他們成長，培育領導人才。

5.「品牌」→積極代表奇異公司，接觸當地國的企業界，以創造影響力。

在達成目標的具體作法上，主要有以下幾項：

1.明確指示方向：希望公司成為什麼樣的公司，希望大家達成什麼目標，身為領導者都必須明確指示，並告訴員工公司的終極願景為何。

2.設定可以測量的目標，並用KPI去追蹤：設定可以測量的目標，就可以知道目標進展了多少、落後了多少。

3.用邏輯分析、討論資料及事實：工作有了進度之後，就要常常做各種討論，討論時，一定要以資料、事實為基礎。盡可能將刻板印象、感情用事排除在外，用邏輯來分析、溝通。

4.在資訊不完整的情形下做決策，並對結果負責：在做各種決策時，不可能都有完整的資訊情報，但身為執行長的人，仍必須在資訊不完整的情形下做決策，並承擔一切責任，不能猶豫不決，不做決策。

5.宏觀及微觀要分開使用：執行長要用宏觀的視野掌握整個狀況及整體事物。但在某個環節發生問題時，就必須要靠近問題，用微觀的角度向下深掘，徹底找出問題的所在。

6.先思考變化，再行動：要讓自己感受到外部的變化，包括經濟、市場、顧客、競爭對手、關鍵技術等，並且搶先下手，讓自己成為引領變化的先驅。

7.要求員工一有壞訊息就報告，而且不責備報告的人。

8.用人不疑、充分授權、恩威並施。

9.積極展開公開的傳達及溝通資訊：只要不涉及機密，都向員工說明。

圖解人力資源管理

奇異公司：執行長5大工作項目

1. 決定未來大方向、分配資源，管理整個公司

2. 靈活運用所有經營資源，以達成經營目標

3. 讓企業文化、成長價值，深入每一個角落

4. 邀才、育才、用才、留才、幫助人才成長

5. 傳達公司品牌形象與信譽

奇異公司：具體9大作法

1. 明確指示方向

2. 設定KPI追蹤

3. 用邏輯分析、討論事情

4. 快速下決策

5. 宏觀與微觀均要具備

6. 先思考變化，再行動

7. 有壞消息，趕快報告

8. 用人不疑、充分授權、恩威並施

9. 公司資訊公開、透明

Unit **15-7**
經營企業沒有「平時」（太平時期）

　　任何一位奇異員工都會覺得「平時」在現實中並不存在，因為適應變化的本身就是在產生變化。

　　事實上，奇異公司認為：環境在變，顧客的需求也在變；與其適應變化、適應環境，不如經常尋求更好的方法，這是企業家及領導者應有的基本心態。所以，在奇異公司完全感覺不出有所謂的平時。

　　如果競爭環境完全不存在，經濟環境也很穩定的話，或許還可以說是「平時」；但是現在的企業並沒有這種太平時節，競爭隨時都會一觸即發，如果自以為是太平而靜止不動的話，競爭對手就有可能跑在你的前頭。

　　領導者及企業家也一樣，只要有經濟變動、只要有競爭壓力，自己不改善、不追求進步，別人就會因為改良及進步而取得領先的優勢。自己認為是新的東西，或許早就已經不新了；經營企業的人，如果沒有這種危機思維，就會非常危險。

　　綜言之，企業每天都在競爭，都在打仗，從來沒有「平時」！這是大原則。

小博士解說

奇異（GE）執行長卡爾普於疫情期間的措施

2018年10月起擔任奇異（GE）執行長的卡爾普（Larry Culp），在新冠肺炎疫情衝擊經濟下，致力削減債務並改善自由現金流，推動精實企業文化以進一步提升生產效率和削減成本。在疫情期間，卡爾普的才能被奇異看重且想盡辦法留住他，將他視為渡過疫情危機的關鍵。

2022年6月，卡爾普將擴大其職務範圍，負起領導航空部門的責任，原航空部門主管史萊特里（John Slattery）則成為商務長。而卡爾普繼續擔任這家美國企業集團董事長。該公司宣布將分拆為三個獨立公司，分別專注於航空、醫療保健和能源。

面對激烈競爭及外部環境變化

企業從來沒有太平時期

企業每天都是在戰鬥奮戰

331

奇異公司：經常面對各種變化

1.
競爭
變化

2.
消費者
變化

3.
國內環境
變化

4.
國外環境
變化

企業必須常保危機感

第 16 章

人資管理最新趨勢

●●●●●●●●●●●●●●●●●●●●●● 章節體系架構 ▼

Unit 16-1
人資管理「DEI」

最近幾年，「DEI」（多元共融）正襲捲全球，不論是國內外大型知名企業，日本各大上市公司都非常重視人資管理的「DEI」，並積極推動。

104人力銀行資深副總經理暨人資長鍾文雄分享「如何打造DEI職場環境」時，提到：「人資部門在推動DEI方面具有獨特的優勢，因為了解全體員工的需求，以及能夠根據組織策略、文化和價值觀培養人才。」另外，國泰金控也提到企業做DEI有四大好處如下：

1.增加人才吸引力。
2.提高企業競爭力。
3.改善員工滿意度。
4.增加企業獲利。

何謂「DEI」呢？即：

一.D：Diversity（人才多樣化）

由於日本企業大都是跨國型企業及內需型多角化企業，因此，很重視人才的多樣化及多元化，認為如此可帶來多樣化的技能及多樣化價值觀，對企業帶來更大助益。所以，企業千萬不要「同質化」，而是要「多樣化」、「多元化」。

二.E：Equity（人才公平）

日本認為不管哪個國家的員工，都必須做好、做到人才公平、公正，絕不可以只是偏袒日本本國員工。所以，不管國家、種族、膚色、宗教、性別、年齡、教育等區別，都應一視同仁，做好公平、公正。

三.I：Inclusion（人才共融、包容）

就是要做到人才共融、人才包容，不可以有排斥心、分別心、派系別，而是要融合、包容在一起才行。

334

日本各大企業強調做好人資「DEI」

D
・Diversity
・人才多樣化、多元化

E
・Equity
・人才公平對待

I
・Inclusion
・人才包容、共融

Unit 16-2
「經營型人才」培育及兩利企業

一.何謂「經營型人才」培育？

在日本上市大型企業公司中，對於各階層的教育訓練及培育人才計畫，最看重的就是對「經營型人才」的育成。所謂「經營型人才」係指：

1.能為公司賺錢、獲利的人才。
2.屬於高階幹部人才。
3.能具創造力及創新力的人才。
4.能具挑戰心的人才。
5.是未來高階總經理、高階執行長、高階營運長的最佳儲備人員。
6.能創造出賺錢的新事業或新事業模式。
7.具有領導力、管理力、前瞻力的領導性人才。

二.個人能力＋組織能力，兩者並重

就是公司對於人才能力的養成及強大，必須兩者並重齊發，亦即：

1.員工個人能力的強大發揮。
2.公司各部門、各工廠、各中心組織能力的強大發揮。

如果能夠結合「個人能力＋組織能力」，那將是全公司戰鬥力與競爭力的最大發揮，公司必會成功經營。

1.個人能力之英文：Personal Capability。
2.組織能力之英文：Organizational Capacity。

三.員工參與感提升（Engagement）

日本上市大型公司最近也很重視員工對公司經營的「參與感受」，每年經常作這方面的員工調查。平均參與感的好感度約在70%～75%之間，即每10個員工中，有7個員工對參與公司經營具好感度。此調查係指，當員工對公司經營的參與感、參與度比例愈高時，代表員工對融入公司、願與公司一起打拼的動機就愈高，所發揮的潛能就愈大，最終對公司壯大的好處，也會貢獻更多。

四.職場環境及員工健康／安全的改善、改良

就是近幾年來，國內外各大企業愈來愈重視：1.職場環境／工作環境的改良、改善；2.員工健康及工作安全的加強；3.對員工人權的重視。

五.兩利企業

在日本上市的大型公司，每年的「統合報告書」（年報）中，經常出現他們追求

的是「兩利企業」的成長型企業。此「兩利企業」的意涵，即指公司必須在兩大領域中，同時追求並進式的成長戰略。

1. 在既有事業領域，持續追求深耕市場並擴大市場的成長。

2. 在新事業領域中，也要加速去探索、去規劃、去開拓出來新的事業營收及獲利來源的成長。

所以「兩利企業」就是指追求「雙成長」的企業經營模式。

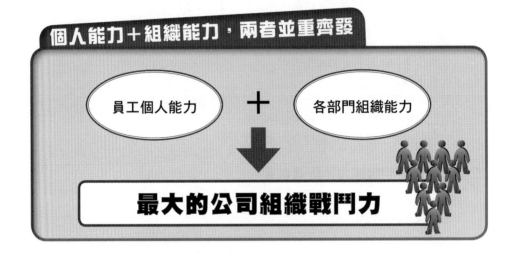

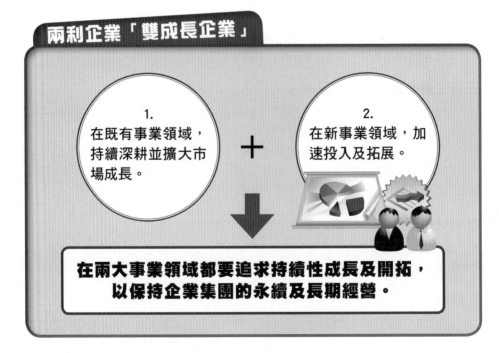

Unit 16-3
員工持股信託

一.104人力銀行：透過員工持股信託，把員工變股東

臺灣人資龍頭企業104人力銀行，運用員工持股信託來留住員工，實施多年後，發現不僅員工流動率下降，獲利能力也明顯上揚，形成正循環。不僅104，包括：台積電、聯發科、台灣大、台泥，近年也善用此制度徵才與留才。

(一)何謂「員工持股信託」

所謂員工持股信託，指的是每月員工提撥部分薪水，同時，公司也提供部分獎勵金，兩者金額都依員工職等、績效等條件，限於一定金額內，用這筆款項定期定額買進自家股票；可納入員工福利制度，也可以是一種獎勵制度。

(二)公司提撥相對金額

104人力銀行實施員工持股信託最大的特色是：公司百分之百相對提撥獎勵金，也就是說，若員工出1,000元，公司就出1,000元，等於是用五折價格購買自家股票；換言之，就算股價折半，員工還能保住全數自提金額，不會虧損。

(三)參與率超過八成

由於條件吸引力夠，104人力銀行實施員工持股信託，在2017年首年，參與率就破七成，至今員工人數逼近1,000人之多，參與率也有增無減升至八成之多。

(四)發揮留才效果

同時，員工自動離職率也降至9.8％，創歷年新低，顯示104人力銀行在獎酬與福利制度上所做的功夫，包括：調薪、升遷制度透明化、員工持股信託方案等，發揮了留才效果。同時，當員工具備股票身分時，在工作的投入及貢獻就更多。

(五)何時可拿回該筆資金

員工倘若離職，其自提金可全數退還給員工，公司提撥金，則視員工留住年數而定，包括：若一年內離職，員工可拿50％，二年內可拿75％，三年以上就能保有全部金額。

另外，104人力銀行也放寬員工若遇到緊急重大事件，需錢孔急，也可以申請退出持股信託，將股票取回變現，但以兩次為限。

二.員工參加持股信託必知的六件事

員工同意參加持股信託，應知下列六件事：

(一)公司提撥率超過50％以上，即可加入，最好100％。

(二)員工生活費仍有餘裕，每月扣除自提金額後，還能維持生活品質。

(三)退出機制合理，以防急需用錢。

(四)產業具前景，公司股價有看漲空間。

(五)公司能長期獲利，且配息率（分發股息）高。

(六)自評不會踩到信託合約的懲罰條款，或即便有，損失亦可接受。

三.公司開辦員工持股信託留才制度的六項思考點

公司欲開辦員工持股信託時，應該全面性思考六要點：

(一)公司的目的與目標為何？實施此制度可以達成此目的嗎？

(二)員工參與資格與條件為何？是全體員工、或特定部門或一定職級以上的員工，以及是否須滿一定年資？

(三)資金提撥的機制，是按月、按季、每半年、每年提撥？

(四)誰來負責管理？須組成員工持股信託委員會（持股會），委員一般為3～7人，推選其中1人為代表人，監督運作，確保透明、公平，建議以人資主管或高階經理人為主。

(五)當員工要退出時，怎麼辦？包括員工離職、退休或其他特殊情況的退出方式。

(六)如何選擇信託業者？信譽、過去實績及設計的便利性，都要考慮。

四.六家公司推動員工持股信託概況

茲列示下列六家上市公司在推動員工持股信託的概況，如下表：

公司	推動年分	制　　度
1.中鋼	1998年	・每月可提撥薪資10%、上限1.2萬元，公司提撥率20%。
2.中華電信	2005年	・每月可提撥薪資10%、上限1.2萬元，公司提撥率30%。
3.台灣大	2006年	・每月薪資定額提撥，公司提撥率100%。
4.緯創	2019年	・入職一年以上員工，依職等每月提撥固定金額，公司提撥率100%。
5.台積電	2022年	・臺灣員工及100%持股子公司的正職員工，每月可提撥月薪最高上限的20%；員工自提金占買股票總額85%，其餘15%由公司補助，買進股票無賣出限制。
6.聯發科	2023年	・所有員工可選每月3,000、6,000、9,000元，公司提撥率50%，即拿1,500、3,000、4,500元。 ・任職滿六年，可全數拿回期間買進的股票。

Unit 16-4
如何黏住年輕世代的心

各公司如何黏住22～39歲年輕世代的心,主要作法及思維,如下述:

一.南寶樹脂公司(執行長:許明現)

(一)要提供具前瞻性的職涯前景。

(二)要重實力,而非年資。

(三)要用人唯才。

(四)要塑造優良的企業文化。

(五)要有各種好的管理制度。

(六)要有好口碑的企業形象。

(七)要對年輕人展現誠意及尊重。

(八)得先了解年輕人他們在想什麼。

(九)Z世代年輕人更懂得展現自我及希望被尊重。

(十)要把年輕部屬當作好朋友。

(十一)要在公司內部提供舞臺,讓每個有企圖心的年輕人都有表現機會。

(十二)要有制度化、快速化的向上晉升機會。

(十三)要讓年輕世代明白:努力不會白費,展現實力確實能被公司看見。

(十四)要突破二、三十年前傳統框架的人事制度及人資管理。

(十五)公司應反覆溝通,只要年輕世代拿出績效及貢獻,每個人都有晉升及加薪機會。

(十六)要努力改善工廠的工作環境,要注重員工健康。

(十七)要給員工更優渥的各項獎金,包括:年終獎金、季業績獎金、年分紅獎金、年特別貢獻獎金、三節獎金、固定調薪及績效獎金等。

(十八)每個年輕員工,都有成長機會。

(十九)對員工投入的錢,都是資源而非成本;要幫公司吸引優秀青年,開啟良性循環。

二.優衣庫(Uniqlo)臺灣子公司(人力資源部部長吳佩蓁)

(一)零售業現場有很多重複性繁重工作,可以透過數位化來減輕第一線年輕人員的負擔,員工可把時間用在更有成就感的任務,會提高工作的價值感。

(二)優衣庫強調「全員經營」,讓員工了解,每個人都在幫團隊創造價值。

(三)優衣庫明確的升遷路徑,可以讓員工看到未來。

(四)讓員工知道只要培養多元技能,並通過考核,就有機會從基層一路升遷到店長、區經理、部長等重要職務。

(五)優衣庫也鼓勵潛力新秀到海外當店長，已有20多人站上全球舞臺。

(六)優衣庫員工每半年都要填寫「個人發展計畫」，鼓勵員工為自己的職涯設定目標。

(七)和員工對焦未來目標很重要，搭配相應訓練與工作，希望達成公司及員工雙贏，才能留住得來不易的好人才。

(八)優衣庫員工離職率不到同業的一半，算是很好的。

三.點點心餐飲（人力資源副理江寶卿）

(一)在這裡工作的最大優點，就是升遷快，讓人很有動力去努力。

(二)點點心有其獨特的管理制度，公司每年會舉辦兩次升遷考試，並在考前公告當時的職務缺額，而且題庫完全公開，有意升遷的員工，報名就可參加。

(三)明確的升遷管理機制對組織很重要，否則員工會不清楚，想升遷，到底是要討好主管，還是做好事情。

(四)點點心餐飲在新北、桃竹、臺中均有員工宿舍，可供50位員工住宿，員工只須支付2,000元購買生活用品。

(五)會離職，通常都是人的問題，我會建議員工調任，或與主管溝通；人的問題就用人解決，要去解員工的心結。

340

四.三個世代選工作及離職的原因

根據104人力銀行的問卷調查，顯示三個世代對選擇工作及離職的原因調查結果，如下表：

		80世代 （1980～1989）	90世代 （1990～1999）	00世代 （2000～2009）
1. 哪些是你選擇工作最在意的因素	(1)	薪水（79.5%）	薪水（79.6%）	薪水（79.2%）
	(2)	公司福利 （62.9%）	公司福利 （60%）	公司福利 （62.3%）
	(3)	工作與生活平衡 （45.7%）	工作與生活平衡 （49.2%）	和興趣相符 （54.8%）
2. 你會因為什麼原因決定離職	(1)	薪水太委屈 （49.5%）	薪水太委屈 （55.5%）	沒有公平被對待 （55.8%）
	(2)	沒有公平被對待 （45.1%）	沒有公平被對待 （48.4%）	薪水太委屈 （52.7%）
	(3)	主管太機車 （34.9%）	無法成長提升 （40.5%）	工時過長 （43.7%）

上表顯示幾個重點：

一.選擇工作最在意的兩大因素，都是與錢有關：

第一個是薪水。

第二個是福利：包括各種獎金、休假及福利。

二.而員工離職的原因，主要有下面幾點：

1.薪水太委屈。

2.沒有被公平對待。

3.主管太機車。

4.無法成長、提升。

5.工時太長（餐飲業、大飯店業、零售業）。

附錄

●●●●●●●●●●●●●●●●●●●●●●●●●● 章節體系架構 ▼

附錄 1
人才資本戰略總體架構圖

| 三、
人資管理的
戰略原則 | | 一、建立根本觀念
・得人才者，得天下也
・人才，是公司最寶貴、
　最重要的資產價值 | | 二、
人資長的
戰略角色 |

四、做好：人才戰略工作13項

1. 吸才戰略（吸引人才）
2. 招才戰略（招募人才）
3. 用才戰略（運用人才）
4. 晉才戰略（晉升人才）
5. 培才戰略（培訓人才）
6. 獎才戰略（獎勵人才）
7. 留才戰略（留住人才）
8. 授才戰略（授權人才）
9. 長才戰略（成長人才）
10. 貢才戰略（人才貢獻）
11. 考才戰略（考核人才）
12. 歷才戰略（歷練人才）
13. 多才戰略（多樣人才）

五、發揮人才戰略功能7招

1. 職場與工作環境不斷改善及優化
2. 優良企業文化、組織文化的型塑
3. 員工健康、安全、友善的促進
4. 每位員工不斷成長、進步、潛能最大發揮
5. 個人能力與組織能力並進，團隊合作
6. 人事戰略與經營戰略的密切配合及連結性
7. 人事制度不斷改革、變革

六、人才戰略的最終好成果

1. 不斷創造公司、集團最高新價值。
2. 保持公司營收及獲利的不斷成長，邁向　續經營。
3. 不斷深化公司核心能力(Core-Competence)與競爭優勢(Competitive Advantage)。
4. 累積公司更大競爭實力。
5. 保持產業領先地位與市場領導品牌。
6. 開拓未來十年中長期事業版圖的不斷擴張及延伸，壯大事業永續經營。
7. 實踐公司、集團最終企業願景。

從人出發：培養優秀人才，創造好績效的六招

1.招聘人才

- 要挑選、招聘到一流的好人才。
- 好人才，不一定要高學歷，要看行業別，科技業就要臺大、清大、交大、成大的高學歷碩士理工科人才；但服務業、零售業、消費品業就不一定要高學歷人才。
- 只要肯幹、肯努力、肯進步、願與人合作，就是好人才。

2.培訓人才

- 針對有潛力好人才，要給予特別訓練。
- 一般性員工也要在各自專業領域上培訓精進。
- 有潛力、想晉升成為中堅幹部的，要成立幹部領導培訓班。
- 不斷培訓就能養出好人才。

3.用人才

- 要大膽用人。
- 把對的人放在對的位置上。
- 用人用其優點，不要只看他的缺點。
- 人才是要不斷去磨練他們、歷練他們，這樣，他們就會在工作中成長、進步。

4.考核及晉升人才

- 大部分的人才，都會想要晉升；有些是晉升為領導幹部，有些則是職級晉升。
- 人才不斷透過穩定且持續性的晉升，就會產生出他們的責任感及成就感。

5.激勵人才

- 激勵人才主要有三種：
  (1)物質金錢上的激勵，例如：調薪、給獎金、給紅利、給股東。
  (2)心理上的激勵，例如：表揚大會、口頭讚美。
  (3)拔擢晉升。
- 有效的激勵人才，會讓員工長期留在公司打拼及貢獻。

6.留住人才

- 好人才、好幹部，就要用各種方法留住他們，勿使其離職去到競爭對手公司。
- 培養一個好人才、好幹部，很不容易，他們走了，也算是公司的損失。
- 不斷留住好人才，長久下來，就可以成為鞏固的優秀人才團隊。

戴國良博士
大專教科書

工作職務	適合閱讀的書籍
行銷類 行銷企劃人員、品牌行銷人員、PM產品人員、數位行銷人員、通路行銷人員、整合行銷人員等職務	1FP6 行銷學　　　　　 1FPL 品牌行銷與管理 1FI7 行銷企劃管理　　 1FI3 整合行銷傳播 1FSM 廣告學　　　　　 1FRS 數位行銷 1FPD 通路管理　　　　 1FQC 定價管理 1FQB 產品管理　　　　 1FS6 流通管理概論 1FP4 行銷管理實務個案分析
企劃類 策略企劃、經營企劃、總經理室人員	1FAH 企劃案撰寫實務 1FI6 策略管理實務個案分析
人資類 人資部、人事部人員	1FRL 人力資源管理
主管級 基層、中階、高階主管人員	1FPA 一看就懂管理學 1FP2 企業管理 1FPS 企業管理實務個案分析 1FI6 策略管理實務個案分析
會員經營類 會員經營部人員	1FRT 顧客關係管理

  五南文化事業機構
WU-NAN CULTURE ENTERPRISE

 f 🔍 五南財經異想世界 ✕

106臺北市和平東路二段339號4樓
TEL：(02)2705-5066轉824、889 林小姐

戴國良博士
圖解系列專書

工作職務	適合閱讀的書籍
行銷類 行銷企劃人員、品牌行銷人員、PM產品人員、數位行銷人員、通路行銷人員、整合行銷人員等職務	1FRH 圖解行銷學　3M37 成功撰寫行銷企劃案 1F2H 超圖解行銷管理　1FSP 超圖解數位行銷 1FSH 超圖解行銷個案集　3M72 圖解品牌學 3M80 圖解產品學　1FW6 圖解通路經營與管理 1FW5 圖解定價管理　1FTG 圖解整合行銷傳播
企劃類 策略企劃、經營企劃、總經理室人員	1FRN 圖解策略管理 1FRZ 圖解企劃案撰寫 1FSG 超圖解企業管理成功實務個案集
人資類 人資部、人事部人員	1FRM圖解人力資源管理
財務管理類 財務部人員	1FRP 圖解財務管理
廣告公司 廣告企劃人員	1FSQ 超圖解廣告學
主管級 基層、中階、高階主管人員	1FRK 圖解管理學 1FRQ 圖解領導學 1FRY 圖解企業管理（MBA學） 1FSG 超圖解企業管理個案集 1F2G 超圖解經營績效分析與管理
會員經營類 會員經營部人員	1FW1 圖解顧客關係管理 1FS9 圖解顧客滿意經營學

五南文化事業機構
WU-NAN CULTURE ENTERPRISE

f 🔍 五南財經異想世界 ✕

臺北市和平東路二段339號4樓 TEL：(02)2705-5066轉824、889 林小姐

國家圖書館出版品預行編目資料

圖解人力資源管理／戴國良著. －－四版.
－－臺北市：五南圖書出版股份有限公司,
2025.02
　面；　公分
ISBN 978-626-423-054-4 (平裝)
1. CST: 人力資源管理
494.3　　　　　　　　113019446

1FRM

圖解人力資源管理

作　　　者 ─ 戴國良

編輯主編 ─ 侯家嵐

責任編輯 ─ 侯家嵐

文字校對 ─ 許宸瑞

封面完稿 ─ 姚孝慈

內文排版 ─ 張淑貞

出 版 者 ─ 五南圖書出版股份有限公司

發 行 人 ─ 楊榮川

總 經 理 ─ 楊士清

總 編 輯 ─ 楊秀麗

地　　　址：106台北市大安區和平東路二段339號4樓

電　　　話：(02)2705-5066　　傳　　真：(02)2706-6100

網　　　址：https://www.wunan.com.tw

電子郵件：wunan@wunan.com.tw

劃撥帳號：01068953

戶　　　名：五南圖書出版股份有限公司

法律顧問：林勝安律師

出版日期：2011年11月初版一刷（共九刷）

　　　　　　2018年6月二版一刷（共三刷）

　　　　　　2022年2月三版一刷

　　　　　　2025年2月四版一刷

定　　　價：新臺幣480元

經典永恆・名著常在

五十週年的獻禮——經典名著文庫

五南，五十年了，半個世紀，人生旅程的一大半，走過來了。

思索著，邁向百年的未來歷程，能為知識界、文化學術界作些什麼？

在速食文化的生態下，有什麼值得讓人雋永品味的？

歷代經典・當今名著，經過時間的洗禮，千錘百鍊，流傳至今，光芒耀人；

不僅使我們能領悟前人的智慧，同時也增深加廣我們思考的深度與視野。

我們決心投入巨資，有計畫的系統梳選，成立「經典名著文庫」，

希望收入古今中外思想性的、充滿睿智與獨見的經典、名著。

這是一項理想性的、永續性的巨大出版工程。

不在意讀者的眾寡，只考慮它的學術價值，力求完整展現先哲思想的軌跡；

為知識界開啟一片智慧之窗，營造一座百花綻放的世界文明公園，

任君遨遊、取菁吸蜜、嘉惠學子！